客船の世界史

The History of Ocean Liners

世界をつないだ外航客船クロニクル

野間恒
Noma Hisashi

潮書房光人新社

はじめに

世界史のなかで大陸間交通のきっかけになったのは、人びとの冒険心に支えられた、見知らぬ土地への好奇心と欲望である。これが国策にバックアップされ、「大航海時代」という言葉に象徴される「植民地獲得競争」につながった。

植民地ができると、現地の経営目的で数多の人びとが往来をはじめて本国〜植民地間の交通が増加する。その交通手段は帆船から始まったのち、一九世紀半ばには汽船が登場する。帆船時代には旅客と荷物が一緒に運送されていたが、ヨーロッパからアメリカ大陸への移住が盛んになる頃には蒸気船が主役となる。人びとは客船で往来し、荷物は貨物船で運ばれる。本書では世界の転変という縦糸のなかで、横糸となって歴史を紡いだ客船に絞って紹介する。

ここで取りあつかうのは定期航路に就航する船＝定期客船に限った。定期客船は人を運ぶのみならず、国営事業である郵便運送も担い、その過程で歴史の糸を紡いだ。しかし戦端の火ぶたが切られるや国のために挺身したあげく、夥しい数の商船とそれに乗った人びとが海底に消えた。

海事史を語るにあたり、世界中の客船をカバーするのは難しいし、データブックよろしく、それらを時系列で網羅しても、読む人の根気を超える研究書のようなものになると考えた。それゆえ、採りあげる客船の有為転変をすべて説明するのでなく、私の独断で特定した。

商業航空の発達により、定期客船の舞台はほとんど無くなっている。これに代わり遊覧目的のクルーズ客船が出現して、いま欧米で隆盛の極みに達している。ただ、歴史とのかかわりで客船を語るという本著の趣意からして、クルーズ客船を含めるのは相応しくないと考えて記述から外したことも了解いただきたい。

ともあれ、日本がこれまで拠って立ち、今後もその存在の重さが変わらない海運の足どりを、若い世代が理解するうえで本書が役に立つことを期待するものである。

著　者

客船の世界史——目次

第18章　ブルーリボン・ホルダーの時代……………345

第19章　戦争と客船――第二次世界大戦……………388

第20章　ふたたび平和の海へ……………………414

客船の世界史

——世界をつないだ外航客船クロニクル

出航する「クィーン・メリー」

序章　海の道と人の流れ

汽船による最も大きな海の道となったのは、欧州から北米大陸への人の流れである。この大規模な人流を起こしたのは、宗教的事由、産業構造の変化、人々の生活に重大な影響を及ぼした社会不安などである。一七世紀から一九世紀にかけての欧州では、この人流を起こさせるに充分な社会変性が次々に生じていた。

その嚆矢となったのは一六七〇年秋、宗教的弾圧を逃れるため帆船「メイフラワー」でイギリス（サウサンプトンとプリマス）から北米へ向かった清教徒である。これが引き金となり、数多くの人びとが北米にわたり、遂には北米各地に植民地ができる。

欧州から北米への交通の発火点となったのはイギリスであるが、イギリスは一八世紀中葉から東インド会社を介して植民地化を始めたインドから綿花を輸入、これを使って国内で紡績、紡織を行なっていた。一八四〇年に勃発した阿片戦争は、この綿花輸入で入超となったイギリスが貿易収支を是正するために企んだ策略であったことは後世の史家が認めている。この戦争でイギリスは香港を租借し、また一八二九年に自国領土としていたオーストラリアなどとあわせて大英帝国を築きあげていた。

世界中で「海の道」がどのように出来たかを見ると、すべてイギリスを起点にして東西にシーレーンが開設されていることが分かる。

大西洋をわたり、北米大陸に植民地をつくる過程で生じた交通と、脚を南（アフリカ）と東（アジアや大洋州）に伸ばして確保した植民地と本国のあいだのシーレーンがすべてをカバーしている、と言っても差支えないほど、大英帝国の存在の大きさが実感される。

大西洋横断航路は二一世紀の今日まで見られるが、東方の道に見られる多様なルートは大英帝国の国力と国民気力の大きさに目を見張る。そしてそれらの海の道を拓いたのは東インド会社没落ののちは、特定の船社に限られていた。すなわち、

①アフリカルート＝ユニオン・ラインとカースル・ライン（後のユニオン・カースル・ライン）
②大洋州ルート＝P&O 社とオリエント・ライン
③インド・ルート＝P&O社とB&I社
④香港、上海、日本ルート＝P&O社

また太平洋を航海する交通は、新大陸の開拓に必要な鉄道敷設に必要な労働力の供給元としての中国から新大陸にいたる海路であった。イギリスに遅れて植民地の開拓に乗りだしたフランス、オランダ、ドイツなどが、イギリス船社の後塵を拝しながら自国と植民地間に航路を敷いて伸長していた。

これら植民地と本国を結ぶ交通は帆船で始められた。しかし帆船は風に左右されるから、大洋を越えての品物の売買では受け渡し時期が不確かとなり、商談成立に不便をきたすことが多かった。一八世紀末期に蒸気機関が船の推進にも応用され、蒸気船いわゆる「汽船」が出現する。汽船では運航が比較的に正確であったから、これが次第に帆船に取ってかわる。

これよりまえ、農業合理化（農業革命）によって生計の手段を失った農民が都市の手工業に拡散しつつあった。さらにイギリスでは、一八世紀後半に始まった産業革命による合理化で産業界から追い出された失業者（もと農民）が街中にあふれるようになる。

これら失業者たちの行く先となったのは大西洋の向こうにあって注目され始めた新大陸アメリカであった。

第1章　蒸気機関時代の始まり

蒸気機関に取り組んだ人びと

太古から人間が海上交通で依存していた帆船の歴史に比べれば、蒸気船、さらに内燃機関による推進船が本格的に大洋に乗りだした歴史は二〇〇年にも満たない。この章ではそれまでの風力から、蒸気力を利用した画期的な推進船の始まりに触れたい。

一八世紀中葉にイギリスで発明された蒸気機関は、鉱山での揚水に使用されたことから始まり、インド産の輸入綿花をつむぐ機械に採用されるなどして、他の製造業に拡散していった。こうして蒸気機関は産業革命の起動力となった。

蒸気機関発明の起源には諸説があるが、イギリス人の鉄工所技師トマス・ニューコメンが一七〇五年に大気圧を利用した蒸気機械を発明したとある。その六〇年後にジェームズ・ワット（一七三六〜一八一九）が（たまたま修理を依頼されたニューコメン型蒸気機械を改良して）圧縮式蒸気機械を製作したのがワット二九歳の一七六五年、と記録にある。

この新型機械をイギリスから購入したフランス技術者（ペリエ兄弟）がセーヌ河の水の汲みあげに使用して大評判となったことからフランスでも研究が盛んになった。そのひとり、ジュフロワ・ダバン侯爵（クロード・フランソワ・ドロテ）が一七八三年に全長四五メートルの試験船「ピロスカーフ」をソーヌ川で遡航させたのが嚆矢とされている。しかし、この実験の企業化が実らぬうちにフランス革命が起こり、企画は頓挫してしまった。

アメリカでも同様の実験が始まっていた。一七八七年、ジョン・フィッチ（一七四三～一七九八）という時計屋兼測量技師が、「パーシヴィアランス」という名の実験船をデラウェア河に浮かべていた。これが成功したのでさらに大型の「エクスペリメント」（全長一八メートル）を建造、これでデラウェア河での営業運航を開始したのが一七九〇年。これが史上初の蒸気船による営業運航とされている。

本家のイギリスでは一七八八年、技師ウィリアム・シミントン（一七六三～一八三一）が長さ七六メートルの試験船を製作してスコットランドの湖に浮かべ、五ノットで走らせていた。彼はダンダス侯爵の依頼でさらに大型のタグボート「シャーロット・ダンダス」を建造、グラスゴウ付近のフォース・クライド運河で七〇トンの艀二隻を曳航したとある。この実験は三～四週間つづくが、このとき、

仏ブザンソン市のドゥー川沿いに立つジュフロワ・ダバンの像

実験船「パーシヴィアランス」を製作した米技師ジョン・フィッチ

英技師ウィリアム・シミントンの肖像

「蒸気船の発明者」ロバート・フルトンの自画像

ロバート・フルトンがアメリカからやってきて乗船、見学していたという。それまでの蒸気機関はチェーンによる駆動、推進であったが、シミントンのものはクランク・シャフトでピストンの往復運動を回転運動に変換する構造であった。

この手法では推進効率がよかったので、それ以後の蒸気機関はすべてこれが採用され、その構造はながく往復動蒸気機関（reciprocating steam engine）の基本となり、現在の内燃機関（ディーゼル機関）にも踏襲されることになる。

トラファルガー沖海戦（一八〇五年）の二年前であるが、「蒸気船の発明者」と称えられるロバート・フルトン（一七六五～一八一五）の番となる。フルトンは時の駐仏アメリカ公使ロバート・リヴィングストンの援助をうけ、パリにあるペリエ兄弟の工作所で蒸気船の試作実験を続けていた。その過程でフルトンは先駆者たちの資料、失敗データやその原因まで調べて参考にしていた。

こうして製作した実験船をセーヌ河に浮かべたのが一八〇三年四月、しかし搭載エンジンが重過ぎたうえ、折りからの荒天で船体が真っ二つに割れて沈没しパリッ子の哄笑を買う結果となる。川底に沈んだエンジンを引き揚げての二度目の実験が成功したのが同年八月九日、この日がフルトンのデビュー日となる。

イギリス（ボールトン&ワット社）へ蒸気エンジンを注文して一八〇六年にアメリカへ帰国したフルトンは、一八〇七年八月一七日、全長四三メートルの船体に直径六一センチのシリンダー一本を直立させたレシプロ・エンジンを搭載した船をハドソン河に浮かべる。

「ミシシッピ河での交通を目的として発明されたフルトン氏の蒸気船『スティームボート』は本日ノース・リバー（ハドソン河）～オルバニー間で運航される」当日の新聞はこう報道している。火の粉まじりの黒煙をもうもうと吐きながら物凄い音を立ててハドソン河を進む前代未聞の船は、ニューヨーカーの度肝を抜いた。

この計画はスポンサーであるリヴィングストンのバックアップで実現したものであったが、フルトンとリヴィングストンは「スティームボート」をベッド付き客船に改装し、「North River Steamboat of Clermont」（通称「クラーモント」＝この名はリヴィングストンの住居があった地名）という長い船名に変えて営業運航を始める。

フルトンがリヴィングストンの後援を得て開発した蒸気船「クラーモント」の模型

ハドソン川で実験中の「クラーモント」を描いた絵。平均4ノットで航行できた

ハドソン河上流にある農産物の集散地オルバニーとニューヨーク間には人と物の流れがともに旺盛であったが、風の弱い内陸部の河川では帆船の運航はとかく不如意であった。それで蒸気船の強みが遺憾なく発揮された。

この区間を三〇～三六時間（平均四ノット）で航行する「クラーモント」の人気はしだいに高まり、就航五年にしてフルトンの船隊は一八隻にふえ、フルトン最初の目的であったミシシッピ河への進出も果たす。

イギリス初の実用蒸気船「コメット」の完成150年記念に建造されたレプリカ船

フルトンの蒸気船による海運業は広大なアメリカ国土の交通に大きな役目を果たしたので、最初は「フルトンズ・フォリー」（フルトンの愚行）と嘲ったアメリカ人はこの時期から蒸気船を「アメリカの誇り」とほめたたえ、フルトンを「蒸気船の父」と讃えるまでになったといわれる。

ジュフロワ・ダバン侯爵など幾多の人びとが蒸気船の製作に取り組んでいたが、リヴィングストンというスポンサーを得て蒸気船を実用化させたことで、フルトンの名前は不朽のものとなった。その後のフルトンはアメリカ政府の許可を得て魚雷艇やフリゲートも建造している。

記録によるとイギリス人技師ヘンリー・ベル（一七六七～一八三〇）はウィリアム・シミントンの蒸気船「シャーロット・ダンダス」で運航を学んでいるとき、アメリカから訪英中のフルトンに会っている。蒸気船の将来性を予感したベルは一八〇三年、海軍省に蒸気船の建造を強く提案したものの、採用されなかった。ベルはフルトンのようにスポンサーを持たなかったので、資材をはたいて一気筒の蒸気船をスコットランドの造船所に発注、一八一二年にこれを完成させた。

「コメット」と命名されたベルの蒸気船はクライド河で運航されるイギリス初の実用蒸気船となる。七年後には「コメット」の航路はクライドから北方の西ハイランド地方のオーバン（ローン入江）まで延長された。

しかしこの蒸気船は一八二〇年一二月某日、フォート・ウィリアム（カレドニア地峡）からの帰途、嵐に遭遇して難破してしまう。

それから一〇年間、イギリスでの蒸気船は目覚ましい発達を遂げるが、ベル自身は資産が尽きて船の建造に乗り出すことが不可能となり、貧窮のうちにグラスゴウで六三歳の生涯を閉じた。なお「コメット」搭載のエンジンは現在ロンドンの科学博物館に保存展示されている。

孤独な大西洋横断

風を読みながら堅実に事を進めるという意味では、海事史のなかでもアメリカではその対極と思われるような事象が認められる。その一例を史上初めて大西洋を横断した蒸気船として歴史に残るアメリカ船「サヴァンナ」に見ることができる。

一八一九年五月二二日、この蒸気船はジョージア州サヴァンナを出航、二九日間でリヴァプールに到着した。この航海の間に汽走したのは一二日間であったため、現代では一九年後の一八三八年に蒸気機関だけで北大西洋を横断した「グレート・ウェスタン」のほかに「シリアス」も「真の意味での蒸気船航海」とする史家があるが、これは当を得ていない。というのは、「サヴァンナ」ではサイズ（三二九トン）面での制約に加え、航海中の補給が不可能であったから積載燃料が石炭七五トンと燃料用の薪束八〇（容積）トンに限られていたからである。それでもアメリカ人がこの船に誇りを抱いているこことは、一九六二年に建造された史上最初の原子力客船（一万五五八五トン）にその名が冠せら

1819年、史上初めて大西洋を横断した米蒸気船「サヴァンナ」の模型。煙突上半分が曲がっている

れたことからも窺い知られる。

「サヴァンナ」の誕生には三名のアメリカ人が関わっていた。徹底的に船と海好きのロジャース船長、蒸気エンジン技術者のステフェン・ヴェイル、それに船主になるウィリアム・スカーブローである。この船は北米東岸の沿海用商船としてニューヨークの造船所で起工されたが、建造中に上記三名が発起人となったサヴァンナ蒸気船会社（綿花輸出業者などの出資を得て設立）に購入された。

不思議なことに、未だ完成せぬのに「エレガントな蒸気船」と新聞に報道されていたという。理由は三二名定員の客室には毛足の長いカーペットにソファが置かれ、等身大の鏡のあるローズウッド張り内部、というものだったから。

全長四三メートルの船体に搭載されたエンジンは直径一六センチの単シリンダーによる九〇馬力の出力で直径五メートルの外輪を一分間一六回転させ、五ノットで走るというものだった。構造的にはあくまで帆走船であるから、外輪は不使用時には折りたたんで格納するようになっていたと資料にある。

面白いことに煙突の上半分が曲がっていたが、これは風向きにより排煙の火の粉が帆装部分に飛ばぬように向きを変えられる工夫がなされていた。

一八一九年三月、「サヴァンナ」が生まれ故郷のニューヨークから母港サヴァンナに到着したとき、新聞や市民から大歓迎を受けたものの、市民のあいだには今まで見たこともない蒸気船への警戒心が漂っていた。船の行く先はリヴァプール～コペンハーゲン～ストックホルム～ペテルブルグであった。イギリスへ向けての出港前になすべきことは貨客集めであるが、そのためには船が安全に航海できることの宣伝が必要と悟ったロジャース船長は、モンロー大統領に乗船してもらい、安全性をＰＲしようと決心する。

当時のアメリカは、一八一二年の米英戦争終了後から日が浅く、各州の融和のために大統領は南部諸州へ親善訪問の最中であった。それでロジャース船長は船をチャールストンに回航したうえ、サヴァンナまでの乗船に招待した。当時の州同志は対抗意識が強かったから、大統領は賢明な判断でジョージア州の港名を付けた船でサウス・カロライナ州の港（チャールストン）から出ることをしなかった。

ロジャース船長はやむなく「サヴァンナ」を空船で母港に帰航させる。革命的な推進装置を備えた新船への興味をそそられたのか、また船長の失意への埋め合わせをしようと思ったのか、大統領はチャールストンから陸路サヴァンナに来たのち、この船を使ったサヴァンナ河でのデイ・クルーズに参加する。このとき大統領には国防長官のほか五名の将軍、判事二名を含む連邦政府のお歴々が随行していた。

新船の性能が気に入った大統領はこれを海軍に購入させて巡洋艦にしよう、と船長に約束したと伝えられている。

しかし冒険的な企業家スピリット満々の船主たちは、沿岸航路用に造られたこの船で北大西洋を横断させようという気持を変えようとしなかった。

大統領の乗船などでＰＲ効果をあげた「サヴァンナ」の蒐客、集荷努力が続けられるが一向に反応が返ってこない。やむなく社長のスカーブローが大統領夫人を説得して乗船しようとするものの、逆に思い止まらされてしまう。

集荷だが、綿花輸出業者がサヴァンナ蒸気船会社の大株主であったに拘わらず、皮肉なことに一梱の綿花も出荷してくれなかった。「訳も分からぬ機械で動く船は信頼できるのか?」との気持が内心にあったからである。

結局のところ、「サヴァンナ」は一名の乗客も、一トンの荷物も無い空船のままサヴァンナを出航したのが一八一九年五月二二日(注:後年この日がアメリカでNational Maritime Dayに制定される)であった。ともあれ「蒸気船として史上最初の大西洋横断を敢行する」と、新聞に載ったこの広告はアメリカ人の冒険的なスピリットが遺憾なく発揮された例であった。

一八一九年六月一七日のことである。リヴァプールからアイルランド沖を遊弋していた税関監視船が火災中と見える商船を発見、救助に接近した。ところがこの船は帆も張らずに走っており、乗組員が騒いでいる様子もない。これこそロジャース船長が待望していた瞬間であった。船長は直ちに外輪の回転をあげ、風上に向けて舵を切って進んだ。そのスピードで帆装の快速監視船を悠々と追いこしたのちマージィ河口に到着したのである。

リヴァプールに到着するや、「サヴァンナ」は大いに街の話題になったものの、一ヵ月間もの在泊中に官憲の態度が妙に警戒的に変化するのをロジャース船長は感じる。というのは街中には「この船はセント・ヘレナに流罪中のナポレオン救出に来航した」という噂まで流布されていたから。

「サヴァンナ」はどの程度の汽走で航海したのであろうか。時間ベースの記録によると、北大西洋横断では一六パーセントだったものが、コペンハーゲンからストックホルムまでは二八パーセント、次のペテルブルグまでの航海では三〇パーセントになっている。

空船航海を続ける「サヴァンナ」がストックホルムに到着したときには嬉しい出来事が待っていた。

乗客が二名、しかもセレブリティが現われたのである。英陸軍でウェリントン将軍のもとで数々の戦功をたてたリネドック卿であった。リネドック卿の日記によると、卿は船長と話し、エンジンを見てどれほど感銘を受けたか、「もう少し若ければ（このような技術のある）アメリカで生活したい」と書き残されていたとある。

ストックホルムでスウェーデン国王に謁見した船長は、国王から「サヴァンナ」を購入したい、との意向が示される。当時のスウェーデンは、デンマークからノルウェー領土を購入した（一八一四年）ばかりで財政不如意であった。それで代わりに「サヴァンナ」一隻の価値に見合うだけの石炭との交換提案がなされた。この挿話は当時では石炭が貴重な資源であったことを指している。しかし、ロシア皇帝との話し合いを当てにしていたロジャース船長はこれを断っていた。新しいものを買い漁ることで有名であったロシアのアレクサンドル一世に「サヴァンナ」を高く買い取らせることに船長の思惑があったかのである。

ペテルブルグでロジャース船長を謁見したツァーは新船にそれなりの興味を示したものの、購入をコミットせず、その代わり船長がロシアに移り住むならばロシアでの海運業を一手に任せよう、との提案を出してきた。しかし家族思いの船長はこれを断ってロシアの首都を後にする。残りのあてはモンロー大統領しかなかった。

しかし最後の頼みの綱である大統領は考えが変わっており、船を購入しようとはしなかった。万事休した船主がとったのはワシントンの新聞に広告を出して買い手を募るものだった。すると、蒸気エンジンを取り外した帆船なら、と買い手がつく。永年にわたり慣れてきた帆船をさし措き、蒸気船への信頼が固まるまでにはさらに二〇年待たねばならなかった。

「サヴァンナ」の後日譚。エンジンを取り外され帆船となったのち、一年余のあいだニューヨーク～

サヴァンナ間の輸送に使われていた。しかし一九二一年一一月五日、ニューヨークのロング・アイランド沖で行方不明になってしまった。

大西洋の横断レース

「サヴァンナ」の航海は商業的には成功ではなかったが、蒸気エンジンを使っての北大西洋横断という偉業に刺激され、「シリアス」と「グレート・ウェスタン」が登場するまでの約二〇年間に蒸気船五隻（このなかには北大西洋を横断した最初のカナダ籍船「ロイヤル・ウィリアム」もあった）が北大西洋を横断しているが長続きしていない。

これは筆者の推測であるが、当時の石炭は決して安いものでなく、船会社の経済でみればコストのかからぬ風で航行できる帆船にくらべ、蒸気船には燃料コストのハンデがあったこともひとつの原因であったと考えている。採算的には「燃料サーチャージ」をつけねばならぬ訳だが、帆船に比して運航の確実性があったにしても割増運賃が正当化されたかどうか疑問が残る。

中国からのティー・クリッパーによるお茶の輸送のように、相場ものなら或いは早く実用化されたかもしれないが、運賃負担力の少ない綿花、織物や日用品が輸送主体では運賃競争力のある帆船に荷主の興味が注がれたのも無理はないだろう。「サヴァンナ」が空船での北大西洋往復を余儀なくされた訳もこの辺にあったものと思われる。

新興国アメリカでは新しい物流を求める産業基盤整備への胎動が始まっていた。道路よりも大量輸送ができる内陸運河の建設が一八二〇年代に始まる。一八三〇年代になり鉄道建設（一八六九年大陸横断鉄道開通）が始まると、色々な資材がアメリカへ流入するようになる。

人の流れでは、一八世紀にイギリスで始まった産業革命が一九世紀に欧州へ伝播して産業構造の変革が生ずる。

家内工業的な生産様式が機械化された結果、多くの失業者が生ずる。加えて一八四五年にはThe Great Potato Famine（馬鈴薯大飢饉）と固有名詞にもなる大飢饉がアイルランドで発生する。これらの事象が新大陸へ無数の移民を送り出すのである。

この期間に蒸気機関に技術的な改良のあったことが蒸気船の普及を促す。「サヴァンナ」までの蒸気エンジンは蒸気のなかへ直接冷却海水を送り込む方式であったが、これではボイラーに塩分が付着して問題となる。この塩落としに乗組員がボイラーに潜り込んで掻きだすが、その作業は難作業であるうえ、一航海で三～四日エンジンを停めねばならなかった。

この難問は一八三四年にイギリスのサミュエル・ホールが表面復水器（surface condenser）を発明して解決される。これは冷却水と蒸気を細い沢山のパイプで分けることにより、ボイラーには真水だけ使えるようになったものである。これは蒸気船運航において革命的考案であり、これ以降の蒸気船全盛時代の幕を開けることになる。

一八三七年が明けるとこの改良型エンジンを装備した蒸気船二隻、「シリアス」と「グレート・ウェスタン」が完成する。両船は相前後してニューヨークに向けて解纜、目的地までの早着競争が展開された。最終的には前者が勝ちを制し、「北大西洋を蒸気エンジンのみで横断した船」と海事史に記録されることになる。

北大西洋横断レースは結果的に三月二八日にロンドンを発した「シリアス」が、四月八日ブリストル出帆の「グレート・ウェスタン」に八時間の差をつけて先着したが、本格的な横断航海体勢をとっていたという意味では後者に軍配があげられるレースであった。このレースのことにいま少し触れよう。

一八三〇年代になるとイギリスからアメリカへの定期航路開設の気運が生まれる。その一番手がイギリスの鉄道会社などの出資を得て一八三五年に設立された船会社（British & American Steam Navigation Co.＝ＢＡＳＮ）で、一八三六年に二〇〇〇総トンの巨船がロンドンの造船所に発注された。（一八三七年ヴィクトリア女王の即位を記念して）船は「ブリティッシュ・クィーン（British Queen）」として一八三八年春に完成するはずであった。ところがエンジン製作を請け負ったメーカーの倒産で予定が大きく狂ってしまう。

たまたまグレート・ウェスタン鉄道（ＧＷＲ）の傍系会社としてGreat Western Steamship Co.（ＧＷＳ）が一八三六年、ブリストルに設立され、同地のウィリアム・パターソン造船所で蒸気船「グレート・ウェスタン」が建造されていた。競争相手となる会社の動向を見たＢＡＳＮは用船による開業を目指し、探して見つけたのが「シリアス」である。

ロンドンを出港する「シリアス」の絵。「初めて北大西洋を蒸気機関のみで横断した船」となった

「シリアス」はロンドン～コーク（アイルランド南端の港、のちにアイルランドから北米移民の乗船地）間に使用するため建造中の蒸気船であった。ＢＡＳＮはアメリカ一番乗りでＧＷＳ社に負けまいとしてわずか七〇三総トンの小型船で北大西洋を横断させる道を選ぶ。この船のエンジンは二気筒（直径二五センチ）三二〇馬力、外輪（直径七メートル）が毎分一五回転して九ノットで走るものだった。

かくて「シリアス」は一八三八年三月二八日ロンドンを後にしてコークに寄港する。同地で一週間停泊後の四月四日に出帆したときの乗客はスティアレジ二一名を含む四〇名（一等料金は個室、食事、ワイン付きで一四〇ドル、二等はワインなし）、それに樹脂五八樽、飲料水二〇トンを搭載していた。燃料炭は四五〇トン（一日の消費量は二四トンだから、シーマージンなしで一九日弱の航続日数）を積載していた。

船体の構造にもよるが、七〇〇トンの船なら載貨重量トンは三〇〇～四〇〇トン程度である。これに四五〇トンもの石炭を積んだ訳だから、現代の基準では許容されぬレベルで、危険なほどの深い喫水であったはずだ。加えて早春の荒波のなかを難航して乗組員が怖気づいたのも無理はない。記録では船長はピストルを抜いて乗組員を従わせたとある。

「グレート・ウェスタン」に話を移す。この蒸気船は海事史に残る著名なイギリス人技師イザンバード・K・ブルーネル（一八〇六～一八五九）デザインになるものである。父（サー・マーク・イザンバード・ブルーネル）とともにGWRの鉄道設計に従事してきたブルーネルはGWR幹部にブリストル（GWRのターミナル）からアメリカへの定期航路開設を提案、これを受けいれたGWRがGWSを設立、ブリストルの造船所に一三二〇トンの「グレート・ウェスタン」を発注した。最初から北大西洋定期用に建造された意味で、本船の存在意義は大きい。この船は長さ六〇メートル、サイド・レバー型二気筒（直径三〇センチ）のエンジン（七五〇馬力）を装備していた。

コークを四月四日に出航した「シリアス」に遅れること四日、「グレート・ウェスタン」は四月八日に母港ブリストルを後にする。この処女航海に乗船したのは僅か七名（乗客定員一四〇名）だったとある。

航海はおおむね順調に推移し、三二二五海里を一五日一〇時間（平均八・八ノット）で航海、二三日朝ニューヨーク港外に到着した。

順調な航海を続けた「グレート・ウェスタン」とは対照的に「シリアス」の航海は悪天候に悩まされて燃料炭を使い果たし、最後には船室のベッド、椅子や天井板まで燃やして航海する破目となる。

ブリストルを出港する「グレート・ウェスタン」の絵。「シリアス」と大西洋横断レースを繰り広げた

ニューヨークに到着した「グレート・ウェスタン」。一番乗りの栄誉は数時間の差で「シリアス」に

そして一八日一〇時間（平均六・三ノット）後の二二日ニューヨークに到着した。このような難行苦行の甲斐あって数時間の差で「グレート・ウェスタン」よりも早着して、名声をあげることが出来た。

両船のレース情報は前もってニューヨークに知らされていたから、到着予定日が近づくとニューヨーク市民は毎日のようにマンハッタン南端のバッテリー公園に集まり、今や遅しと沖を眺めていた。四月二二日、一条の煙がヴェラザノ・ナロウズに現れると人々の期待は歓声にかわる。こうしてニューヨーク一番乗りの名声は這々《ほうほう》の体で到着した「シリアス」の頭上に輝いた。「シリアス」は五月一日にニューヨークを発ちイギリスへ帰航の途につくが、このときバッテリー（砲台）公園からは一七発の礼砲が轟いたという。このような例は前にも後にも見られない。

「グレート・ウェスタン」の航海実績をみたイギリス海軍省は蒸気船の価値に着目する。そして一八三八年一一月になり英～北米間の郵便運送（運航補助）入札を実施した。当然ながらBASNとGWSも応札するが全ての条件を満たさなかったので、結局サミュエル・キュナードの会社が落札することになる。

両船の後日譚に触れたい。「シリアス」は更に一回横断したのち一〇年近くのあいだアイルランド海峡横断サービスに就くが、一八四七年一月、コーク沖で難破、生涯を閉じた。「グレート・ウェスタン」はそれから六年間、平均八〇名の乗客を乗せて北大西洋を七〇回横断したが、東航について見れば最短日数は一二日半、最長は一五日、平均速力一五・九ノットとなっていた。

このころ、帆船による横断航海が平均三三日間であったのと較べれば、大飛躍であった。本船は「シリアス」難破の年にロイヤル・メール・ラインに売却され、それから一〇年後に解体されるまで、イギリス～西インド諸島間に就航した。

それぞれ構造と性格の異なった「シリアス」と「グレート・ウェスタン」が拓いた北大西洋横断定期サービスは次の旗手に受け継がれてゆく。

第2章　蒸気船による北大西洋定期の始まり

鉄道会社のバックアップ

一九世紀前半の蒸気船を語るとき、その存在を抜きにできない人物がある。「クライド造船業の父」と呼ばれたロバート・ネイピア（一七九一～一八七六）である。産業革命さなかの一八世紀末、ダンバートン（スコットランド・クライド河畔の街）に生まれ、色々な遍歴を経たのち、グラスゴウで蒸気機関製作者としての頭角を現わした。そして、ジョン・ブラウン造船所を創ったトムソン兄弟をはじめ、ネイピアのもとで育った技師が後にクライド河畔の造船所群をつくりあげた。それらの造船所で建造された初期の蒸気船には例外なくネイピアのエンジンが搭載されていた。

この頃のイギリスでは三人の企業家が新大陸への本格的な蒸気船サービスに乗りだそうとしていた。ジュニアス・スミス（アメリカ人）、I・K・ブルーネルにサミュエル・キュナード（一七八七～一八六五）である。前二者はいずれも鉄道会社のバックアップで開業している。当時のイギリスは鉄道建設時代が成熟期で、路線が全国に伸びつつあった。鉄道会社は大西洋横断サービスと結合させることで人流、物流の一貫輸送によるメリットを得ようとしていた。その発想が大西洋航路を開始しようとする船会社へのバックアップに繋がったと考えられる。

ジュニアス・スミスの会社（ブリティッシュ＆アメリカン・スティーム・ナヴィゲーション社＝ＢＡＳＮ）にはロンドン＆バーミンガム鉄道がバックにあり、Ｉ・Ｋ・ブルーネルのグレート・ウェスタン・スティーム・ナヴィゲーション社（ＧＷＳＮ）の親会社はグレート・ウェスタン鉄道（ＧＷＲ＝Ｉ・Ｋ・ブルーネルはＧＷＲの技師）であった。この両者が北大西洋横断の口火をきる。ＢＡＳＮ社はヴィクトリア女王即位翌年の一八三八年に創業、当時世界最大の客船「ブリティッシュ・クィーン」（一八六二トン）を女王誕生日に進水させてスタートを切った。ところがエンジン製造者の破産で完成が遅れたので、急きょ「シリアス」を用船してライバルの「グレート・ウェスタン」と競わせることになる。両船の競争については前章に述べたとおりである。

高額の用船料と集客不振のため「シリアス」が二航海で船主に返船されて一年後の一八三九年秋、「ブリティッシュ・クィーン」が、ついで僚船「プレジデント」（二三六六トン）が一八四〇年夏、ニューヨーク航路に就く。両船のフィギュアヘッドにはヴィクトリア女王とワシントン大統領の胸像が飾られており、月二航海のわりでロンドン（中間港ポーツマス）とリヴァプールから交互に出航するものであった。ポーツマス寄港はロンドン～ポーツマス間の鉄道が利用できる便宜を図ったもので、リヴァプールは内陸の大産業都市マンチェスターの窓口であった。

「クライド造船業の父」
ロバート・ネイピア

鉄道会社のバックで始まった事業であったが、ＢＡＳＮは遭難事故（「プレジデント」が就航翌年に消息不明となる）もあって、一八四一年にはＧＷＳＮも業績不振に耐えられず一八四六年に廃業してしまう。結局のところ、この事業は政府補助なしでは経営できぬことが明らかで、これを獲得したキュナード・ラインが永続することとなる。

ニューヨークに入港する「ブリティッシュ・クィーン」を描いた絵。1839年の完成当時は世界最大の客船だった

サミュエル・キュナードの船

蒸気船による北大西洋定期サービスは一八四〇年サミュエル・キュナードによって拓かれた――と言ってしまえば簡単だが、何事によらず大事業を実現させるには個人の思いつきのみで叶うわけでなく、「天、地、人」の三要素に恵まれねばならない。キュナードの場合もこの原理が働いていたことが読みとれる。

一九世紀中期までの大英帝国はブリティッシュ・ノース・アメリカ（一八六七年までのカナダの呼称）とインド、大洋州などに植民地を持ち、政府や東インド会社所有の帆船による交通でこれらの領地を経略していた。その後、「シリアス」や「グレート・ウェスタン」などの蒸気船による北大西洋横断を眼のあたりにして、蒸気船運航の定時性を無視できなくなったイギリス政府が、海軍省の名前で郵便運送契約の入札公示を出した。これはイギリス本国とブリティッシュ・ノース・アメリカ間で蒸気船による郵便運送の請負業者を募るものであった。一八三八年のことであるが、これが「天の時」。ハリファックスに生まれ、二一歳で帆船を所有、東インド会社代理店主という立場であったから、ハリファックス財界で名をなしていた、これが「地の利」。加えて「人の和」要素が彼の事業成功に最大の力を発揮した。東インド会社幹部のジェームス・メルヴィルに紹介され、グラスゴウでロバート・ネイピアと知りあったことが最大の収穫となる。サミュエルは候補となる複数の造船所を視察しているが、これはネイピアの紹介によるものだった。

海軍省に提出されたサミュエルの計画は折衝を重ねたのち、一八三九年五月に承認される。その要領は①一八四〇年七月から七年間、リヴァプール～ハリファックス間を八〇〇トン、三〇〇馬力の船三隻で二週間一便のサービスを実施②ハリファックス～ピクトゥ（セント・ローレンス河氷結期）間、ハリファックス～ケベック（その他の期間）の区間に一五〇馬力のフィーダー船を配する③年間補助金五万五〇〇〇ポンドが採用される。

算盤もさることながら、ネイピアはこの大事業に惚れこみ、立派な船造りに最大の情熱をかけたことは、計画決定後に彼がグラスゴウ～ベルファスト間を在来蒸気船で幾度も往復していることが物語っている。この区間は八〇マイル程度だが北西から南東に横たわるノース海峡をわたる北大西洋からの風波がまともに侵入する。あらゆる海象下でこの区間を航海した経験からネイピアが得た結論＝計画船よりひとまわり大型、大出力の船舶ならば年間通じて安定サービスが可能＝というものであった。

この結論をもとに海軍省と再交渉した結果、一一〇〇トン型（四二〇馬力）四隻、補助金五万五〇〇〇ポンドの線で一八三九年七月に調印される。そののちサミュエルから海軍省に対して、ボストンまで延航するのが有利との提案が出される。ねばり強い折衝のすえこれが受け容れられ、補助金が六万ポンドに増額された。ただしこの計画では二週間一便の配船がタイトになることが分かって月一便に減便され、補助金も五万六〇〇〇ポンドに減額されている。

蒸気船による最初の定期航路を開始したサミュエル・キュナード

使用船はクライド河畔の造船所三社に発注されるがエンジンは全てネイピア社製であった。こうして「ブリタニア」、「アケイディア」、「カレドニア」、「コロンビア」の四隻が一八四〇年から四一年

出航直前のキュナード・ラインの定期船「ブリタニア」。乗客用に乳牛も積み込まれていた

処女航海でボストンに向けリヴァプールを出航する「ブリタニア」

にかけて完成することになるが、建造契約はネイピアが元請けしてクライド河畔の造船所で下請け建造されている。

サミュエルは三隻分の金策しかしていなかったので困窮するが、ネイピアに紹介されたグラスゴウ船主ジェームズ・ドナルドソン、ジョージ・バーンズ、デイヴィッド・マッキヴァーからの出資で新会社が発足する。British & North American Royal Mail Steam Packet Co.（英本国と北アメリカ間の郵便汽船、の意）が正式名であったが、単に「キュナード・ライン」とか「キュナード氏のライン」と呼ばれていた。

フィーダー・サービス使用船であるが、グラスゴウ～リヴァプール間に使われていた「ユニコーン」（六四〇トン）を充てることとなり、これが母船に先立ってピクトゥに向かっている。だから北大西洋を横断したキュナード・ラインの一番船はこの蒸気船といえる。

さてキュナード・ラインの定期船であるが、その一番船「ブリタニア」（一一三五トン）はアメリカ独立六四周年の記念日にリヴァプールから処女航海の途につく。記録によれば乗客六三名（定員一等一一五名）、サミュエルも愛嬢を伴って乗船していた。夏季だから航海は順調で一二日一〇時間でハリファックスに到着、ボストンには一四日後に姿を現わした。

アメリカ独立戦争の契機となった「ボストン茶会事件（一七七〇年）」でも知られるボストンは当時ニューイングランド地方最大の都市で商業の中心地であった（ちなみにニューヨークはこの一〇年後に独立するまでボストンの衛星都市）から、ボストン市民が自分の街に対して高い誇りを抱いていた。

1843年、氷結したボストン港から、市民が氷を割って作った水路を通って出航してゆく「ブリタニア」

サミュエルの郵便汽船が來航するまえの郵便帆船はイギリス植民地のハリファックスまでしか来航せず、ボストン行きの郵便はハリファックスでフィーダー船に積み替えて運ばれていた。これには自国から独立して離れていった新興国に対するイギリス政府の底意があったかもしれぬが、このやり方は「ボストンを侮辱するものだ」と、誇り高いボストニアンの内心は穏やかでなかった。このあたりの心情を理解しておればボストン寄港は当然思いつくはずだ、とするのは後知恵で、独立戦争から半世紀しか経っていなかったイギリス政府の伝統的、硬直的なスタンスの一端を語る現象であった。

　とまれ、ボストンではサミュエルを迎える大歓迎が待ちうけていた。「ブリタニア」が入港するや楽団演奏のみか祝砲まで発射されたという。ニューイングランド地方からは市長、外国領事団、地方の政治家らが先頭に立って歓迎パレードを繰りひろげる。誰もが「メイフラワーの大西洋横断いらいの価値ある横断航海」と誉めそや

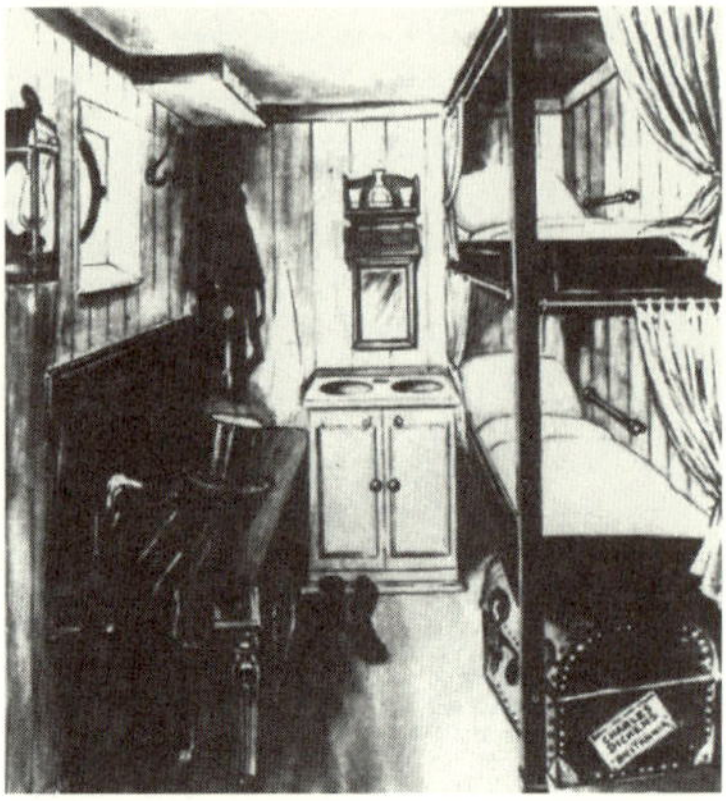

チャールズ・ディケンズが描いた19世紀中頃の船室の様子

した。船は一週間停泊したが、このあいだサミュエルには一八〇〇もの晩さん会招待が舞い込んだという。

さらにドラマティックな出来事が三年後におこる。一八四三年二月、ブリタニアがボストン停泊中に港内が氷結しはじめ、出航日が近づくころには港内は氷結してしまう。このとき、暗澹たる面持ちの船長の眼前に感激的な光景が出現する。幾千人もの市民が鋤を手に集まってきて氷を割りはじめたのである。幾日かのうちに幅三〇メートル、長さ一一キロもの水路ができあがった。

船長はあふれる感情を抑えつつ、おごそかに出航命令を下した。これには後日譚がある、この時の光景は版画となって流布されて有名になるが、後になりマサチューセッツ州はこの絵を掲げることを禁止する。「ボストンは凍りやすい港だ」との悪評が立つのを恐れたから、といわれる。

「ブリタニア」の船客設備だが、船体の中央に一等と二等船室、その後部に三等の夫婦用船室、さらにその後ろには三等婦人室があり、三等の男子室は風紀上の配慮から船の前部に鉄板で隔離された場所にあった。当時の船の客室については、一八六七年に「クェーカー・シティ」（一九〇〇トン）で地中海をクルーズしたチャールズ・ディケンズの処女小説『Innocents Aboard』（無邪気な船客、の意味？）に記された酷評が巷間に流布されている。「まず船室に入って狭いことに驚いた。旅行鞄を（ベッドの下に）収めるときの手間はキリンを花瓶に引っ張りこむようなものだった。食堂は窓付き霊柩車のようで、メインディッシュは煮過ぎて黄ばんだ羊の脚とか、黴っぽいリンゴ、ブドウ、オレンジだった」というものだ。

二〇世紀に入ってから客船は宮殿やホテルに負けぬような豪華なインテリアを持つようになるが、一九世紀中期では石炭を大量に搭載する小型の蒸気船であったから、乗客スペースに制約があった。また、帆船で四〇日もかかった航海が二週間に短縮されたとはいえ、冷蔵庫がある訳でなく、肉などは塩漬けにして日保ちさせる貯蔵技術しかなかった。だから陸上のような食事を期待するのは無理というものだった。

北米に移住する三等客の設備にいたっては帆船と大差なかったようで、キャンバス布を張った蚕棚（仮設）だった。金に余裕ある客は乗船時に藁のマットレスを購入、アメリカ到着寸前に海へ捨てたとある。欧州への復航にはこの三等スペースに家畜や小麦を積んでいた。この輸送方法は二〇世紀後半までの極東～南米航路にまで踏襲されている。

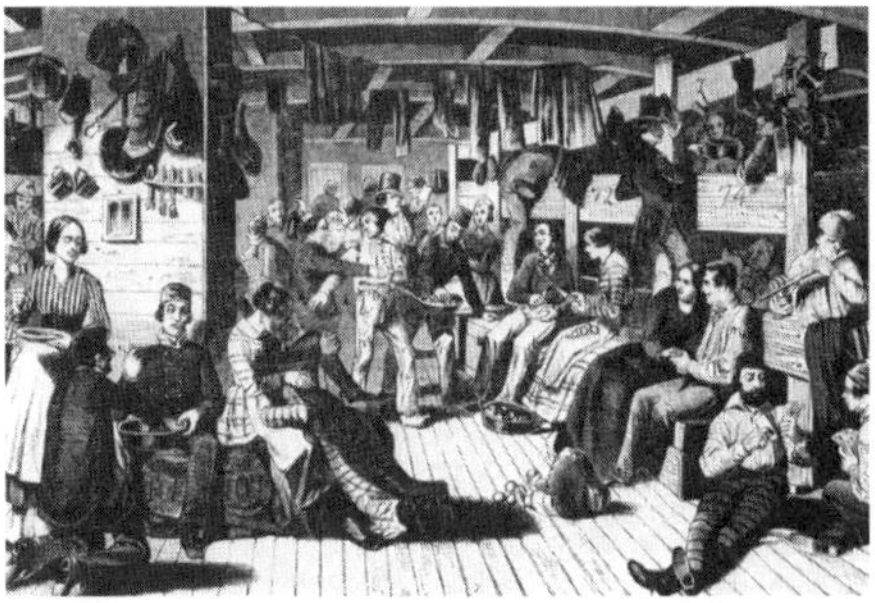

帆船時代と同じく蚕棚式寝台が並ぶ３等客用区画。復航時にはこの区画に家畜や小麦を積んだという

三等客と異なり、上等船客は中央部の上甲板で寛いでいたが、其処には外輪が大きな音を立てて回転していたから落着ける場所とは言い難かった。両舷の外輪は歩道橋（注：いま使われている「ブリッジ＝船橋」の語源はこれといわれる）で連結されており、船客はこれに登ることもできた。

船のスピードを決めるのはボイラーだから、そのタイプと構造は徐々に進化して船の性能が良くなってゆく。ただサミュエル・キュナードはボイラー出力を上げるものの、極力単純な構造に拘っていた。たとえば、前章で触れた復水器surface condenserはトラブル

スウェーデン人のジョン・エリクソン

ジョン・エリクソンが発明した、二重反転式で整流効果を狙ったスクリュー

イギリス人のフランシス・スミス

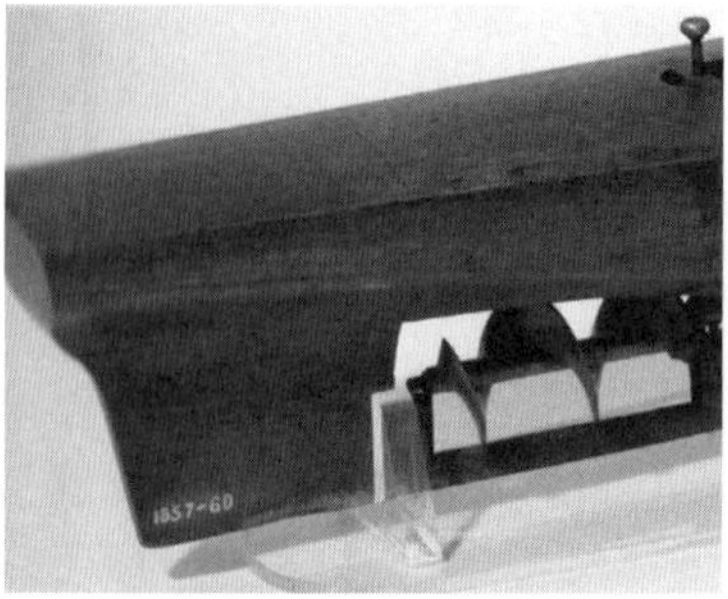

フランシス・スミスが発明した、ねじ式のスクリュー

が多いとして採用されていない。塩分付着箇所をたびたび取り換える手間があっても、復水器設置コストが省けるという経済的判断によるものだったらしい。

外輪からスクリューへ

「ブリタニア」は外輪推進であるが、スクリューについて触れておきたい。スクリューを発明したのはスウェーデン人ジョン・エリクソン（一八〇三〜一八八九）とイギリス人フランシス・スミス（一八〇八〜一八七四）で同時期（一八三六年）に特許登録をしている。前者は二重で逆回転する方式（船尾水流の整流効果を期したアイディア）、後者はねじ式（現今のスクリュー・プロペラの原型）とされているが、I・K・ブルーネルの父、マーク・ブルーネルが一八二〇年に平水でスクリュー推進を試みたともいわれている。I・K・ブルーネルが「グレート・ウェスタン」（一三四〇トン）を手がけて北大西洋定期の伏線を作ったが、この鬼才が次に設計して一八四三年に完成（商業航海は一八四五年から）させた「グレート・ブリテン」（三二七〇トン、速力一一ノット）はスクリュー推進を採用した史上最初の北大西洋横断船として歴史に残る船となった。

産業革命発祥の地である当時のイギリスはこのような技術者による活動のメッカであり、前記のエリクソンも研究の場をイギリスに求めていた。サミュエル・キュナードの事業を含め、新規発明や事業実現のパトロンとなったイギリス政府（海軍省＝郵便運送を管掌）の存在が大きかったことは記録が語っている。

フランシス・スミスの場合、沿岸水域で小型船による実験のすえ、一八三九年に（スクリュー原理の発見者の名をとり）木造船「アーキメーデス」（二三七トン）にスクリューを取り付けてオランダやポルトガルまで航海して海軍省から認められた。

外輪推進よりもスクリュー推進が効率的とは予てから思われていたが、一八四五年三月にその優位が証明される。英海軍が建造した八八〇トンの同型フリゲート艦「ラトラー」（二二〇馬力、スクリュー推進）と「アレクト」（二〇〇馬力、外輪推進）を使って比較実験がなされた。最初は一〇〇マイル区間の競争では「ラトラー」が相手に七マイルもの差をつける。つぎには両方の艦尾をつないで全速推進させたところ、「ラトラー」が「アレクト」を二・七ノットで曳航したと記録されている。

キュナード・ラインの郵便運送だが、海軍省との契約では使用船は〈外輪推進の木造船〉という条件ゆえに、一八四三年に史上最初の鉄船「グレート・ブリテン」が出現しても、指をくわえるしかなかった。その間にも他社船ではインマン・ラインの「シティ・オブ・グラスゴウ」（一六〇九トン、一八五〇年建造）などが鉄船体のスクリュー船を投入、推進効率の良さがいっそう顕わになっていた。

サミュエルと海軍省のあいだでそれなりのやりとりがあったと思われるが、イギリス海軍省も、

「グレート・ブリテン」から一三年後、「シティ・オブ・グラスゴウ」から六年もたってから初めて鉄船の使用を認める。この時代でもそうだったのか、と思われるような官僚の保守性の例を見ることができる。こうして一八五六年に「パーシア」（三三〇〇トン、一三・五ノット）が完成する。この時期にはアメリカ船主コリンズ・ラインが高性能の大型（外輪）船を就航させて集客競争が激化していたので、キュナードも大型化と高速化で対抗する必要があった。そのいっぽう、外輪船による石炭消費

フランシス・スミスがスクリューを取り付けてオランダやポルトガルに実験航海を行なった木造船「アーキメーデス」

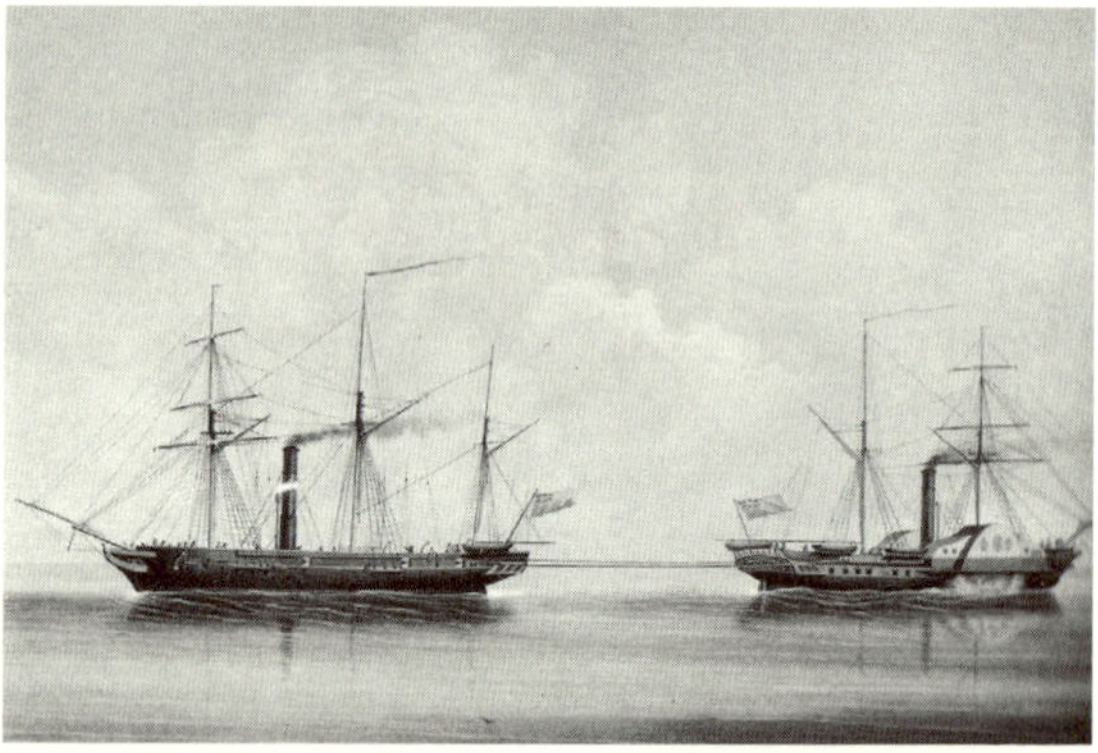

1845年３月に行なわれたスクリュー推進の「ラトラー」（左）と外輪推進の「アレクト」の艦尾をつないでの比較実験

の大きさが運航上の問題になっていた。

他社のスクリュー船出現により、この推進方式への信頼性が大きくなるにつれ、イギリス海軍省も方針を転換し、スクリュー船での郵便契約を許すようになる。一八六二年、キュナード・ラインはネイピアの造船所でスクリュー推進の「チャイナ」（二六三八トン、一二ノット）と外輪船「スコウシア」（三八七一トン、一四ノット）を完成させるが、両船の運航実績からスクリュー推進が決定的に有利なことが明らかとなる。

スクリューは推進効率が良いから同一サイズで同程度のスピードを出すには外輪よりも少ない馬力で充分となる。「チャイナ」では一二・五ノットで航行するに要する出力は二二〇〇馬力のところ、「スコウシア」が一三・五ノットを出すには四二〇〇馬力を要したと記録にある。

一日の石炭消費は「スコウシア」が一六四トン、「チャイナ」はその半分であった。これによるメリットは①バンカー・スペースの減少→貨客スペースの増加②小さい馬力→少ないボイラー数→かま焚き人数の減少③エンジン製作費の低下などと無視できぬほど大きいものだった。これ以降のキュナード・ライナーはすべてスクリュー船となる。

コリンズ・ラインの高性能大型船に対抗してキュナード・ラインが建造した大型の鉄船「バーシア」

コリンズの劇的な興亡

一九世紀から二〇世紀にかけての世界の海上輸送は先進国イギリスをドイツ、フランスなどの後発国が追尾する構図であったが、新大陸アメリカにも北大西洋と太平洋に一石を投じようとする経営者が現われる。

なかでもサミュエル・キュナードに対抗して客船経営に乗りだしたエドワード・コリンズ（一八〇二～一八七八、以下コリンズ）は、客船の檜舞台となる北大西洋に一条の光芒を引いて消えた彗星のような存在であった。

一九世紀のアメリカ合衆国は欧州からの移住者と、奴隷として入国した黒人の労働力に支えられ、南部から北部への綿花輸送、天然資源の豊富な中西部に根付いた鉄鋼業の発展や鉄道網の拡大による「西漸運動westward movement」に発展、欧州、極東から夥しい人と物を呑みこんでいた。

客船経営に乗り出した
エドワード・コリンズ

マサチューセッツ州生まれのコリンズは大西洋を股にかけた輸入業を営む父親のもとで仕事を覚え、一八三一～三六年に南部から北部への綿花輸送、一八三六～四七年にはドラマティック・ラインの名で北大西洋横断サービスを実施していた。これらは帆船によるものだったが、一八四〇年にキュナード・ラインのサービスに触発されて蒸気船経営に乗りだす。

アメリカ大陸の東部には豊沃な森林地帯が横たわっているが、これから産出される樹木が帆船建造と運航の母体になったことは知られている。だから、コリンズの蒸気船も当然ながら木造に終始した――というよりも、コリンズ・ラインがわずか八年の薄命であったから、鉄船を造る機会を失った、というのが妥当かもしれない。

とまれ、コリンズ・ライン（正式名はNew York & Liverpool United States Mail Steamship Co.）は大型で高速の船を四隻就航させることにより、キュナード・ラインに戦いを挑むスタンスで開業した。キュナード客船よりもサイズとスピードに勝る姉妹船三隻（「アトランティック」、「パシフィック」、「アークティック」ともに二七〇〇～二八〇〇トン）と「ボールティック」（二一二三トン）が一八五〇年に就航する。

この頃のアメリカは合衆国の体裁をとっていたものの、南北の利害対立が続いていた。（注：これが昂じて一八六一年の南北戦争になる）。コリンズはこの不安定な世情のもと〔アメリカ合衆国の国威発揚〕を目標に掲げることで与論一致をはかる。この作戦が奏功して、議会から法外な補助金の獲得に成功する。

コリンズの客船はバウスプリットbowsprit（帆船の船首に突き出ている斜めの円材）のない直立船首と楕円形船尾という革新的なデザインであったから、クリッパーclipper（快速大型帆船）型船首に四角い船尾の船を見慣れた人びとの眼には、新鮮で圧倒されるように映った。巨大な黒い煙突の頂部は赤く塗られていたが、ライバルを意識してか、キュナード客船の煙突（頂部が黒の朱色煙突）と逆になっていた。

豪華な内装で話題となったコリンズ・ラインの客船「アトランティック」の女性用ラウンジ

当時の報道によれば、コリンズ客船の内部には白柊《ひいらぎ》、マホガニー、紫檀が張られていた。キャビンには青銅の像や絵画がかけられ、等身大の鏡もあるという、現代のクルーズ客船を超えるインテリアだった、とある。ラウンジには毛足の長いカーペットに革張りのソファとイタリア産の大理石テーブルが並び、窓はステンドグラスだった。特筆されるのは当時の家庭では見られなかった蒸気暖房が船内に採り入れられていたことで、これは商船でも史上最初の試みであった。

第一船「アトランティック」は一八五〇年七月、ニューヨークからリヴァプールへの航海で一〇日八時間の新記録を立てる。これでコリンズの評判はいやがうえにも揚がり、一八五一年にはキュナード船隊の五割増しの乗客を運んだとある。ある新聞は「コリンズ船隊ほどアメリカ合衆国の名誉を欧州に高めた例は見当たらない」とまで称えていた。

しかし、コストの高い豪華船で無理な運航を続けていたから、一八五二年の収支で一七〇万ドルもの損失を計上する。これは当時八六万ドルにも達していた郵便運送補助金を受けた後の赤字で、気の遠くなるような欠損であった。

ところが一八五二年に勃発するクリミア戦役がコリンズに救いの手を差し伸べようとする。英仏連合軍がロシアに宣戦布告、トルコを援けて勃発した戦役は一八五六年まで続く。このために多数のイギリス商船（キュナード・ラインも持ち船一五隻のうち八隻供出）が前線への輸送に徴用される。それで、イギリス船による北大西洋定期は二年ほど中断のやむなきに至り、イギリス海軍省もコリンズに郵便運送を頼むほかなくなる。

1854年９月27日、濃霧の北米東岸沖でフランス汽船「ヴェスタ」と衝突、浸水して沈没直前の「アークティック」

こうして今や大西洋はコリンズの独占状態となろうとしていた。ところが行く手にはコリンズに再起不能の打撃を与える不運の連鎖が待ちかまえていたのである。一八五二年の「アトランティック」遭難（アイルランド沖で座礁）から始まり、翌年八月には「パシフィック」がマージー河で小型帆船を沈没させ、同年一一月には「アークティック」がリヴァプール到着寸前に濃霧で座州、六ヶ月後にアイルランド沖で船底を破損して引き返す。

　コリンズに決定的なダメージを与える大事故は一八五四年九月に発生する。「アークティック」が乗客二三三名（定員二〇〇名）と乗員一七五名を乗せてニューヨークを出帆し、濃霧のレース岬（ニューファウンドランド東端）沖を航行中の九月二七日、フランス汽船「ヴェスタ」と衝突する。鉄船「ヴェスタ」と異なり「アークティック」は木造であったばかりに、船首付近の水線下にあいた破口が命とりになる。帆布で穴を覆い岸に向かったが、浸水に勝てず沈んでしまう。三二二名が犠牲になるが、そのなかにはコリンズ夫人と愛嬢も含まれていた。

竣工当時世界最大と言われたコリンズ・ラインの「エイドリアティック」。高出力の新型エンジンを積んでいた

「アークティック」遭難から一年余ののち、再び不運が会社に襲いかかる。一八五六年一月二三日、リヴァプールを出航した「パシフィック」が行方不明（一三五年後になりウェールズ沖の海底で船体が発見されたといわれる）になり、乗員乗客一八六名全員が犠牲となる。一八五五年七月にも「ボールティック」がウェールズ沖で帆船と衝突、相手を沈めていた。

　不屈不撓のコリンズはこののち四一四五トンの巨船「エイドリアティック」を発注、これが一八五六年八月に進水する。会社の不運挽回の旗手と目された本船の完成が遅延する間の一八五七年八月、アメリカ議会は補助金を半減してしまう。エドワード・コリンズの議会ロビー活動が不充分だったのかもしれないが、他の先進国では考えられない事である。このあたりが「アメリカは海洋国でなく大陸国に変性しつつある」証左とも考えられる現象であった。

はじめには〈アメリカの誇り〉と囃したことはケロリと忘れ、アメリカ大衆はコリンズの船を〈無謀なスピード〉と非難しはじめる。「このようなこと（連続した海難）になるのなら、われわれアメリカ人は専ら帆船を利用し、危ない蒸気船の航海はジョン・ブルに任せておけばよかった」という無責任な新聞記事までも出る始末だった。

新船「エイドリアティック」がアメリカからの乗客三八名（定員三七六名）を乗せて一八五七年一二月、マージィ河口のリヴァプールに姿を現わす。当時最大といわれた船体の内外は白樫、槐、ヒマラヤ杉、栗というアメリカ産の木材で強固に組みたてられており、高出力の新型エンジンのオシレーティングoscillating蒸気機関（揺動機関。ピストン棒クランク軸に直結され、シリンダーが前後に揺動するもの）が設置されていた。アメリカでの不評をよそに、出迎えたイギリス人の誰もが「これこそ史上最高の汽船」と賛辞を惜しまなかったといわれる。

しかし、補助金をカットされたコリンズの運命は定まっていた。この新船がわずか二航海を終えた一九五八年二月、営業を停止してしまう。コリンズは持ち船を売却したのち、石炭開発、石油掘削などに手を出すがどれも成功しなかった。コリンズはコリンズ・ライン倒産の二〇年後に七六歳で生涯を閉じる。ニューヨーク北部（ブロンクス）の共同墓地に葬られたものの、二番目の夫人と家族がコリンズの遺産相続の争いで忙しく、墓名碑を作る暇がなかったからと伝えられている。

コリンズは海難で喪われた船腹を直ちに小型船の用船で凌いだものの、正規契約船四隻すべてがこのような事故を起こしたのは今の視点からすればシーマンシップ上では問題視されるだろう。しかし当時は蒸気エンジン船による航海技術は育っていなかったから、海難はさして珍しくなかった。問題だったのは、コリンズが政府補助に大きく依存しながら、キュナード・ラインとのライバル意識から、内装や船内設備に極端に金をかけて定期船経営を行なったことである。

サミュエル・キュナードが船長に対してスピードよりも安全重視を強く指示したのと異なり、コリンズは最高速をサービスのモットーとしたから、船長は海象が不良でも高速航行して横断記録をつくっていた。だから海難が頻発し、船体に比し高出力エンジンの過負荷運転により、船体とボイラーが傷んでいた。乗組員は停泊中に修理に没頭して一睡もできなかったといわれる。これは、サミュエル・キュナードが船長に航海中のボイラー操作やエンジン回転数制御など細かく指示していたのと対照的である。

前述したように、コリンズは蒸気船経営に乗りだすまえ帆船五隻を使ってニューヨーク〜リヴァプール定期サービスを行なっていた。〔ドラマティック・ライン〕と呼称された会社の持ち船には「シドンズ」（シェークスピア劇の有名女優）、「ロスキウス」（古代ローマの名優）という名前が付けられ、船名の人物の胸像がフィギュアヘッド（船首像＝船首を飾る全身、半身または首だけの像）になっていた。

わずか八年の蒸気船経営であったが、コリンズの生涯そのものがドラマティックなものであったことを否定する人はいない。結局のところ、ドラマティック精神に満ちたアメリカ人がスコットランド人的な倹約精神の旺盛なイギリス人との闘いに敗れたものである。

WSLを設立したトマス・イズメイ

ホワイト・スター・ラインの登場

一九一二年のタイタニック遭難事件で名が知られたホワイト・スター・ラインが北大西洋に参入するのもこの頃である。オーストラリア金鉱発見によるゴールドラッシュの一九世紀半ばに設立された帆船会社の名前を、リヴァプール出身の船主トマス・イズメイ（一八三七〜一八九九）が買い取って一八六九年に設立したものである。会社の正式名称はOceanic Steam Navigation Co.であるが、ホワイト・スター・ライン（ＷＳＬ）がサービスの通称となった。

イズメイにはドイツ系の資産家グスターブ・シュワーブというパートナーがいた。リヴァプールにあるシュワーブ邸を訪ねたイズメイにシュワーブが出した条件はただひとつ、「ＷＳＬの新船はすべてベルファストの造船所（ハーランド&ウルフ社＝Ｈ&Ｗ）に注文する」というものだった。イズメイが出したと思われる条件は、「Ｈ&ＷはＷＳＬの競争船社からは受注しない」というものであった。

この造船所は親友のエドワード・ハーランド（一八三一〜一八九五）が設立し、シュワーブの甥のグスターブ・ウルフがパートナーとなって経営していた。この結果、ＷＳＬとＨ&Ｗの関係は、キュナード・ラインとの合同（一九三四年）を控えてＷＳＬ最後の客船となる「ジョージック」（二万七七五九トン）が竣工する一九三二年まで六〇余年も続くことになる。

ＷＳＬとＨ&Ｗとの関係についていま少し述べたい。ＷＳＬ社主のトマス・イズメイは二七歳の時からイギリスの船会社ナショナル・ラインの取締役として北大西洋航路の経営実務に通暁していたばかりでなく、キュナードやインマン客船の構造や性能を調べていた。そのうえで自分なりに、今後あるべき北大西洋サービスの本質をとらえていた。

一八五八年、北アイルランドのベルファストで呱々の声をあげた（厳密には一七九一年から営業していた造船所をエドワード・ハーランドが購入した）この造船所は他社で技術を習得したネイバル・アーキテクト集まって誕生した造船所である。経営の衝にあたる人物の誰もが船のデザインと建造に精通しており、経営者みずからが設計にあたっていた。

トマス・イズメイとエドワード・ハーランドの友好関係が数々のＷＳＬ客船を産みだす核となる。

北大西洋客船のあるべき姿についてイズメイが抱いていた先見的発想を基にして、ハーランドがそのスペックと性能を備えたスタイリッシュな船をデザインしたもの、といえる。この結果、当代の汽船を時代遅れにするほどの客船が次々に登場したことが海事史に残されている。

ＷＳＬが優れた船を次々に登場させたことが導火線となり、キュナード・ラインやインマン・ラインなどが改良された船質の客船を建造、就航させる効果をもたらした。この項では一九世紀から二〇世紀になる時代に建造された著名なＷＳＬ客船に触れよう。

ＷＳＬ創業第一船の「オセアニック」（三七〇七トン、一八七一年建造）であるが、この客船は長さと幅の比（Ｌ／Ｂ）が一〇という細長い船体に造られていた＝この比が大きいほど抵抗が少なく、スピードが出やすくなる。主機関には他社船に先がけて二連成レシプロ蒸気機関を採用して燃料消費を半減させていた。

WSL創業第１船の「オセアニック」。英国人が「王室ヨットのようだ」と感嘆した

船客設備にも新機軸が出されていた。一等食堂や船室を船体中央部に置いたことである。従来の客船では帆船時代からの慣習で、客室は船尾に置くのが普通であった。ところがエンジン出力が大きくなるにつれ、船尾デッキでは振動が激しくなっていた。

これを解決するため、一等船室を中央に置いたが、そこには在来船にない大サイズの丸窓が取り付けられていた。チャールズ・ディケンズが「棺桶のようだ」と評したほど、在来船の窓は小さかったが、「オセアニック」では雰囲気が一変していた。また、一等食堂の椅子は長椅子が常識であったのが、本船では一人用の椅子に変わっていた。

一八七一年二月二六日、「オセアニック」が母港リヴァプールに初めて姿を現

南北戦争後の不況の時代に誕生、北大西洋横断記録を更新したWSLの大型高速客船「ブリタニック」

初めて海軍省との「英国仮装巡洋艦協定」に従って建造されたWSLの客船「テュートニック」

わしたとき、在来船を見なれた市民は「まるで王室ヨットのようだ」と驚嘆したといわれる。「オセアニック」は細身の船型と新型エンジンによって、キュナード・ライナーよりも〇・五ノット速いスピード（西航一一・八ノット、東航一三・四ノット）で横断する。

こうしてＷＳＬの北大西洋航路は「オセアニック」型四隻と準姉妹船「エイドリアティック」型二隻の六隻によるウィークリー・サービスで始められた。注目に値するのは、ＷＳＬ（及びインマン・ライン）は政府補助なしで開業していたことである。

南北戦争後の一八七三年からアメリカでは初めて経済恐慌がおこる。大陸横断鉄道の建設を始めとする公共投資が一段落したのち、国内がデフレに見舞われたのである。ほぼ同時期にイギリスにも不況の波が来襲していた。これらに影響されて一八七六年の北大西洋航路は最悪の状態になる。このとき、キュナード・ラインが郵便補助契約で船隊縮小が禁じられていたのとは対照的に、ＷＳＬは就航船の便数を整理するなどして被害を最小限にとどめることができた。

三年後には更に大型高速の「ブリタニック」と「ジャーマニック」（ともに五〇〇〇トン）が不況の海に乗りだす。この姉妹船には、「オセアニック」就航時の勢いに乗ってイズメイが思いついた野心的なアイディアが込められており、それをデザイナーのエドワード・ハーランドが具体化した作品であった。

「ブリタニック」は一五ノット台の平均速力を出して北大西洋横断記録を更新したのち、一八九九年勃発のボーア戦争ではキュナードやインマン客船とともに南アフリカへの軍隊輸送に活躍している。その翌年には船体を純白に塗装してオーストラリアへ航海している。ヴィクトリア女王のもと、イギリス連邦の一員となったこの大陸の開礎式典への出席者（ヴィクトリア女王の認可状を帯同）を運ぶ役目を果たすものであった。

世紀末に登場した姉妹船「テュートニック」と「マジェスティック」（ともに九九〇〇トン、一八八九年と一八九〇年建造）はおそらく北大西洋で最も輝いたWSLライナーであろう。エドワード・ハーランドのもとで腕を磨き、後に北アイルランドで「ピリー卿」と呼ばれる子爵になるウィリアム・ピリー（一八四七〜一九二四）の義弟アレキサンダー・カーライル（一八五四〜一九二六）の設計になる高速船であった。

アレキサンダー・カーライルが首席デザイナーを務めた1912年建造の「タイタニック」

カーライル技師は一九一一年建造の巨船「オリンピック」と「タイタニック」（一九一二年建造）クラスまでの首席デザイナーとして活躍している。ところが、両船に搭載する救命ボートの隻数のことで義兄ピリー卿を意見が対立し、最後にはH&Wから去っている。「タイタニック」事件の後に救命ボートの積載数が問題になったが、計画段階でカーライル技師は四八隻を主張したのに拘わらず、英国船舶院が規定した最低隻数一六隻に落ちついたものである。ネイバル・アーキテクトの良心に徹しての主張が受け入れられず退職したが、もしカーライルの意見どおりになっておれば「タイタニック」があれほどの犠牲者を出していなかった筈で、歴史上の皮肉と言わざるを得ない。

「テュートニック」と「マジェスティック」に戻る。両船が計画された当時のイギリスは大規模な戦争は体験していなかったが、非常時の商船の運用価値に気付いて補助艦艇の整備に着手しようとしていた。このために、海軍省は海運会社と「英国仮装巡洋艦協定」を結んでいた。「テュートニック」と「マジェスティック」はイギリスで史上最初にこの協定に謳われた仮装巡洋艦の資格を得た客船である。船の性能や要目の決定には海軍省が関与していた。建造補助の有無は不明だが、平時でも特別手当が船主に支給されていたという。

特に「テュートニック」のデビューはまことに華々しいものであった。一八八九年七月に竣工すると直ちに「HMS（ハー・マジェスティズ・シップ：英国艦艇の接頭略語）Teutonic」として、八月一日、スピットヘッドで挙行されたヴィクトリア女王在位五〇年記念の観艦式に加わる。「テュートニック」には四・七インチ砲八門が搭載されていた（第一次世界大戦が勃発すると「テュートニック」は第一〇巡洋戦隊の仮装巡洋艦となって活躍している）。

観艦式が終わると「テュートニック」は備砲をおろしてニューヨークへの処女航海の途につく。そして一年後には平均速力二〇・三五ノットで北大西洋横断記録を樹立していた。

リヴァプールに姿を見せた「テュートニック」は評論家に息をのませるほど大きい存在感を有していた。「テュートニック」でアメリカへ渡航した旅行家が言った言葉が残っている。『冬の荒海をテュートニックで航海してごらん。そうすれば船に乗っている気分がどんなものか分かるから』。

「テュートニック」と「マジェスティック」は、それぞれ月一便の割合でリヴァプールとニューヨークを結んで人気を博し、ＷＳＬにとって〈儲かる船〉となる。往航にはクィーンズタウン（今のコーク）に寄港してアイルランド人移住客を乗せていた。一七世紀いらいの馬鈴薯凶作により、一九世紀後半からアイルランド人の北米移住が続いていた。だから北大西洋ライナーの殆どはこの地に寄港、移住客をとっていた。なかでもＷＳＬ船では特に乗船客が多かった。ＷＳＬの船がすべて北アイルランドで建造されていたことが理由と見なされていた。

北大西洋の挑戦者

北大西洋での横断サービス競争は英米間だけで繰り広げられていたのではなかった。この航路に就航する船会社の主な収入は新大陸アメリカへの移住者から挙げられるものだった。これらは西欧諸国のみならず、東欧、南欧や中近東からも新天地をめざす人びとの流れが続いていた。当然のことながら、これらの国の船会社も北大西洋横断サービスに乗り出していた。

その筆頭となったのは、ドイツのハンブルク・アメリカ・ライン（Hapag＝ハパック）である。一八四七年に設立されたこの会社はハンブルク～ニューヨーク間を四〇日で結ぶ帆船サービスを行なっていたが、イギリスの造船所で建造された汽船二隻で一八五六年から新しいサービスを開始した。さらに北ドイツ・ロイド社（ＮＤＬ）が一八五七年ブレーメンに設立され、翌年から汽船を就航させていた。

この時期のドイツ北部は、ビスマルク首相が率いるプロイセン王国が対オーストリア戦争（一八六六年の普墺戦争、これでオーストリア支配から離脱）や対フランス戦争（一八七〇年の普仏戦争）を起こしており、国民は不安定な生活を強いられていた。そのいっぽう、プロイセン王国（一八七一年以降ドイツ帝国）は普仏戦争で地下資源の豊富なアルザス、ロレーヌ地方を手に入れたほか、五〇億フランという賠償金がドイツ資本市場に入り、ドイツでも資本主義社会の発達が実現していた。この過程で近代産業国として躍進の素地をつかんだドイツでは、アメリカに移住したドイツ系アメリカ人が本国と交流する手段としても汽船サービスが求められていた。

フランスでは第二帝政といわれたナポレオン三世治世のもと、機械工業が発達して経済界は繁栄していた。それで、対米貿易のほかアフリカや極東への植民地経略が進められて、北大西洋ほかの海上交通網が意欲的に開設されていた。

ナポレオン三世のバックアップを受けて郵便運送補助がフレンチ・ライン（正式名Cie. General Transatlantique（CGT）に与えられた。これによってCGTはイギリスに発注した汽船「ワシントン」（三四〇八トン）を手はじめに、一八六四年にルアーヴル～ニューヨーク間の定期航路を開設する。六年後に普仏戦争が起こったときは、これらフランス船はアメリカから購入した武器、弾薬のほか在米のフランス系在郷軍人の輸送に活躍している。開戦二ヵ月後、セダンの戦いでナポレオン三世自身が捕虜になって敗れると、今度はフランス軍人捕虜をドイツから移住先のアメリカに帰還させる輸送にも使われたという。

面白いことに、戦争の終わった一八七一年、CGT客船のうち第二帝政を連想させる船名は差しさわりのない名前に変えられていた。例えば「アンペラトリス・ウージェニ」（ウージェニ皇后）は「アトランティク」に、「ナポレオン三世」は「ヴィル・ド・アーヴル」というように。

キュナード・ラインの優勢に楔を打ちこむイギリス船社が現われる。これが一八五〇年にウィリアム・インマン（一八二五～一八八一）がリヴァプールで創業したインマン・ライン（創業時の名称は英米の終航地名をとりLiverpool & Philadelphia Steamship Co.で、インマンの名前になるのは一八七五年）である。

手厚い政府補助を受けるキュナード社に対抗してインマンがとった手段は大胆なものだった。外輪推進が万能とされ、スクリュー推進に信頼が置かれていなかったこの当時であったが、スクリュー推進を勇敢に採用したことである。もうひとつは、スティアレジと呼ばれた最下等船客（移民が利用）を安い料金で運ぶものだった。

これは、キュナードが外輪船ばかりで上等客しか乗せなかったのと好対照をなしていた。もっともキュナードにはイギリス政府からの補助（郵便運送契約）があり、外輪推進はスピードが速くて安定している（当時はそのように考えられていた）との理由でスクリュー推進は採用しなかったこと、外輪船ではエンジンルームと燃料炭に多くのスペースが必要だったから、郵便などの荷物搭載を考えるとスティアレジを乗せる判断の余地がなかった、というのが真相らしい。

インマンのスティアレジ重点主義は見事に成功する。この頃の新大陸移住ブームを考えると、これは当然の帰結といえよう。それまでスティアレジが利用していた帆船では大西洋を渡るのに四〇日もかかり、客の一割が航海中に飢え（食事は自弁）と病気で死亡していたから。これが汽船では航海日数が一～二週間となり、食事も会社が面倒を見るようになったので、インマン・ラインに数多くのスティアレジが殺到したのは自然の成り行きであった。

一八五六年からの二年間、インマン・ライナーが運んだ船客は七万人を超えていたが、この数は当時の横断客数の三分の一にも達していた。一八四六年からの一〇年間にヨーロッパからアメリカへ渡航した移民の数は約一〇〇万人である。ちなみにインマン・ライナーは帆船時代の面影をのこすクリッパー型船首をもつ優美なスタイルで名を馳せ、二〇世紀までこれが続いていた。

インマン・ライン開業四年目にクリミア戦役が勃発している。トルコの領有をめぐって衝突したヨーロッパ列強間の争いで、黒海とバルカン半島へ勢力を拡大しようとしたロシアのニコライ一世が軍隊をドナウ地方に進駐させたのが契機となってトルコと衝突したものである。これで英、仏両国がロシアに宣戦、最終的には一八五四年のセバストポーリ攻防戦を境にロシアが敗北する。この戦役でイギリスはマルタ島を前線基地にして軍隊を集結、クリミア半島上陸作戦を敢行した。

クリミア戦役といえば看護婦団を組織して活躍したフローレンス・ナイチンゲールが日本にも知られているが、本国からの兵員輸送に多くのイギリス客船が活躍している。キュナード社は八隻、インマン・ラインも三隻を提供して、フランス政府の依頼で軍隊輸送を好条件で請け負って利益をあげていた。

第3章　大型化への挑戦と蹉跌

壮大な計画の始まり

大胆で非凡な発想により革新がもたらされた例は海上交通でも枚挙にいとまない。船が世界最大の可動物であることから、何らかの革新への試みがなされたとき、その成否が劇的なものになることが多い。また海上輸送には巨額の投資が必要であるから、起業家は破天荒な道をえらばず、在来手法に改良をかさねて徐々に規模を拡大してゆくのが常道である。ところが今から一五〇年前、イギリス人イザンバード・ブルーネルIsambard Kingdom Brunel（以下ブルーネル）が実現した巨船「グレート・イースタン」は設計者の着想があまりにも大胆かつ非凡なものだったために、不運な生涯を余儀なくされた例である。

巨船「グレート・イースタン」を設計したイザンバード・ブルーネル

すでに触れたように、ブルーネル自身は「グレート・ウェスタン」（一三二〇トン、一八三七年建造）や「グレート・ブリテン」（三四四三トン、一八四四年建造）の設計でネイヴァル・アーキテクトとして確固たる地位を築いてい

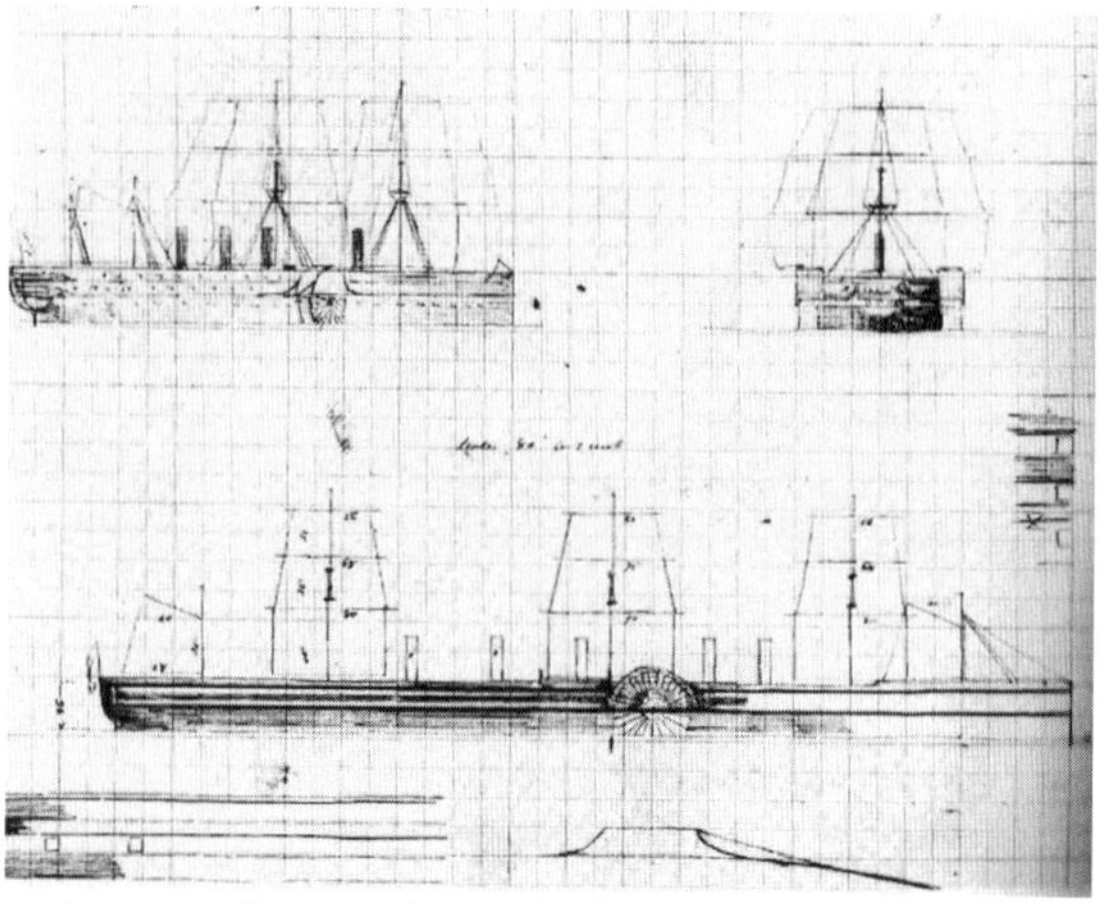

ブルーネルが描いた巨船の図面。当時最大の船の全長２倍、幅２.５倍、トン数で５倍以上という破天荒なサイズであった

た。ブルーネルが着想したのは北大西洋でなく、イギリスから極東（インド、オーストラリア）方面に使われる蒸気船であった。

　このルートには一九世紀中頃までは、スエズ地峡を陸路で接続する方式と喜望峰まわりのふたつがあった。これには帆装蒸気船と帆船が使われていたが、蒸気船の航海で最大の難点は途中の燃料補給地がケープタウン、アデン、セイロン程度しかなく、しかも補給港では給炭価格が高いことだった。燃料炭はイギリス本国からわざわざ帆船で運ばれていたから高いのは当たりまえだった。本国で安価なウェールズ炭を最初から必要なだけ積みこみ、途中で給炭の必要をなくすれば採算が向上する。ブルーネルの計画ではセイロンまで到達可能な数量の石炭をイギリスで搭載したうえに、乗客や荷物を積載可能にするために破格なサイズの船にするものだった。

　このような着想でブルーネルが設計した船は長さ二一〇メートル、幅二五メートル、一万八九一五トンという巨船である。当時最大の船がＰ＆Ｏの「ヒマラヤ」（三四五〇トン、全長一一四メートル、幅一〇メートル）であったことを考えれば、この船のサイズの破天荒さは想像に難くない。サイズが大きくなっても乗組員数はかわらぬから、船員費も割安となりコスト面でのスケール・メリットが期待できるものだった。これは現今のコンテナ船の大型化競争と軌を一にする。

製鋼技術のない時代だったから船体は鍛造鉄板（錬鉄）で造られていたが、単にサイズが大きいだけでなく、構造面で新機軸が採りいれられていた。なかでも特筆されるのはダブル・ハル（二重底）の採用であったが、当時では知る人はいなかった。その構造はきわめて徹底したもので、幅八六センチのダブル・ハルが船全体に行きわたり、その上縁が喫水線上二メートルまで達していた。このような二重船殻が商船に行きわたるのはそれから一〇〇年後だったことを考えるとブルーネルの先進的な設計理念の一端がうかがえる。また横断隔壁（九ヵ所）と縦通隔壁（二列）の採用など巨大な船体の強度保持に入念な配慮がなされていた。

推進方式は外輪とスクリューを組み合わせることで合計八〇〇〇馬力の出力を得るほか、帆装も残すという入念ぶりであった。ちなみに本船には帆装用のマストが五本あったが、それらは月～金とそれぞれに週日の名がつけられていた。

ブルーネルに協力した造船所オーナーのスコット・ラッセル

難産の進水

この巨大船の建造はブルーネルとスコット・ラッセル（テムズ河畔の造船所オーナー）の奔走が奏功して出資者があつまり、一八五一年にイースタン・スティーム・ナヴィゲーション社（ＥＳＮ）が設立され、スコット・ラッセル造船所へ発注された。一八五四年五月一日、新船は起工される。世界一の巨船が造られることとて、イギリスのみならず世界中に関心がたかまる。

船台上で形が造られていた四年間、テムズ河畔には毎日のように観衆が詰めかけ、「グレート・イースタン・フィーヴァー」といわれるほどの熱気が渦まく。「これだけの巨船なら一朝有事には一万名の軍隊を何処へでも運べる。大英帝国の国威発揚に計り知れない力を発揮するものだ」と誉めそやす新聞記事さえ出るほどだった。

造船所オーナーのスコット・ラッセルは有能な技術者であった反面、コスト見積もりに充分な知識

テムズ河畔に河に平行につくられたスコット・ラッセル造船所の船台で建造中の世界一の巨船「グレート・イースタン」

進水直前の「グレート・イースタン」。当初「リヴァイアサン」と命名されたが、トラブルで進水が2ヵ月遅れ、改名された

がなかったことと、未曾有のサイズと構造であったため、工事費が大きく超過してしまう。建造費の増加と工期遅延により、船体の三分の一が出来あがった時点で造船所は破綻してしまう。

やむなくブルーネルは造船所の債権銀行と話し合い、ＥＳＮが船台をリースする格好で工事が再開されたのが一八五六年二月、翌年一一月三日にようやく進水の日を迎える。巨大なサイズゆえに地形上の制約で船尾からの進水は不可能であったから、船体は岸に平行にして建造、横滑り進水をするものだった。造船所には世紀の進水を見ようと（ＥＳＮ発売の入場券を手にした）三〇〇〇人もの人が集まった。

この進水は後年まで語り草になっている。命名者が「リヴァイアサン」と命名しても船は微動だにせず、観衆はあっけにとられ、会社側は狼狽する。手動キャプスタン（巻揚げ機）では全重量三万トンの船を動かすのは不充分だった。結局、水圧ピストンによる四回目の試みのすえテムズ河に巨体を泛かべたのは年のかわった一八五八年一月三一日であった。このとき、ケチのついた名前にかえて「グレート・イースタン」の名前が船体に記されていた。

手間どった進水費用や船台リース料の支払いがかさみ、進水時点で当初の総費用見込み五〇万ポンドを大幅に上回る七八万ポンドの巨額に達していた。ＥＳＮの財布は底を尽いてしまい会社は解散される。またもや窮境におかれたブルーネルの奔走で出資者が集まり、資本金三四万ポンドで設立されたグレート・シップ社がこの事業を引きつぐ。

時は一八五二年にさかのぼる。イギリス郵政省は本国～豪州間の郵便運送に入札を募っていた。Ｐ＆Ｏに伍してＥＳＮも応札する。ところがＥＳＮが提示した料金が割安であったにもかかわらずＰ＆Ｏに落札されてしまう。イギリス政府としては一八三七年から英本国～地中海～スエズ地峡～インド洋～極東間のサービスを行なっていたＰ＆Ｏの実績を重くみたからにほかならない。これでＥＳＮ社本来の計画は修正を余儀なくされ、北大西洋に目をむけることになるが、このことが「グレート・イースタン」の運命の舵を大きく切ってしまう。

グレート・シップ社では、未成状態の本船をESNから一六万ポンドの安値で手に入れたから、北大西洋の貨客輸送でスケール・メリットが期待できるから採算がとれる、と踏んだものと考えられる。いっぽう、北大西洋サービスでの激しい集客競争を勝ち抜くために広いスペースに豪華な客室設備を作って、船上では宮殿にいるような気分にさせて乗客を魅惑しようとした。

一八五九年九月、「グレート・イースタン」は遂にその巨体を建造所のテムズ河畔からドーヴァー海峡にあらわした。マンモス船を眼のあたりにした人びとはその異様な外観に驚嘆する。そのころは帆船から蒸気船への移行期であり、商船といえば（帆船のような）クリッパー船首、単煙突、二本マストというのが標準的な外観であった。そのような船容を見なれた眼には、直立船首、五本煙突、六本マストの船は巨大な怪獣（Leviathan）としか映らなかった。ところが難産のすえ産まれた巨船にはまたもや災厄が待ちうけていた。

災厄の試運転と海難

一八五九年九月九日、「グレート・イースタン」は試験運転でイギリス海峡のヘイスティングズ沖を航行していた。ところが、巨船を見ようと岸に集まった数多の人びととの眼前で大爆発をおこしたのである。第一煙突が吹き飛び、白煙がもうもうとあがった。ボイラー給気用パイプの誤操作によるものであったが、頑丈な構造のおかげで浸水はまぬがれる。難産のすえ誕生した巨船の事故は船主に少なからぬ打撃をあたえる。それで船主は修理中の「グレート・イースタン」を有料公開して〈少しでも〉と資金調達に奔走する破目となる。

九ヵ月後にようやく修理完了した「グレート・イースタン」は一八六〇年、処女航海の途につく。六月一七日サウサンプトンを出帆、一一日一三時間後にニューヨークへ到着した。このときの有料船客は三五名、平均速力は一一・三六ノットと記録されている。このスピードは当時の汽船としては遅くなかったが、ブルーネルが意図したレベル（一八ノット）に及ばぬばかりか、当時の北大西洋横断記録（コリンズ・ラインの「ボールティック」の一三・〇五ノット）にも及ばなかった。

このあと「グレート・イースタン」はリヴァプールからニューヨークへの北大西洋横断サービスを始める。一八六一年が明けるとこの巨船の人気はしだいに上昇する。ところが「好事魔多し」のたとえどおり、四航海目に二度目の災厄がふりかかる。四〇〇名という好成績の乗客を乗せて九月一〇日

1859年9月9日、イギリス海峡で試験運転中に大爆発を起こした「グレート・イースタン」

リヴァプールを出帆して三日後、船はケルト海から北大西洋に出ようとしていた。行く手の海は不穏な空に覆われていたが、「巨船」に自信をいだく船長はそのまま西へ舵を切る。北大西洋の荒波が牙をむいて襲いかかるまでには時間を要しなかった。激浪が容赦なく巨体をもてあそび、船は最大四五度まで傾斜する。阿鼻叫喚の乗客を抱えての四八時間、外輪が破壊されたばかりか、舵も操作不能になり、ほうほうの体《てい》で引き返す。

事故原因だが、人為的ミスが要因とされる点が多かった。巨体にまかせて荒天航行を強行したこと、船長が事故の重大さを乗客に知らせず糊塗的な対応

（結局、乗客のなかにいた専門家が中心となり対応策を船長とかけ合った末に海没を免れた）を続けたこと、積荷の固縛不全ゆえに荷物が船倉内で遊動したことなどである。直径一七メートルという巨大な外輪は当時の技術ではこのような激浪に耐えうるようには製作できていなかったこともあったかもしれない。

「グレート・イースタン」の北大西洋運航は三年間で一〇往復の記録が残っているから、毎年わずか三往復という過疎スケジュールである。この間も「グレート・イースタン」は種々の事故に見舞われながら運航を続けるが、不運だったのは就航期間が南北戦争（一八六一〜一八六五年）に重なったことである。この間の一八六一年六月、イギリス政府の用船で兵員二〇〇〇余名をケベックまで輸送したほかは、乗客と積荷の不振にあえぐことになる。もし当初計画どおり極東方面に使われていたならば、北大西洋の航海で荒天に逢うことの問題は発生しなかっただろう。

「グレート・イースタン」の大きな船体内につくられた豪華なサロン

大西洋の激浪に翻弄され、大きく傾いた「グレート・イースタン」船内の想像図

この巨船出現により、キュナードやインマン・ラインなど既出船社との運賃値引き競争が激しくなり、一八六三年一二月、グレート・シップ社は一四万ポンドの負債を抱えて倒産、船は係船されてしまう。ところが常識破りの巨体が第二の人生を開くことになる。それは海底電線（電信ケーブル）敷設の仕事であった。

６本マストの巨船「グレート・イースタン」。全長210メートル、１万8915トン、外輪の直径は17メートルあった

ケーブル・シップへの道

海底電線敷設会社（Telegraph Construction & Management社）から新しい船主グレート・イースタン社へ海底電線敷設の仕事が持ち込まれる。北大西洋航路時代に乗客で賑わった広壮なラウンジがケーブル・コイルの収納場所に変身する。並はずれて大きいスペースのあったことが、従来では不可能だった長大な電線の搭載――長い区間で電線敷設が可能――に威力を発揮する。搭載する電線量が余りにも多かったので、積み込みに六ヵ月も要したとある。

一八六五年六月、グレート・イースタンは電線四六〇〇トン、燃料炭七〇〇〇トンを積み込んでメドウェー河畔（イングランド地方東南の港）を出帆、ケーブル・シップとして北大西洋に出動する。この年と翌年の計二回の工事で、八年前から途絶していた欧州～北米間の通信が可能になった。海底電線敷設には前進と後進の絶え間ない繰りかえし、船体の左右回頭という複

海底ケーブルを積み込む「グレート・イースタン」。巨大な船体に長大な電線を積み込み、主に北大西洋の電線敷設に活躍した

雑な操縦が必要である。「グレート・イースタン」では外輪のおかげでこの作業がスムースに実施できたものである。地味な仕事であるがこの巨船が国際通信に貢献できたことは設計者ブルーネルも予期していなかっただろう。このあとアデン〜ムンバイ間の敷設を含めての七年間、主として北大西洋を往復して海底電線を敷設している。

　この時期の一八六七年に開かれたパリ万博で「グレート・イースタン」は客船としての脚光を再び浴びることになる。大挙して押しよせるアメリカ人客が期待できるとして改造に踏み切ったものである。全船一等の客室が造作されただけでなく、ボイラーの取りかえ、蒸気操舵装置の設置など、設備と性能が一新された「グレート・イースタン」はニューヨークからブレストまでの乗客輸送にデビューしたのである。

　ところが期待したほどの乗客が集まらず、一八六七年四月末まで一一往復しただけで係船されてしまう。本業である海底電線敷設を離れて何故このような客船サービスを始めたのであろうか、という疑問も生ずる。やはり客船サービス進出への魅力には勝てなかったのかもしれない。

　グレート・イースタンが海底電線敷設事業に精を出しているうちに、海上輸送の技術革新がつぎつぎになされつつあった。人目をひいた巨大な外輪推進方式はキュナードの「スコシア」（三八七一トン、一八六二年建造）が一八七六年の航海を最後に、効率の良いスクリュー推進に改造されていた。エンジンにしても三段膨張レシプロ機関が、グレート・イースタンに搭載されていた旧式エンジン（揺動式レシプロ機関）を不要なものにしていた。また一八八〇年代になると船体が鋼鉄で造られるようになり、「グレート・イースタン」のような錬鉄船は大きなハンディキャップを持つようになる。照明も電灯になり、インテリアにも近代化と快適性がもたらされていた。

ショウボートへの変身と終焉

船齢三〇年ちかい「グレート・イースタン」に残されたのは解体場への道しかなかった。しかし、まだ世界最大の地位を失っていなかった巨船を金儲けに利用しようという企てが浮上する。産みの親のブルーネルが知ればさぞ悲しんだことと思うが、「見世もの船」になる道であった。興行主の名前を船腹に大きく描いてリヴァプール～ダブリン～グリーノック間を曳航されて巡回、船上ではサーカス、ミュージック・ホールからカジノまで興行された。記録によると初年度の一八八六年には五〇万人もの入場者があったものの、いつまでも続くものでもなく、一八八七年秋には遂に解体業者の手にうつった。

一八八八年八月、鬼才イザンバード・ブルーネルが心血を注いで造りあげた「グレート・イースタン」は解体地のバーケンヘッドに向かった。解体業者が船の二重底を開いたところ、そこには一体の骸骨が横たわっていたという。これを知った当時の人びとは「グレート・イースタンが生涯にわたり多くの不運に見舞われたのはこのせいだ」と噂したという。

船腹に興行主の名前を書いて「見世もの船」となった「グレート・イースタン」

トップハットに泥まみれの靴とズボン姿で
建造監督中のイザンバード・ブルーネル

イザンバード・ブルーネル

一九世紀の人びとが「白い象」と呼んだこの巨船にたいして後世の私たちはどのように評価すればよいだろうか。当時の評者が「現実的な意味で商船のサイズには限界があることをわれわれに知らしめたことにグレート・イースタンの存在意義がある」と言ったという。しかし本船解体の一〇年後には長さで凌駕するオセアニック（二一五メートル、一八九九年完成）が出現、一二年後にはサイズでも上まわるセルティック（二万九〇四トン、一九〇一年完成）が建造されている。巨大化が経済的に有用なことに気付いた人類の志向は船では留まるところを知らない。「グレート・イースタン」以後に計画された大型船は製鋼技術を含めたさまざまの技術革新があって初めて実現したものといえる。

重い錬鉄で形づくられた巨船を充分な出力の伴わない旧式エンジンで推進させるという組み合わせに技術的な問題があったものの、そもそも極東航路での郵便運送補助を獲得できなかった齟齬が不運の切っかけになったといえる。しかし、壮大な計画をたて、一度ならず出資者を募り、前人未到の技術問題を解決しながら完成にこぎつけたという事実にたいしては後世の私たちは素直に評価すべきであろう。

「グレート・イースタン」こそ彼の人生最後の一〇年間に取り組んだ対象であり、またそれがブルーネルの命を奪ったともいえる。広い屋内設計場で席をあたためるネイヴァル・アーキテクトでなく、船が起工されるや工事現場を離れなかったと伝えられている。写真に見える泥まみれの靴とズボンがこのことを語っている。被ったトップハットのなかには現場監督の最中で気付いたことのメモ書きが詰まっていたといわれる。それが彼の尽瘁ぶりを物語る一端である。この建造での辛労が身体を蝕み、いつも彼がベイブbabe（可愛子ちゃん）と呼んでいた「グレート・イースタン」が最初の航海（試運転）に出る二日まえに急逝していた。享年五三歳であった。

第4章　東方への道（一）――P&Oライン

PSNからP&Oへ

イギリスやヨーロッパから西に向かう海上ルートは、勃興する新大陸の需要に応じて移住者を輸送するものであった。これに対して東方ルートは極東に拓殖された植民地との交通であったから重要な意味合いを持っていた。東方の目的地は蘭領インドシナ（今のインドネシア）や仏領インドシナ（今のベトナム、ラオス、カンジア）、なかでもインド、ビルマ（ミャンマー）、海峡地と中国、そして大洋州は、これらを傘下に収めていた大英帝国にとり、国の存立を左右するほど重要な目的地であった。

これら方面への交易は勅許を受けた総合商社といえる東インド会社（それぞれ英、蘭、仏）が独占していたが、一九世紀に入ると海運会社が台頭して東インド会社の地位にとって代わる。この章ではその代表的な立場にあったイギリスの船会社に焦点をあてて述べてみよう。

P&Oライン（Peninsular & Oriental Steam Navigation Co.）として知られる船会社の発祥は、ブロディ・ウィルコックス（一七八六～一八六二）とアーサー・アンダーソン（一七九二～一八六八）が一八二二年に設立した会社（船を所有しないオペレーター）である。これが一八三五年、スペインとポルトガル王室のバックアップで開設したリスボン～マデイラ航路が事業の濫觴である。その翌年には、イベリア半島の名前から The Peninsular Steam Navigation Co.（ＰＳＮ）の社名で登記、「ウィリアム・フォーセット」ほか五隻の蒸気船を用船、就航させた。これらは何れも二〇〇～三〇〇トンの小型船であったが、帆船が当りまえの時期にＰＳＮが契約をとったことの裏には、帆船よりも定時性に勝る蒸気船であることが決め手になった。

イギリス政府はイギリス東インド会社に郵便運送を託していたが、ＰＳＮのこの挙を見て海軍省（郵便の海外運送を管掌）は英本国～イベリア半島間の郵便運送の入札を募り、ＰＳＮが受命した。これは一八三七年のことで、ロンドンを発航してポルトガル、スペインをカバーしたのち、イギリスには戦略的に不可欠なジブラルタルを終点にした航路であった。とくにポルトガルは政治的にイギリスへの依存度が高かったからこのサービスは歓迎された。

この時期の地中海にはＰＳＮのルートを含め、マルタ島（英領）をハブとしたネットワークが張られていたのは興味深い。すなわち、マルタ～ジブラルタル（五日間）、マルタ～コルフ（二日間）、マルタ～アレキサンドリア（二日間＝其処からスエズ地峡を渡りスエズからインドまでの船便に接続されていた）である。

キュナード客船「ブリタニア」の処女航海が始まろうとしていた一八四〇年六月、極東で阿片戦争が勃発する。一八世紀後期いらいの産業革命で飛躍的に発展した紡織製品輸出の伸び悩みと、中国からの輸入品（茶、シルク、陶器）の激増によって生じた貿易収支の赤字を改善するため、イギリス政府が東インド会社に命じて行なったインドでのアヘン栽培→専売→清国への密輸は

P&Oの創業者ブロディ・ウィルコックス

もう一人の創業者アーサー・アンダーソン

P&Oの前身PSNが就航させた蒸気船「ウィリアム・フォーセット」

一九世紀初頭から東インド会社の持ち船などで行なわれていた。これに反発した清国とイギリスのあいだで勃発したのが阿片戦争である。二年後の清朝屈服により南京条約が結ばれ、香港の割譲、上海、広東など五港の開港で一段落する。

一八四〇年はＰＳＮにとって飛躍の年となる。ロンドン～アレキサンドリア間とさらにスエズ地峡を経由してインドまでの郵便運送契約を海軍省から獲得する。この年、社名に「オリエンタル」が加わってThe Peninsular & Oriental Steam Navigation Co.（Ｐ＆Ｏ）となり、これ以降はＰ＆Ｏラインの通称で知られることとなる。

北大西洋に進出したキュナード・ラインなどの汽船がクライド河畔の造船所で建造された一〇〇〇トン以上の船舶であったのに対して、Ｐ＆Ｏの船は精々数百トンであった。それは航海距離と海象の差によるものであろう。これら小型船はリヴァプールやアバディーン（スコットランド東岸。帆船建造で知られた）の造船所で造られていたが、この頃のクライド河畔の造船所はキュナード船の受注で手一杯であったからかもしれない。

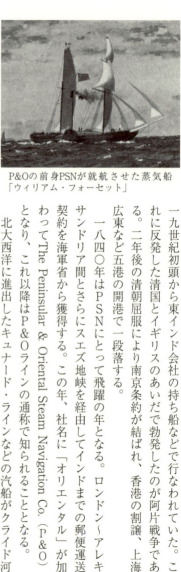

新しい郵便運送補助の受給が決まったが、小型船のままでは受給要件を満たせぬこととなり、ひとまわり大型の船腹を揃える必要に迫られる。とはいえ自前の船を新造する時間がなかったので、北大西洋に配船されていた船を急きょ購入して揃え、二年後に初めて自前の船を建造した。

これら新船は「リヴァプール」（一三二二トン、船客九八名、一八四〇年購入、リヴァプール～アレキサンドリア線）と「オリエンタル」（一七八七トン、船客一〇〇名、一八四〇年用船、ロンドン～アレキサンドリア線。社名に「オリエンタル」が加わった記念に命名）、「ヒンドスタン」（二〇一八トン、船客一二〇名、一八四二年建造、スエズ～カルカッタ線）である。カルカッタを終点にしたのは、ボンベイを拠点にしていた東インド会社との折り合いがつかなかったからとある。

当時の客船は木造であったが、「ヒンドスタン」には鉄製バルクヘッドが取りつけられていた。座礁、衝突時の安全性への配慮がなされたものだが、注目に値する。主機関はサイドレヴァー式レシプロだが、貨物三〇〇トンに対して燃料庫には六〇〇トンもの石炭を積載せねばならず、汽走だけでは四日に満たないものだったから、汽走は帆走を補うていどの役割に過ぎなかったことは間違いない。

この時期、客船の構造は現代の平甲板船に似ており、乗客と乗員の居住区は（必ずしも測度甲板以下ではないが）船体内に収められ、上部構造（superstructure）が現われるのは一八六〇年代まで待たねばならなかった。

サウサンプトンを出港する「ヒンドスタン」。P&Oが初めて自前で建造した３隻のうちの１隻

帆船では船体中央部にレストランやサロンがあり、キャビンはその両舷に並んで配置されるのが常であった。ところが「ヒンドスタン」と「ベンティンク」（一九七四トン、一八四三年建造）の客室レイアウトは帆船時代から一歩脱したものであった。ラウンジは船尾の両舷一杯につくられ、乗客は両舷のポート（丸窓）と船尾に開いた窓から外の景色が眺められるようになっていた。

キャビンは船体の中心線近くに置かれた所謂インサイド・ルームで、舷側とは通路で仕切られていた。これは①キャビンを中心線に近く置くことで航海中の横揺れ感を最小限にすること②インド洋の酷暑が直接キャビンに伝わらぬ一種の「暑気隔壁」的な機能を意図するものであった。上等船室では冷暖水の出るバスとシャワー設備があるなど、当時の北大西洋客船の設備と変わらなかった。

《ポッシposh》を辞書で引くと「いきな、スマートな」などの意味が書かれているが、この語源はP&Oのインド航路にあることはご存じだろうか。Port Out, Starboard Homeの略で、英本国からインドへの往航には左舷船室、復航では右舷船室に乗るのがスマートな選択、というもの。インド洋（特に午後の紅海を航行するとき）の灼熱から身を守るもので、旅なれた船客はそのような選択をしたものといわれる。P&Oがそれで料金に差をつけたか否か分からないが、切符にPOSHのスタンプが押されていたとあるから、やはり差があったのだろう。

ラウンジや食堂ではインド人ボーイがプンカと呼ぶ大きな垂れ幕を動かしてあおぎ、乗客に微風を送っていた。だがキャビンは自然通風だったから、船が紅海に入るや船客がオンデッキで睡眠をとる風景が一八九〇年ころまで見られたとある。エアコンの効いた現代の客船ではこれは夢物語である。

大阪商船の高雄～広東定期客船「でりい丸」。南シナ海で海賊に頻繁に襲撃されたことで有名

なお「ヒンドスタン」には大砲五門が装備されていた。これはソマリア沖でなく南シナ海に跋扈する海賊対策であった。この水域での海賊出没は一九三〇年代まで記録されており、大阪商船の高雄～広東定期客船「でりい丸」などは頻繁に襲撃されたことで有名になった船である。

既述したように、一八四〇年代の地中海には、P&Oも加わった船社がマルタ島をハブとして各地への航路を張り巡らしていた。史跡に富む地中海であるから、マルタ島などで船を乗りかえて旅行することができた。

郵便はがき

1 0 0 - 8 0 7 7

62円切手を
お貼りください

東京都千代田区大手町1－7－2

潮書房光人新社　　行

お名前《フリガナ》	
性別　男・女	年齢　10代 20代 30代 40代 50代 60代 70代 80代以上
ご住所　〒 （TEL.　　　　　）	
ご職業　1.会社員・公務員・団体職員　2.会社役員　3.アルバイト・パート 4.農工商自営業　5.自由業　6.主婦　7.学生　8.無職 9.その他（　　　　　）	
・定期購読新聞 ・よく読む雑誌	
読みたい本の著者やテーマがありましたら、お書きください	

書名　客船の世界史

このたびは潮書房光人新社の出版物をお買い求めいただき、ありがとうございました。今後の参考にするために以下の質問にお答えいただければ幸いです。抽選で図書券をさしあげます。

●本書を何でお知りになりましたか？

□紹介記事や書評を読んで…新聞・雑誌・インターネット・テレビ

媒体名(　　　　　　　　　　　　)

□宣伝を見て…新聞・雑誌・弊社出版案内・その他(　　　　)

媒体名(　　　　　　　　　　　　)

□知人からのすすめで　□店頭で見て

□インターネットなどの書籍検索を通じて

●お買い求めの動機をおきかせください

□著者のファンだから　□作品のジャンルに興味がある

□装丁がよかった　□タイトルがよかった

その他(　　　　　　　　　　　　)

●購入書店名

●ご意見・ご感想がありましたらお聞かせください

(ご回答いただいたご意見・ご感想は広告等で使用させていただく場合があります。)

Ｐ＆Ｏも本国からの集客に力を入れており、有名人を優待してＰＲに役立てようとした記録が残っている。作家ウィリアム・サッカレー（一八一一～一八六三）もその一人で、一八四四年のクルーズ紀行を『コーンヒルから大カイロ航海記』に残している。寄港地ではデッキ・パッセンジャーが大挙して騒がしかったとか、パレスチナではラマダン中であったとかで、良い印象は残していない。

サッカレーがクルーズした翌年にはＰ＆Ｏのスエズ～インド航路はボンベイやセイロンで別の船に接続してシンガポール、香港、上海まで延長されて、郵便運送補助が与えられている。それまで権勢を誇っていた東インド会社はふとした事件（自社船がなかったので、アデン行きの郵便物をアラビアのダウ帆船へ下請けに出したところ、その帆船が積荷ごと行方不明となりイギリス政府の怒りを買った事件）がきっかけで郵便運送契約を破棄され、とどのつまりの一八五八年解散に追いこまれた。

これでＰ＆Ｏが独占的地位を確保、インド側ターミナルもボンベイになっていた。Ｐ＆Ｏは一八七六年二月に香港～上海～横浜線を開設、パシフィック・メール社船との激烈な競争を勝ち抜いた三菱会社に対して挑戦するが、わずか半年で撤退する。Ｐ＆Ｏの敗退は日本政府のバックアップを受けた三菱が全社あげて対抗した結果であるが、この航路にはイギリス政府からの郵便運送補助がなかったことも一因と考えられる。

阿片輸送

阿片戦争（第一次）は一八四二年にイギリス側の勝利で終結していたが、阿片貿易は非公認のまま継続されていた。この時期の貿易パターンはイギリス→インド（綿製品、機械類）、インド→中国（阿片）、中国→イギリス（茶、陶器、絹糸）という三角貿易であった。この輸送には東インド会社や個々の帆船オペレーターが従事していた。ティー・クリッパーとともにオピアム・クリッパーの名前が残っているように、快速帆船が阿片密売業者と組み莫大な利益の分け前に預かっていた。

阿片輸送は船社に旨みのあるものだったから、P&Oも中国線の開設いらいこの輸送へ参入を試み、既存業者からの執拗な妨害を排除しながら実行していた。一八四八年の航海で受荷主から出された延着クレームが問題になった記録がある。調べてみると、件《くだん》のP&O船は阿片入り木箱を石炭庫に密かに積載したうえ、燃料炭はオンデッキに山積みの状態でインドを発航したのでスピードが出ず、到着の遅れたことが発端になったという。

P&Oはこの頃に小型貨物船「カントン」（四〇〇トン、一八四八年グラスゴウで建造）と小型客船「レディ・メアリ・ウッド」（五三三トン、草創期の地中海線に使用）を回航、香港〜マカオ〜広東、上海〜ウースンのフィーダー用に使用していた。当時の阿片密輸帆船は香港、上海以外の小港で揚げ荷していたからP&Oもフィーダー船で対抗していた。阿片を狙う海賊はカントン河を本拠にしていたから、これらP&O小型船も武装には怠りなかった。

一八五〇年代から阿片輸送はP&Oの独占となっていた。一八七六年時点では雑貨運賃が二ポンド（英本国〜スエズ運河経由〜極東）であったのに比し、阿片は一四ポンドという高賃率であったのでP&Oにとっては不可欠の収益源であった。なお一九一一〜一九一二年からP&O船の阿片積取りはゼロとなり極東航路の収益は大きくダウンしたとあるが、これは日中間に戦雲が及んだことに関係があると思われる。

一八六〇年に第二次阿片戦争が終結する。この年に阿片貿易は公認となるが、阿片商売に関与した業者は莫大な利益をあげており、この収益がイギリスの植民地経営に多大の寄与をしたことは間違いない。上海で財をなしたユダヤ系のサッスーン商会も阿片商売に関与したといわれる。

話のついでに触れると、日本政府も日中戦争から太平洋戦争にいたる期間、中国で阿片専売政策をとっていたとある。『アジア・太平洋戦争』（吉田裕、岩波新書）は「細川日記」を引用して「反東条運動の中心となっていた鳩山一郎が近衛文麿と吉田茂との会談で『東条の持てる金は一六億円なり』と語り、その資金源は中国での阿片の密売からあがる収益だと指摘している」とある。

大洋州ルート

話を以前にもどす。スエズ地峡接続便宜を独占して極東サービスを行なうP&Oに対して、東インド会社は運航コストの安い帆船を使用して喜望峰まわりで航路を経営していた。偏西風に恵まれれば航海期間を相当短縮できるから。

P&Oのオーストラリア線用客船「チューサン」。同社初の鉄製船体、スクリュー推進の客船

東インド会社が一八五八年に消滅してからは、極東サービスはP&Oの独占となるが、その六年前に起こったオーストラリア・ゴールドラッシュの一八五二年、P&Oはオーストラリアへの郵便運送補助の受給に成功して東方ルートの覇者となる。オーストラリア線用の客船「チューサン」（六九九トン、舟山列島から命名）がこの年に新造され、シンガポール～メルボルン～シドニー間に投入される。

P&O初の鉄製船体でスクリュー推進の客船「チューサン」は現地でセンセーションを巻き起こし、熱狂的な歓迎を受ける。メルボルンの公会堂で催された歓迎舞踏会では、本船のために作曲された「チューサンワルツ」が演奏されたほどであった。市の歓迎晩さん会では主催者が「ヴィクトリア女王治世下での二大事件は金鉱発見と汽船運航の開始」と挨拶したほど「チューサン」の来航が喜ばれていた。

「チューサン」は一八五四年からカルカッタ～シンガポール～香港航路に転じたが、当時に跳梁していた南シナ海の海賊に備えて大砲八門、小銃、刀槍のほか海賊撃退用の蒸気パイプまで装着していた。本船は一八六六年に松山藩が購入、「小芙蓉丸」と命名されたが、二年後の戊辰戦争で長州藩に捕獲されて軍艦「華陽丸」となり、一八七〇年に解体されている。

このほか、P&Oの極東航路に投入された客船では日本へ売却されたものが目立つ。なかでも「デルタ」（一六一八トン、乗客定員一等一二六名、二等五〇名、一八五九年建造）は非常に多彩な生涯を送ったことで知られている。サウサンプトン～アレキサンドリア間に就航した「デルタ」は海軍省が（郵便運送契約で）拘りつづけた外輪推進の構造をもつP&O最後の船である。

一八七四年の台湾征討で日本政府が急きょ買入れた船舶一三隻のなかにあった。「高砂丸」と改名され兵員輸送に従事したのち三菱会社へ払い下げられて横浜～上海定期船による海外定期航路の嚆矢）に就航する。一八七五年にはパシフィック・メール社船と激烈な競争を行なったすえ、これを屈服させたことで有名になる。その後、アメリカのゴールド・ラッシュのために不足する船腹を埋めるために売却され、「センテニアル」としてアラスカ水域で活躍。日露戦争の勃発によりアメリカからウラジオストクへの密輸にも従事していた一九〇五年九月一三日、宗谷海峡で日本海軍に拿捕されるが、そのままアメリカへ帰航中に消息を絶って一九〇六年に除籍される。ところが一九一三年、ロシアの極地探検隊が樺太北方の氷海で本船を発見する。七年も経っていたにも拘わらず浸水していなかったが、救助不能で遺棄されるという変化に富んだ一生を終えた船である。

日本に売却され「高砂丸」となった「デルタ」。台湾征討時、日本政府が買い入れた13隻中の1隻

これら客船が日本への売却された事情は、スエズ運河開通にともなってP&Oが実施した船隊整理の一環であったといわれる。

スエズ運河の開通

歳月を経ること一〇年後の一八六九年一一月一六日、スエズ運河が開通する。各国の軍艦と商船六八隻が集まり、フランス国王ナポレオン三世のウジェーヌ王妃が座乗するフリゲートを先頭に堂々とした船列が開削なったばかりの水路を通航した。このパレードにはP&O客船「デルタ」も加わって、運河を通航した最初のイギリス船となっていた。

　運河の開通は欧州～極東間の交通に革命的な変化をもたらす。同時にこの開通が、スエズ地峡の接続輸送を永年独占し、他の船社からは高率の接続輸送料金を徴収してきたP&Oに大打撃をあたえる。

1869年11月、アレキサンドリアで行なわれたスエズ運河の開通式典

P&Oはこの交通システムのためにあらゆる便宜と設備を構築していたからである。

　マムディ運河（バージとタグ輸送）～ナイル河（豪華な小型汽船）～スエズまでの陸上輸送便宜（後に鉄道も敷設）と宿泊設備や石炭貯蔵所などの直接的な便宜からはじまり、修繕ドック、各種部品のストック設備、家畜や家禽の牧場、さらには生鮮野菜畑までP&Oが維持していた。

　スエズ運河を利用して欧州～極東間のオールウォーター輸送が可能となったことは、P&Oの大投資が一夜にして無用になることを意味していた。運河が開通されるやフランス、イタリー、オーストリアなどの船社がこのオールウォーター・サービスを始めたから（貨物）運賃水準はたちまち一〇分の一に下落し、P&Oの収入は二〇分の一になってしまう。

ここでP&Oのアンダーソン社主は香港駐在中に香港上海銀行（HSBC）設立やワンポア・ドックの立上げで腕を振るった三八歳のトマス・サザーランド（一八三四～一九二二）を一八七二年、役員に登用して難局に当たらせる。サザーランドの辣腕がP&Oの大苦境を救うこととなる。運河開通で役に立たなくなった多数の小型船を係船し、一八七〇年代から一八八〇年代にかけて処分を断行する。このように言うと簡単に聞こえるが、これに至る過程は極めて厳しいものだったことは想像に難くない。

P&Oの苦境を救ったトマス・サザーランド会長

P&Oが頼りとしていた郵便運送補助のことである。海軍省は在来契約条件（補助金額）であればポート・サイド～スエズ間の郵便輸送は従来と同様の陸上輸送を要求した。海軍省の言い分は「鉄道で地峡を運ぶほうが運河をのろのろと通るよりも速いでないか、それが嫌なら補助金を減額する」というものだった。

補助金の減額幅が二万ポンドという巨額であったので、やむなくP&Oは郵便物をアレキサンドリアで降ろしたあと、スエズまで陸送し、そこで同じ船に積み込むというお笑いのような手段をとり、これが何と一八七四年まで続いていた。結局、高速船の投入でオールウォーター輸送期間を短縮することで、のちに海軍省の同意が得られた。

いっぽう政府から途方もなく手厚い補助をうけたフランス船社（Imperiales Messageries＝後のMM、今のCGM）やイタリー、オーストリア船社との競争に直面する。これを勝ち抜くためにサザーランドは「オーストラリア」（三六六四トン、一等一八〇名、二等七五名、一八七〇年建造）を始めとして、最終的に四三隻、八万トンに及ぶ大型船隊の構築に乗りだす。この「オーストラリア」はＰ＆Ｏ客船として初めてスエズ運河を南下、インドまで航行した船として記憶されている。

サザーランドは一八八一年に会長となり、一九一四年までの三三年間もＰ＆Ｏの舵取りをした「中興の祖」として知られている。彼が香港駐在中の一八六〇年代に予言していたことがある。「将来は日本船が低コストと政府補助を武器にしてＰ＆Ｏを脅かす日がくる」というものだった。サザーランドが香港に駐在していた頃の日本では尊王攘夷の嵐が吹き荒れていた。

オーストラリア線に就航した「オーストラリア」。P&O客船として初めてスエズ運河を南下、インドまで航行した

オリエント・ライン

帆船時代から身をおこし、蒸気船によるオーストラリアへの交通で一〇〇年にわたって光芒を曳いたのち、Ｐ＆Ｏに合併された海運会社の足どりを紹介しよう。オリエント・ラインが蒸気船によるオーストラリアへのサービスを始めるまでには約七〇年間の帆船サービス時代がベースになっている。まずオーストラリアだが、ジェームズ・クック船長が一七七〇年に東海岸のボタニー湾（いまのニュー・サウス・ウェールズ州あたり）に到達し、国王ジョージ三世の名において領有を宣言した。いらいイギリスからの移住民が現地人を駆逐して植民地の形成を続けていた。

いっぽう、イギリス国内では続発する犯罪者や政治的囚人のうちで収容しきれない受刑者は大西洋を越えて新大陸アメリカへ移送していた。ところが一七七六年のアメリカ独立とともにこれが不可能になる。その代替地として思いついたのがオーストラリア植民地で、一七八七年からこの大陸が受刑者の移送先となる。初めからこの巨大大陸の全土にイギリスの触手が伸びていた訳でなく、まず大陸の南岸にある（今の）ヴィクトリア州からニュー・サウス・ウェールズ州に地歩を降ろして行った。だから、イギリス本国からの帆船は豪州大陸の南岸沿いを航行して、メルボルンとシドニーに移住者を運んでいた。

オリエント・ラインの
ジェームズ・アンダーソン

オーストラリアへの帆船輸送で先駆者といえるのは、ロンドンでシップブローカー（James Thompson & Co.）をやっていたジェームズ・トムソンと、同業（Frederick Green & Co.）のフレデリック・グリーンであった。シップブローカー組織として一七九七年に発足したジェームズ・トムソン社は西インド諸島へ帆船輸送と積地代理業務にかかわるうち、一八一五年には自社船（バーク型帆船）一五隻を所有して運航する。（この事業では航海危険が多く、海難多発により一八九五年に中止している）

オリエント・ライン経営の主役となるスコットランド人ジェームズ・アンダーソン（一八一一〜一八九七）は一八二八年に一七歳でジェームズ・トムソン社に採用されたのち、一八四二年に三一歳で同社の共同経営者となる。なお、従弟のジェームズ・G・アンダーソンも一八五四年に入社している。

この時期、オリエント・ライン生涯のパートナーとなるパシフィック・スティーム・ナヴィゲーション社（PSN）が一八三八年に設立され、南米東西岸航路（リヴァプール〜リオデジャネイロ〜マゼラン海峡〜ヴァルパライソ）に蒸気船を運航していた。一八六〇年には本格的に南米西岸航路を拓いていた。

ジェームズ・トムソン社は帆船の運航先をいろいろと探しており、一八五〇年にはロンドンからヴァンクーヴァー航路にも手をつけている。ここでジェームズ・トムソン社の将来をきめる大きな事件がおこる。一八五一年五月、ニュー・サウス・ウェールズ東部で金鉱が発見されたのである。これによってオーストラリアはこれまでの囚人植民地から金鉱探索者やこれに関連する一般人が大挙して押し寄せる近代的地域となる。

この時期にジェームズ・トムソン社は多数の持ち船を世界各地に展開していたので、直ちにゴールド・ラッシュに対応する船腹手当がつかなかった。遅まきながら一八五三年に移民専用のバーク型三檣帆船「オリエント」（一〇三三トン）を進水させるが、予定航路に使用されず、同年に勃発したクリミア戦争で徴用される。スコットランドは一七〇七年から大英帝国の一部となっていたが、この時もジェームズ・トムソン社船はスコットランド国旗（空色の地に白地のX十字）を掲げていた。

オリエント・ラインを育んだ豪州への配船は何時から始まったのであろうか。それは一八七二年にフレデリック・グリーン社がR&Hグリーン造船所建造の蒸気船「シラクーサ」（二二五五トン）で一二月にロンドンからシドニーへ航海させたのが嚆矢である。なおジェームズ・トムソンが一八六九年に引退したので、ジェームズ・トムソン社はアンダーソン・アンダーソン社と改名され、会社はアンダーソンと従弟のジェームズ・アンダーソンが舵とり役となっていた。

次にアンダーソン・アンダーソン社は用船「イースビー」（一四八九トン）を一八七四年にポート・フィリップまで、また用船「セント・オサイス」（三五四一トン）をメルボルンまで運航しているが、いずれも瀬踏み配船であったと判断される。

PSNは、一八七四年には持ち船五七隻を擁する世界最大の船会社になっていたが、南米西岸との貿易が不振となり、持ち船一一隻を係船する苦境にあった。船腹増強にむけた大胆な投資が裏目に出ていたのである。折しも船腹が不足していたアンダーソン・アンダーソン社が一八七七年、PSNに働

オリエント・ラインがオーストラリア線用の第１船としてPSNから用船した蒸気船４隻中の１隻「ガロンヌ」

オーストラリア線用に新造された「オリエント」。仮装巡洋艦スペックで建造され、ボーア戦争で使用されている

きかけて蒸気船四隻（「ルーシタニア」、「クズコ」、「ガロンヌ」、「チンボラーゾ」）を用船する。その用船条件では何と一定の利益が保証されるものであった。これら四隻は船主が六年前に新造した三八〇〇トン型姉妹船で、航海ルートは往航ケープタウン経由、復航では八年前に開通したばかりのスエズ運河を通航するものだった。往航のグラヴセンド〜メルボルン間は四〇日であった。

一八七八年にはアンダーソン、フレデリック・グリーンにPSNが株主に加わって、オリエント・スティーム・ナヴィゲーション社（通称オリエント・ライン）が登録される。新サービスはマンスリーで、第一船は「ガロンヌ」が配船された。

もっぱら他社からの用船に頼っていたオリエント・ラインであったが、豪州航路に適した客船の新造に踏み切る。こうして竣工したのが「オリエント」（五三八六トン、一八七九年）である。この客船は一朝有事には軍事使用ができるよう仮装巡洋艦スペックで建造されていたから、海軍からの建造補助が行なわれていたと考えられる。海軍省の思惑どおりボーア戦争勃発とともに「オリエント」は一八九九年から四年間の軍務に就いている。
一八八三年になると、オリエント・ラインはニュー・サウス・ウェールズ州政府から郵便運送補助を受命する。その条件は補助対象の移住者数が年間四〇〇名までが運賃補助は@一五ポンド、四〇〇～六〇〇名が@一四ポンド一〇シリング、英本国からスエズ運河経由でメルボルンへは三九日で到着すること、メルボルンからシドニーへは鉄道輸送というものだった。

1886年に竣工したオーストラリア線の新鋭船「オルムーズ」。主機関に三連成汽機を搭載した最高速力18ノットの鋼鉄船

帆船時代には起こらなかったが、途中での燃料補給の問題が起こった。P＆Oラインは一八四〇年代からスエズ地峡積替えでインド、極東への航路を運営していたから、アデンに燃料補給基地（ウェールズから燃料炭を帆船で運んで備蓄）を有していた。だがオリエント・ラインは新たに基地を作らねばならない。結局インド洋に浮かぶディエゴ・ガルシアを基地にする。

これ以降、船隊の質は充実の度を加えてゆく。それまでの社船は鉄製船体、主機関は二連成（二段膨張レシプロ）汽機であったが、一八八六年に竣工した「オルムーズ」（六〇三二トン）は鋼鉄船であっただけでなく、主機関に三連成汽機が搭載され、一四〇〇馬力で最高一八ノットであった。

こうしてオリエント・ラインの豪州定期は、社船四隻（Cuzco, Lusitania, Orient, Austral, Ormuz）とPSNからの用船四隻（Oroya、Orizaba、Orotava、Oruba）の八隻が配船されていた。一八九七年六月、ヴィクトリア女王在位五〇年記念の観艦式がポーツマス沖スピットヘッドで挙行されるが、このとき新鋭客船「オルムーズ」もオリエント・ラインを代表して他社船とともに参列していた。

オリエント・ラインの豪州定期には新鋭船が揃ったが、在来船の運用問題に逢着する。それで考えられたのがクルーズ転用であった。船齢一八年の「チンボラーゾ」と「ガロンヌ」が地中海やスカンジナヴィア水域のクルーズに投入され、これが大成功を収めたと記録されている。

一八九〇年代に入るとオリエント・ラインにひとつの危機が訪れる。豪州から英本国へは羊毛、羊肉と穀物が主要な輸出物であった。オリエント・ラインは客室設備を改良するとともに、貨物スペースには冷蔵肉を収容する設備を作って対応していた。ところが干ばつという災難が襲来して英豪貿易が沈滞してしまい、会社は一八九四年になり、無配に転落する。

オリエント・ラインとP&O（一八七〇年から豪州に配船）が受命している郵便運送補助は一八九八年に更改され、英本国（この時点では発航地がグラヴセンドからティルベリーに変更）から豪州（メルボルンかシドニー）までの到達日数は三一日六時間への短縮が条件づけられる。この条件を満たすため一八九九年二月と一一月にこれまで最大級の八〇〇〇総トン型客船二隻が建造される。それが「オムラ」（オリエント・ライン）と「オルトーナ」（PSN）である。

折しもこの年にボーア戦争が勃発したので、オリエント・ラインは最新鋭船「オルトーナ」のほか「オーストラル」（船齢一八年）、「オリエント」（船齢二〇年）、「オルターヴァ」（船齢一〇年）が軍隊輸送に徴用される。これら徴用船はボーア戦争が終結する一九〇三年まで母国に挺身している。

オーウェン・フィリップスの登場

南イングランドの準男爵を父親にして生まれ、一七歳で海運業と金融業に入り成功を収めてきたオーウェン・フィリップスがロイヤル・メール汽船会社（ロイヤル・メール・ライン）の株式を取得して一九〇二年、会長になっていた。その四年後にロイヤル・メール・ラインがＰＳＮを株式支配の結果、オリエント・ラインが用船していた客船四隻がロイヤル・メール保有となる。これで、ジョイント・サービス名が「オリエント・ロイヤル・メール・ライン」に変わり、シドニーまでの途中寄港地がプリマス、ジブラルタル、マルセーユ、ナポリ、スエズ運河経由、コロンボ、フリマントル、アデレード、メルボルンになる。

一九〇七年、オリエント・ラインはロイヤル・メール・ラインの名前で連邦政府に郵便運送補助の申請を出す。オーウェン・フィリップスのあからさまなスタンドプレイであるが、これに並行して、竣工したばかりの「アスチュリアス」（一万二一〇五トン）をロンドン〜ブリスベン間に見せびらかし的に一航海だけ就航させた。しかし申請は不調に終わり、オリエント・ラインとＰ＆Ｏだけが受給を続けることとなる。

この不調で感情を害したオーウェン・フィリップスはオリエント・ラインとのジョイント・サービス解消を申し入れ、一九〇九年にはオーストラリア航路から自社船を引き揚げてしまう。こののちロイヤル・メールは南米航路の経営に注力するいっぽう、オーエン・フィリップスはエルダー・デンプスター・ラインズも傘下に収めるなど、多数の海運会社を支配下に置いてゆく。

ロイヤル・メールの脱退によって生じた船腹不足を補うため、オリエント・ラインは急きょ一万二〇〇〇トン型客船五隻を造船所三社に分けて発注したので、いずれも一九〇九年中（七月〜一一月）の就航には間にあった。これら新造船はサイズと機能で在来船を上回ったので、建造資金調達が自社のクレディット・ラインでは間に合わず、会社幹部の個人保証まで行なって建造資金を手当てしたという裏話が伝わっている。これらの客船は就航順に、「オトウェイ」、「オスタリー」、「オーソヴァ」、

オリエント・ラインが1909年にオーストラリア線に就航させた
5隻の1万2000トン型客船の第1船「オトウェイ」

「オトラント」、「オーヴィアート」であった。

五隻のあと、船齢二五年の「オームズ」を代替すべく計画された「オラーマ」（一万二九二七トン、一九一一年建造）の主機関は三連成、三軸船であった。外側二軸の駆動で生じた排気で中央軸を回転させるものであった。クライドバンクのジョン・ブラウン造船所で建造されたが、偶然ながら同年にベルファーストのハーランド&ウルフ社で建造されたホワイト・スター・ラインの四万六〇〇〇総トン型巨船「オリンピック」と一九一二年の「タイタニック」にもこの方式が採用されていた。

一九一一年、「オラーマ」の竣工によって、オリエント・ライン九隻の船隊は（船齢二〇年の「オフィール」を除けば）いずれも船齢一二年以下とバランスがとれており、スエズ以東の航路に就航する船隊では他に及ぶものはなかった。加えて乗客へのサービスの良さでは、特に一等客の人気を呼んだばかりでなく、移住者ブームの恩恵をうけて満員の盛況が続いた。週二便のサービスはＰ＆Ｏ船との交替でなされていた。

一九一四年夏に勃発した第一次大戦はオリエント・ラインにも大きな変動をもたらす。開戦当初は豪州へのルートでは海上危険が深刻でなかったので、オリエント・ラインとＰ＆Ｏは通常のスケジュールで運航されていた。開戦の年には「オーヴィアート」が機雷敷設艦、「オトラント」、「オラーマ」が仮装巡洋艦として徴用されていた。その後「オフィール」も仮装巡洋艦になったものの一九一五年七月までは船をやり繰りして豪州定期は何とか継続できていた。しかし一九一七年が明けて、ドイツが無制限潜水艦作戦を宣言すると、連合軍側の船舶被害が著増して軍用船が不足する。これに対応するため、イギリス政府は一九一七年六月、「定期船徴用令Liner Requisition Scheme」を公布する。オリエント・ラインでは残存船「オムラ」と「オスタリー」までが徴用され、手持ちが全くなくなる。

大戦の深化にしたがい、戦禍喪失船が増えつづける。一九一六年から一九一七年にかけて講和交渉が水面下で始まるが、オリエント・ラインの被害は増加する。まず七月に仮装巡洋艦「オトウェイ」が雷撃沈され、一〇月には「オラーマ」がアイルランド南方沖で同じ運命をたどる。一九一八年五月、イタリア沖で「オムラ」が雷撃の犠牲となる。

社船徴用で裸一貫になったオリエント・ラインでは、開戦で建造が中断していた「オーモンド」（一万四九八二トン）の工事を再開、兵員輸送船の構造にして一九一八年に完成させる。

一九一八年一一月にキール軍港で起こった水兵の反乱が引き金となり、ドイツ皇帝ヴィルヘルム二世が退位、オランダへ亡命するという過程を経て休戦がもたらされる。オリエント・ラインの手に戻った客船は五隻（「オスタリー」、「オロンティーズ」、「オーヴィエート」、「オーモンド」、「オーソヴァ」）であったが戦時使用で船体の疲弊が甚だしかった。

船腹不足を補うため客船「インダーラ」（九七三五トン、Australasian United Steam Navigation）を一九一九年に用船したがスピードが要件を満たさず一年足らずで解約された。なお本船は四年後に大阪商船が購入、「蓬萊丸」として台湾航路に就航したが一九四二年に戦没した。

オリエント・ラインとP＆O

第一次世界大戦後、オリエント・ラインは大きく変性する。協調配船のパートナーであるP＆Oがオリエント・ラインの経営にタッチすることになったのである。P&Oはロイヤル・チャーター（王室特許状）による独占権をバックに、一八四〇年からインド～海峡地、中国、日本方面に強固な定期航路網を張ってきた。次いで重要な英連邦である豪州、ニュージーランドへの航権の強化を意図して動き出していた。

一九一九年にP&Oインチケープ会長がオリエント・ラインの株主（アンダーソン・アンダーソン社とフレデリック・グリーン社）に株式譲渡を要求してきた。この場合は以前のオーウェン・フィリップスのような敵対的アプローチでなく、P&Oのような大船社と事を構えることの不利をオリエント側が悟ったものであろう、友好裡に話がまとまった。その内容はP&Oに代わりインチケープ会長所有の会社に五一％の株式を譲渡、残りの四九％株主が管理会社（アンダーソン・グリーン社）を設立してオリエント・ラインの経営にあたるものであった。

オリエント・ラインの船隊整備であるが、大戦後の造船需要に起因する船価上昇を見越して、休戦二年前に発注を始めていた。休戦になると果たしてクライドやタイン河畔の造船所は繁忙を極めるが、その頃はヴィッカース社（一九二九年からヴィッカース・アームストロングズ社）に二万総トン型客船五隻の建造が進められていた。こうして一九二四年から二九年にかけて竣工するのが「オラーマ」、「オロンセイ」、「オトラント（二世）」、「オルフォード」、「オロンティーズ（二世）」である。

ヴィッカース社は一八七〇年代から鋳造と製鋼をベースにして各種武器の製造を行なってきた会社である。軍艦はバロー・イン・ファーネスの造船所で手がけられ、帝国海軍が戦艦「三笠」（一九〇二年）や「金剛」（一九一三年）を発注したことでも知られている。

オリエント・ラインは一九二四年から三六年間、ヴィッカース社に絞って発注するが、軍艦を手がけたネイヴァル・アーキテクトのデザインの所為か、これ以降のオリエント・ライナーは心なしか堅牢な感じに造られている。（筆者の感覚だが、デザイン面ではヴィッカースの船の対極にあるのがハーランド&ウルフの船と考えている）とまれ、一九二四年の「オラーマ」がそれ以後のオリエント・ライナーのデザイン・モードとなる。なお「オラーマ」型からタービン主機が搭載されていた。

一九三〇年から世界中に経済不況が伝播すると、豪州への移住ブームが終息する。それまで三等船客からの収入に大きく依存していたオリエント・ラインは、サービス体質の改良に舵を切る。それは三等客室を廃して少しグレードアップした客室をツーリスト・クラスとして販売するものであった。例えば一等二八〇名、二等一三〇名、三等九〇〇名（計一三一〇名）だった「オーソヴァ」では、一等四八六名、ツーリスト・クラス六五三名（一一三九名）となる。

一九三五年にヴィッカースで建造された「オライオン」（二万三三七一トン）とP＆Oの「ストラスモア」（二万三五八〇トン）は同一の設計図で建造されていた。建造コスト（ひいては船価）における同型船効果は極めて大きいから、この事象はオリエントとP＆Oの関係の親密化もあろうが、両社が経済的メリットを重視したものだろう。P＆Oが初めてヴィッカースに発注した船は一九三一年の「ストラスネイヴァー」（二万二二七〇トン）で、それ以降には自社のフラッグシップはヴィッカースに発注している。

創業時からオリエント・ライナーは黒い船体であったが、一九三五年になり大胆なイメージ・チェンジが実行される。船体を玉蜀黍色corn color、水線部boot toppingを緑色に変えたのである。暑気のインド洋上でさわやかな塗装は、従来の船体とかけ離れた独特のイメージ効果をもたらして旅行客のあいだで評判になった。

一九三八年にはP＆Oとの協議でニュージーランド延航が実施される。シドニーからニュージーランドへの観光客が誘致の対象で、現地で滞在したのち、別のオリエント乃至P＆O客船で帰港するものだった。しかしこの試みは第二次世界大戦勃発で中止してしまう。

第二次世界大戦と戦後の再開

海上輸送の舞台が大西洋と地中海であった第一次世界大戦と異なり、第二次世界大戦ではさらに太平洋とインド洋が加わった。それゆえ必要船腹が増えるので、開戦後の数週間のうち、全てのオリエント・ライナーが徴用される。フランスを基地とするUボートやイタリー基地から飛来するドイツ機によってオリエント・ラインの船も被害を受ける。

最初に犠牲となったのは「オルフォード」で、一九四〇年六月一日、フランスから撤退するイギリス軍隊を収容するためマルセーユ沖に停泊中、空爆で火災を発生、海岸に乗り上げて全損になる。ノルウェーに侵攻したドイツ軍を攻撃するイギリス軍隊を輸送中の「オラーマ」は同年六月八日、ナルヴィク沖でドイツ艦隊に撃沈された。一九四二年一〇月には「オロンセイ」と「オーカデーズ」が南大西洋でUボートの雷撃を受けて沈没した。オリエント・ラインの所有客船八隻のうち半数を喪失していた。

大戦後は戦前と一変した英本国~豪州間の輸送情勢に対応するため、オリエント・ラインは船隊整備と船質改造が実行された。残存船三隻の二等船室を廃してツーリスト・クラスに改装したばかりでなく、「オトラント」（二世）はツーリスト・クラスのみの「ワンクラス」船となった。これは一、二等料金を払いたくないが三等室も利用したくないという中間層を意識して行なわれた改装であった。戦前のレベルには至らなかったが、戦後も相応の移民需要があったから、船齢三〇年の「オーモンド」を定員一〇五二名の「移民船」仕様にして復帰させた。

四隻だけでは従来の定期航路は運営できない。それで一九四八年から一九五四年にかけて、「オーカデーズ」（三世）、「オロンセイ」（二世）、「オーソヴァ」（二世）という二万八〇〇〇～二万九〇〇〇トン型の三隻をヴィッカースで建造する。Ｐ＆Ｏも同時期にオリエントの三隻と同サイズの客船二隻（「ヒマラヤ」、「チューサン」）をヴィッカースに発注していたが、これらは再びオリエントの三隻と同一図面で造られていた。

一九三〇年代になり、減少する移住客と、一等料金は払えないが三等船室も望まない客層への対応策でツーリスト・クラスを採りいれたことは既に述べたが、オリエント・ラインは船のデザインに革新をもたらすべく、専属のネイヴァル・アーキテクト（サー・コリン・アンダーソン）とニュージーランドのデザイナーで商船には不慣れなブライアン・オロークをインテリア・デザイナーに起用した。このコンビは戦後まで続くことになる。

第二次大戦で船隊の半数４隻を失ったオリエント・ラインが戦後、補充のため建造した３隻中の１隻「オーソヴァ」（２世）

一九五四年の時点でオリエント・ライナー六隻にＰ＆Ｏの三隻（「アーケイディア」、「ヒマラヤ」、「アイベリア」）を加えて月二便で豪州航路の共同配船を行なっていたが、間もなく「オロンセイ」と「オーソヴァ」だけは「トランス・パシフィック・サービス」と銘打った北米西岸までの航路を開設する。シドニーからの寄港地はオークランド～スヴァ～ホノルル～ヴィクトリア～サンフランシスコであった。

Ｐ&Ｏ - オリエント・ライン

オリエント・ラインとＰ＆Ｏの協調はＰ＆Ｏがオリエント・スティーム・ナヴィゲーション社（アンダーソン・アンダーソンとフレデリッ

ク・グリーン所有）株式の五一％（株主総会で重要事項決定への否決権をもつ）を取得した一九一九年の時点でレールが敷かれていた。一九六〇年二月になって残りの四六％の買取りオッファーが成功して、オリエント・ラインのアイデンティティは消滅してしまう。これで五月一日にP&O‐オリエント・ラインズとP&O‐オリエント・マネジメント社が設立される。前者は両社の客船隊を所有し、後者がそれをマネジするシステムになる。この結果、対外的には「P&O‐オリエント・ラインズ」と広報されたが、船体塗装や社旗は以前のとおりだった。

P&Oによるオリエント・ライン株式九七％取得という事象が起こるまえの一九五六年、「オリアーナ」（四万一九一〇トン）はヴィッカース‐アームストロング社に発注され、翌年バロウ・イン・ファーネスの造船所で起工、一九六〇年一一月竣工、処女航海に鹿島立ちした。オリエント・ライン最後の客船の生成について考察してみたい。

オリエント・ライン最後の客船として、1960年11月に竣工した「オリアーナ」。最高速力30ノットを記録した

常識的には在来フリートを大きく上回るサイズの巨船を一隻だけ建造する必要性は薄いものである。大型になるほどあらゆるコスト単価が割安になるのは時代を超えた公理であるいっぽう、海運業では「相手を凌駕しよう」という動機で投資がなされるのが昔も今も変わりはない。

P&Oが「キャンベラ」（四万五二七〇トン、一九六〇年進水）を計画しているのをオリエント・ライン側も承知していたはずだから、「キャンベラに負けない立派な船を造ろう」との気概で、永年のつき合いで気心の通じたヴィッカースとオリエントのアーキテクトが尽瘁するほど研究して創りあげた芸術品的な客船と評価される。「オーソヴァ」はオリエント・ラインで初めて全溶接で造られていたが、従来のオリエント・ライナーのスタイリングを脱した船容が人気を呼んだ。マストを全廃したうえ、緩やかにカーブした船首、プロムナード・デッキの太いスタンチャンなど、ハウス・デザインの新奇さ、それにウェルシハットWelsh Hat（ウェールズで婦人が被る帽子、排煙落下を防ぐために採用）と呼ばれる独特の煙突で、オリエント・ラインのなかで最もスタイリッシュな客船となった。

P&Oの「キャンベラ」。スタイリッシュな船容ながら保守的な設計の「オリアーナ」に対し、斬新な設計思想で造られていた

「オリアーナ」は数多の軍艦を手がけてきたヴィッカース技術陣が蒸気タービン・エンジンのセンター配置というオーソドックスな設計である。ヴィッカース技術陣が実現したのはL／B＝〇・五九という極端な痩型船体を創りあげて最高三〇ノット、サービス・スピード二七・五ノット（「キャンベラ」は二五ノット）を記録したことである。両船で航海した知人によれば、「オリアーナ」は乗り心地がよく、インテリアも良かったとある。

ハーランド&ウルフ造船所建造の「キャンベラ」は大胆なアフト・エンジン配置、ターボ・エレクトリック推進という斬新な設計思想で、インテリア・デザインは著名なデザイナーのサー・ヒュー・カッソンに委託されていた。

一九六五年、P＆Oがオリエント側の残余株を取得、翌年にはサービス名から「オリエント」の名前が消えてしまう。こうして創業いらい、客船ひと筋に航路経営をしてきたオリエント・ラインは八七年間の生涯を閉じたのである。

第5章　東方への道（二）――ブルー・ファンネル・ライン

「青筒船」のあゆみ

著者の叔父は昭和八年から二〇年まで大阪商船の事務員→事務長として奉職したが、終戦後に退職して故郷・今治に住んでいた。そのときに聞いたはなし――「ブルー・ファンネルという会社には立派な設計部門があり、船の質が良いことで有名だった」とか、「ブルー・ファンネルは船の保険を保険会社でなく、自家保険だった」――一介の事務長にしては難しいことを知っているな、と思った。社会に出てから、ほかの船にくらべて存在感のある青い煙突の商船を神戸や横浜で見て、「ははぁー、これが叔父のいう会社の船か」と気づいた。

これまでは客船本位で海事史を語ってきたが、ブルー・ファンネル・ライン（ＢＦＬと略）の持ち船はほとんど貨物船で、客船は数えるほどしかない。創業いらいリヴァプールを本拠として近東から極東へ脚をのばしたＢＦＬが海運界で知られた存在であったから、その生成と発展を紹介するのは意味があろう。

アイリッシュ海に面し、マージー河畔にあるリヴァプールは、繊維産業のマンチェスター、機械工業のバーミンガムを背負った港町である。この港からは数多の客船や貨物船を送りだしてきた。ロン

イングランド北西部のマージー河畔にある港町リヴァプール。BFLはじめ海運各社の本拠地だった

ブルー・ファンネル・ライン（BFL）が本社を構えるリヴァプールのインディア・ビルディング

ドン（ティルベリー）拠点のP&Oは別にして、ほとんどのイギリス商船はリヴァプールを本拠にしていたのである。

キュナード・ラインも一九一〇年代にサウサンプトンをホームポートに変えるまで、創業いらいずっとリヴァプールから発航していた。興味あることに、キュナード客船は第二次大戦終了後も、船籍はリヴァプールに置いていた。「クィーン・メリー」（一九三六年建造）や「カロニア」（一九四八年建造）の船尾にはＬＩＶＥＲＰＯＯＬの字が鮮やかであった。

リヴァプール港頭には今でもキュナード・ビルが聳えているが、その近くにあるインディア・ビルディングこそオーシャン・スティーム・シップ社＝通称ブルー・ファンネル・ライン（ＢＦＬ）の本社であった。キュナードがロンドンに本拠を移してからも、ＢＦＬはリヴァプールの会社としてこの地に腰を据えていた。

ＢＦＬの船は日本では「青筒船」と呼ばれていたが、それは黒いトップの太い煙突がブルーに塗られていたからである。世界中に知られたこのファンネル・マークはＢＦＬ産みの親アルフレッド・ホルト（一八二九〜一九一一、以下アルフレッド）の頭から生まれたとあるが、アルフレッドが一八五一年に職を得た兄ジョージの会社・ランポート＆ホルトのファンネル・マーク（青と白）からヒントを得たといわれる。

アルフレッド・ホルトとジョン・スワイア

アルフレッド育ての親は、ランカシャー・ロッチデール出身の父親ジョージ・ホルト（一七九〇～一八六二）である。ジョージ・ホルトはリヴァプールの綿花商サミュエル・ホープに見込まれ、一八一二年にその綿花ブローカー業のパートナーとなっていた。

海上輸送のカルテルと知られた極東海運同盟（Far Eastern Freight Conference）結成の功労者ジョン・スワイア（一八二五～一八九八）はヨークシャーで誕生していた。ヨークシャーはマンチェスターとともに毛織物と綿織物産業で発展しており、これら商品はリヴァプールから出荷されていた。ジョン・スワイアはリヴァプールでジョン・スワイア＆サンズを設立したが、サミュエル・ホープとともに、金融と保険部門にも手をのばしていた。

この頃の一八二九年、ジョージに三番目の息子アルフレッド（一八二九～一九一一）が誕生した。一八三四年にはジョージ・ホルトがインディア・ビルディングと名付けた自社ビルをリヴァプール港頭につくり、このビルがＢＦＬの濫觴となる。何故インドという名前をつけたかは分からぬが、この年に東インド会社の独占が廃止され、民間業者によるインドから中国への貿易が可能になったことと無縁でないと思われる。

日本で東洋汽船・浅野総一郎の例に見られるように、海運での起業は徒手空拳でなされたのでなく、自分自身が有した別の事業基盤、肉親や知り合いからの援助で事を成した例が多い。ＢＦＬの場合は、父親とリヴァプールの船主で石炭商のトマス・アーンズワースの慫慂がアルフレッドにエンジニアへの道を進ませた。

ベルファストの造船所として有名なハーランド&ウルフ社の経営者たちがベルファストのアカデミーで学殖を得たような経験がアルフレッドにあったかどうか不明だが、早くから蒸気機関に興味を持っていたという。それで一八四五年にマンチェスター&リヴァプール鉄道の実習生となり、同社のエンジニア（エドワード・ウッズ）からボイラーのデザインを学ぶ。当時のイギリスでは鉄道の発展でボイラーが発達の極にあったが、一八五〇年代になると、鉄道業はスランプに陥っていた。それでアルフレッドは蒸気機関の採用がはじまりつつあった海運業に着目する。一八五一年、たまたま兄ジョージがウィリアム・ランポートと共に設立したランポート&ホルト社にいたことから、アルフレッドはこの船会社に就職する。

BFLの創設者アルフレッド・ホルト

アルフレッド初めての仕事は自社最初の汽船「スカマンダー」の設計、建造交渉であった。この年にアルフレッドが建造監督も行なった第二船「オロンティーズ」の処女航海に乗った体験で、商船への蒸気機関搭載の将来性を認識、コンサルティング・エンジニアへの道を進む決心していた。アルフレッドにとって船会社の仕事は、鉄道業に手を染めるまでの一時的な仕事のつもりであった。

この年にはアメリカの高速帆船デザインの名匠ドナルド・マッケイの手になる「フライング・クラウド」が活躍しはじめていた。

複合エンジンへの道

Reciprocating steam engine（往復動蒸気機関）は日本ではレシプロ機関と呼ばれてきた。レシプロ機関の利用は鉄道から始まった。これはボイラーで発生した蒸気をシリンダーに送り、その圧力でピストンを動かして回転運動にかえる構造である。これを複合（シリンダー二基）にする構造は一七八一年に特許が成立していたが、当時の船ではプロペラ・シャフトやプロペラの鋳造技術が不充分だったことと、ボイラー圧の制約から機関車のように高回転できない単シリンダーであった。このため高い燃費を余儀なくされていた。

アルフレッドはこの問題点の解決に取りくむこと一〇年、トマス・アーンズワースの石炭船「アルファ」のエンジン改造で複合エンジン（compound steam engine）が搭載された。「アルファ」が良好な成績を示したので、父ジョージとトマスがアルフレッドに本格的なネイヴァル・アーキテクトとしての活動の場をつくる。この仕組みは「アルフレッドがデザイン、工事監督をした商船が完成すれば、ジョージとトマスが新船を購入する」というものであった。

かくしてウィリアム・デニー造船所に「ダンバートン・ユース」（二三九トン）が発注される。この船は一八四七年に完成するが、石炭を焚いて真黒に汚された煙突に気づいたアルフレッドが、やおらペンキ缶を取りだして青色に塗り替えたというエピソードが伝わっている。この青色が遠くから識別容易といわれたＢＦＬのファンネル・マークとなるのである。

一八五二年にアルフレッドは独立したエンジニアとして父のインディア・ビルに一室をかまえるが、まだＢＦＬは生まれていない。アルフレッドが取りくんだ複合エンジンが搭載されるのは一八年を待たねばならなかった。

この時期、キュナード・ラインやＰ＆Ｏは会社組織で経営されていたが、アルフレッドが独立した当時は父ジョージ、弟のフィリップ、アーンズワース一家などから出資をあおいだうえ、互いに船を所有、運航して、損益は出資に応じて配分するものであった。これは一六世紀のイギリスでフランシス・ドレークがエリザベス女王などから出資を得て利益を配分していた手法を踏襲したものだった。

アルフレッドが異彩を放ったのは、エンジンのみならず船体設計まで造船所任せにしなかったことである。洋の東西を問わず、船会社は船体のサイズや性能をきめたスペックを造船所に渡して発注するだけである。造船所はスペックどおりに船体を設計し、エンジン配置まできめる。このような具合に事が運ばれるのは、船会社がコスト節減の理由から設計室とエンジニアリング・スタッフを持たないからである。

ところが数少ない例外があり、それがホワイト・スター・ラインとBFLであった。前者はキュナードに合併されてしまったが、BFLは一九六〇年までバーケンヘッド〈マージー河をへだてたリヴァプールの対岸〉に設計事務所を置いていた。船主の利害に立脚した〈船造り〉を行なったから、質の良さが世界に知られ、後世まで「ホルト・クラス」乃至「ホルト・スタンダード」と海運界で知られる船が産まれるのである。

運航を任された船をアルフレッドはリヴァプール～カリブ海ルートに投入する。しかし老舗のロイヤル・メール蒸気船や帆船との競争が激しく、「クレアトー」（二二八〇トン、一八五四年）以外の持ち船を手放してしまう。

手元に残った「クレアトー」でアルフレッドは自分の研究課題に取りくむ。まず船体のデザインから始まり、複合機関に進む。複合機関を搭載した機関車で原理が分かっていたアルフレッドであるが、スクリュー推進、鉄の船体、複合蒸気エンジンの三要素の調整が容易でなかったから一〇年の歳月が必要であった。

一八六四年一二月、初めて複合機関に成功する。これまでより三倍も強力なボイラーとシリンダー二基をタンデム〈直列〉に配置したエンジンに換装した「クレアトー」の試運転成績は驚くべきもの

中国航路用に建造された「アガメムノン」。アルフレッド・ホルトが設計、ライバル社の汽船・帆船を凌駕する経済性を誇った

だった。燃料費が四割も低下したばかりでなく、速力が二ノット早くなっていた。

一八六〇年時点では蒸気船の一七〇万トンに対して、帆船一五〇〇万トンが物流の大部分を担っていた。帆船の荷物は石炭、羊毛、米、穀物、硝石など低価額のものを低コスト（個人船主だから一般管理費が少ない）で運んでいた。

相場ものの中国新茶は高速の蒸気船に流れるようになる。これに着目したアルフレッドとフィリップは一八六五年一月、のちに「ブルー・ファンネル・ライン」と通称されるオーシャン汽船会社（OSS）を設立、個人組織から脱皮する。

こうしてOSSは一八六四年、中国航路用の適船三隻をグリーノックのスコット造船所に発注する。一挙に三隻もの注文を受けた社主ジョン・スコットもアルフレッドに建造費の一部を用立てたとある。これら三隻はアルフレッド自らが船体の設計からエンジン（複合蒸気機関）デザインまで行なっていた。これが「アガメムノン」、「エイジャックス」、「アキレース」（ともに二三〇〇トン）で、一八六五～一八六六年に竣工して中国航路に就航する。アルフレッドはギリシャ詩人ホメーロスに傾注していたことから、その叙事詩に現われるギリシャ神話の英雄を船名に選んだが、この伝統はBFLが無くなるまでつづいた。

第一船「アガメムノン」は一八六五年四月にリヴァプールを出帆、ケープ岬を経由してモーリシャス～ペナン～シンガポール～香港～

茶の積み出し港として栄えた中国・福州における
ティー・クリッパー（茶輸送用の快速帆船）

上海航路につくが、復航には福州でお茶を積みとっていた。

「アガメムノン」が海事史で大きな存在感を示した汽船と評価される由縁は、それが帆船のみならずライバルの汽船会社（P&Oなど）を凌駕するほどの経済性を有していたことである。記録によればリヴァプール～モーリシャス間八五〇〇浬をノンストップ（一〇ノット）で航海できたこと、リヴァプール～福州間（一万二五〇〇浬）は五七日で走破、燃料炭の消費量はわずか二〇トンだったことである。ケープ岬での貿易風やインド洋のモンスーンをフルに活用できるように縦帆と横帆を三本マストに複合掲揚していた。

これらのメリットはひとえにアルフレッドの器量によるものであった。格好の良い「アガメムノン」の写真が残っている。貨物船とはいえ、船首、マストと煙突がわずかに傾斜した船容にはネイヴァル・アーキテクトになったアルフレッドのセンスが込められている。

アルフレッドとフィリップがOSS経営者として中国航路に乗りだした頃の一八六六年、ジョン・スワイアがR・S・バタフィールドとのコンビでバタフィールド&スワイア（B&S）という商社を上海に設立、一八六七年には横浜で、一八七〇年には香港で開業していた。当然ながらスワイアとアルフレッドに交誼関係が生じて、B&Sが中国と日本のBFL代理店を引き受ける。この年には「ティー・クリッパー」と呼ばれた帆船「カッティー・サーク」や「サーモピレー」が福州でイギリス向け新茶積み取りに活躍していた。新茶は到着が一日でも早ければ、それだけ高い価格で取引できたので高速帆船がスピードを競っていた。

南北戦争が勃発するとイギリスへの綿花輸入がとどこおる。揚子江の河川輸送にビジネス・チャンスを見込んでいたジョン・スワイアはアルフレッドに話をもちかけたものの、遠洋航路で手一杯であったから興味を示さない。それでジョン・スワイア自身が一八七二年にチャイナ・ナヴィゲーション社を設立（スワイア以外の出資者にはアルフレッド・ホルト、ホワイト・スター・ラインのトマス・イズメイ、ジョン・スコットらがいた）して中国内陸の河川輸送を開始する。これで上海に運ばれた棉花などがＢＦＬ船でイギリス本国に持ちこまれていた。

ホルト・シップ

ＢＦＬは政府補助を受けたＰ＆ＯやフランスのＭＭ（Messageries Maritimes）と激しい競争を続けていた。スエズ運河の開通前だが、Ｐ＆Ｏはスエズ地峡横断便宜を独占してケープ岬まわりの他社船を圧倒していた。アルフレッドが「アガメムノン」クラスの優秀船を考案したのも、Ｐ＆Ｏとの競争力に少しでも近付こうとする決断だった。

ライバルとの競争力を高めるため、アルフレッドはさらに二〇〇〇トン型姉妹船五隻をスコット造船所に発注する。一八七五年から一八七七年にかけて就航した「ステントー」（二〇二五トン）などがそれである。「アガメムノン」型三隻に加えて配船頻度が高まり、「アガメムノン」が復航で新茶を一〇〇〇トンも積み取り、福州から七七日間でリヴァプールに到着した。これでロンドン市場での取引に二ポンドのプレミアムがついたといわれている。

一八六九年一一月にスエズ運河が完成すると、ＢＦＬはいち早く「アキレース」を通航させる。これで上海までの航海が一〇日～一二日間も短縮できる。この時期、ＢＦＬ船は日本まで延航していた

開通直後のスエズ運河を通航する「アキレース」。運河により上海への航海は10～12日間短縮された

が、日本は明治維新直後の争乱（戊辰戦争）のさなかにあった。

スエズ運河の開通でＢＦＬはＰ＆Ｏと対等に競争できることになるが、面白い現象があった。Ｐ＆Ｏ創業時からつづいた郵便運送補助（日本なら逓信省になるがイギリスでは海軍省が郵便運送を管轄）である。海軍省は、運河完成後も従来どおりスエズ地峡の接続運送を要求する。やむを得ずＰ＆Ｏ船は郵便をポート・サイドで降ろし、地峡経由で運んだのちスエズで再び郵便を同じ船に積みこむという余分な手間を余儀なくされていた。そのうちに海軍省が考えをあらためてオールウォーター運送となった。

一八七五年、「ヘクター」（一九五六トン）がアモイ港外で座礁して全損となる。船体は保険会社に委付されていたが、この事故でＢＦＬは持ち船を自家保険にするという大転換を行なう。このシステムは同年に新造された「ステントー」型（二〇〇〇トン）五隻から適用された。航海計器が未発達の時代だから、どの船社も海難の頻出に悩まされていた。

アルフレッドは「船が堅牢で海難さえ起こさなければ保険会社に高い保険料を払うことはない」との信念をいだく。それでＢＦＬでは船長以下に航海技術を磨かせるとともに、海難時には強固な船体で損害がミニマムになるよう、建造中の施工管理を厳格におこなったのである。この手法で「ＢＦＬ船は堅牢だ」という評判がたち、荷主の信用をかち得ることになる。ＢＦＬはこうして高品質の社船を産みだしていたから、この時期から「Holt Ship」が優秀船の代名詞となった。

これは弟のフィリップの役目だったが、他者（他社）からのファイナンスによらず、得た利潤を社船建造に再投資するという堅実な資金運用をモットーとしていた。一八七七年には会社の一般管理費を社船の航海ごとに割りかけるという独特の手法を編みだす。割りかけ基準方法のむずかしさと船隊規模が増大した現代の船会社ではこの方法は採用していないと思うが、当時では新しい手法と評価されていた。

極東運賃同盟

一八七三年になると、グレン・ライン、シャイア・ライン、カースル・ラインなどがリヴァプールやロンドンを起点にして極東航路に参入したので過当競争となる。荷動きもふえず海運界は一八七九年までスランプに陥る。このときジョン・スワイア&サンズの経営者として敏腕をふるっていたジョン・スワイアが海運の舞台に登場する。チャイナ・ナヴィゲーションで中国内陸の河川輸送を行なううちにカルテルのアイディアを思いついていた。アルフレッドや他の船社だけでなく、荷主へも辛抱強く説得したのが実り、極東航路を運営する船会社のカルテルが一八七九年に結成される。カルテルの名前は極東運賃同盟（Far Eastern Freight Conference＝欧州→極東、及びHomeward Freight Conference＝極東→欧州）で、BFL、P&O、MMなど七社がメンバーとなって発足した。

カルテルを主唱、「海運同盟の父」と呼ばれるジョン・スワイア

ジョン・スワイアはのちのちまで「海運同盟の父」と呼ばれることになる。このカルテルによって、同盟船を利用すれば運賃の一部が割戻しされる（deferred rebate system）から、荷主は同盟船に一手積みすることで過当

BFL船で初めて旅客輸送を行なった貨物船「キームン」。巡礼者をアラビアのジェッダに輸送した

競争が回避できることとなる。極東運賃同盟はこの後もアウトサイダーとの競争を続けるいっぽう、加盟船社を増やしていく。日本の国籍船社・日本郵船は巧みな盟外活動のすえ、一八九九年と一九〇二年に加盟していた。大阪商船も第一次世界大戦中の輸送協力と巧妙な工作によって一九一九年に加盟が認められている。

海峡地は勅許会社の東インド会社が勢力を植えつけたおかげで、一九世紀後期にはシンガポールが海峡植民地の中心的になっていた。それでＢＦＬは、一八八三年からリヴァプール～シンガポール間にウィークリー・サービスを開設する。一八九一年にはシンガポールから西豪州（フリーマントル）、さらに一八九四年にはシンガポール～バタヴィア～ダーウィン～フリーマントル線を開設したが、これは西豪州での金鉱発見による探鉱機材と渡航者の輸送を目指すものであった。こののちＢＦＬはマンチェスターからの綿製品出荷量の変化にそなえて、バーミンガム出しの機械類などの重量物積載に適した船の設計に取りかかっていた。

船客輸送でＢＦＬは一九〇二年建造の貨物船「キームン」（九六七〇トン）で巡礼者をシンガポールやインドネシア～ジェッダ間にオンデッキ輸送したのが最初の記録である。その後、一九〇八年から一九一七年にかけて「ペルセウス」（六七二八トン）型貨物船を一九隻を建造しているが、これらは中甲板に巡礼者を収容していた。

アルフレッドは一九〇四年六五歳のときＯＳＳ役員を辞任するが、社船デザインの研究熱は冷めることがなかった。一九〇五年には船艙に立てられた支柱数を削減するかわり、ガーダーに替えて貨物スペースを増やしていた、と記録されている。またBFLはアルフレッドの手法を引き継いだのであろう、二〇世紀初頭の不況下で船価の安い時期に一〇数隻を発注していた。一九一一年、BFLを産んで大きく育てたアルフレッド・ホルトが八二歳で生涯を閉じたとき、OSSの船腹は六二隻を数えるほどになっていた。

一九一四年に第一次世界大戦が勃発するが、BFL活躍の場であるインド洋から極東水域が戦場にならなかったから、戦禍喪失船は一八隻にとどまった。そのうえ戦時利得（政府徴用による用船料収入）で会社の財務状況はさらに好転していた。

BFLフリートではアルフレッドの発案で複合レシプロ機関が採用され、それが一八九〇年まで踏襲され、一八九二年の「イクシオン」（三五〇〇トン）型四隻から一九一三年までは三段膨張レシプロ機関（triple expansion steam engine）で揃えている。チャールズ・パーソンズ発明になるタービン機関が二〇世紀に入って実用化されると、BFLは一九二〇年の第一船「アキレース」（一万一四二六トン）クラスから採用、その三年後にはディーゼルに転換している。

「イクシオン」型4隻は三段膨張レシプロ機関を採用して完成した。写真は1番船の「イクシオン」

BFLフリートとして初めてパーソンズ発明の蒸気タービン機関を採用した「アキレース」（2世）

アルフレッドが複合機関で辛苦した燃費の節減が命題であったことは、一九三四年時点のBFL所有船七八隻のうち、二三隻がディーゼル機関船であったことから窺い知れる。ディーゼル・エンジン装備率はイギリス海運の平均よりも高かったとある。

BFLが昔から注文を出していたのはクライド河畔グリーノックのスコッツ造船所であった。自社の設計部門があるバーケンヘッドで起業していたカメル・レアード造船所に発注されたのがBFL最初の本格的客船「サーペドン」（一万一三三二トン、一九二三年建造）をネームシップとする四隻である。一等定員一五五名のみの新船は、リヴァプール〜極東航路に就く。BFLとしては一等客室をつくってもペイしないとの判断があり、これまでは貨物船（一等一二名）で巡礼者や豪州への移住者輸送を行なっていた。しかし「客船サービスのP&Oに加えてBFLほどの船会社は英本国と植民地を往来するイギリス国民に便宜を図ってもらいたい」という政府の要請をうけて、客船建造に踏みきったといわれる。

BFL最初の本格的客船として建造された「サーペドン」。極東航路で運航、「これほど美しい船はない」と喧伝された

「サーペドン」は当時「これほど美しい船はない」と喧伝されたほど海運界で注目されていた。一九二七年三月、北伐途上に南京を占領した国民革命軍が居留外国人を襲った南京事件では、「サーペドン」が弾薬や食料を香港へ輸送して話題になった。この客船は第二次世界大戦中も生きのびて三〇年の長寿を全うしている。

第二次世界大戦での喪失

　第一次世界大戦とは対照的に、海上輸送の舞台がひろくなった第二次世界大戦では、連合軍船舶の被害の大きさは、日本を含む枢軸国の被害をはるかに超える甚大なものであった。ＢＦＬ船も大西洋からインド洋までの軍需輸送に挺身した。例えば開戦時の七七隻のうち四一隻、三二万トンも喪失している。平時におけるＢＦＬ船のおもな行動範囲はインド洋とアジア～豪州水域であったから、一九四二～一九四三年には日本軍による被害がおよんでいた。記録では仮装巡洋艦としてコロンボに停泊中だった「ヘクター」（前出サーペドンの姉妹船）が一九四二年四月五日、日本軍機の空爆で沈没。翌六日にはカルカッタから本国へ急航中の「オートリカス」（七七一八トン）がベンガル湾で日本艦隊に遭遇して撃沈された。また同日のベンガル湾で「ダーダヌス」（七八〇〇トン）も同様に撃沈されている。これら二件はペアを組んで作戦行動中の特設巡洋艦隊チーム（報国丸と愛国丸）によるものと推察される。年が明けた一九四三年五月一四日には、シドニーからニューギニアへ航行中の「セントー」（三〇六六トン）が日本潜水艦（伊一七四）に雷撃されて沈没している。このとき本船は病院船としての行動計画が日本側に通知されており、赤十字の塗装で照明されて航行中であったと、イギリス側の記録にある。

　戦時補償の打ちきりでゼロからの復活を余儀なくされた日本の海運と異なり、ＢＦＬは他のイギリス海運会社とおなじく、順調な復活への道をあゆんだ。一九六一年現在の就航航路と使用船は次のとおりである。

◎リヴァプール～極東（香港、日本）＝「ペレウス」クラス四隻（一九四九～一九五〇年建造、各一万トン、乗客三〇名）

インドネシア～ジェッダ巡礼航路に就航した「セントー」（2世）。客船（1等190名）ながら、羊4500頭や貨物も積載できた

◎リヴァプール～豪州（フリマントル、アデレード、メルボルン、シドニー）＝「ヘレナス」クラス四隻（一万一〇〇〇トン、一九四九～一九五一年建造、乗客三〇名）

◎シンガポール～フリマントル＝「ゴーゴン」（三六七八トン、一九三三年建造、乗客七二名）、「カローン」（三九六四トン、一九三六年建造、乗客八八名）

◎インドネシア～ジェッダ巡礼航路＝「グヌン・ジャチ」（一万七八九一トン、一九三六年建造、一九五八年購入、巡礼一等一〇六名、下等二〇〇〇名＝もとドイツ客船「プレトリア」）

半人半馬怪物（ケンタウロス）の名をつけた「セントー」（八二六二トン）は「ゴーゴン」、「カローン」の代替船として一九六四年建造の客船（一等一九〇名）であるが、羊四五〇〇頭を含めた貨物も積載できる船であった。高船価のため有効な配船ルートが定まらぬまま、一九八五年に中国船社へ売却され、「ハイ・ダ」となったが、その後の消息不明。

一九六五年にOSSは創業一〇〇周年をむかえ、一九七三年には社名をオーシャン・トランスポート&トレーディングと変えたのち、二〇〇〇年に英米の物流業者エクセル社（Excel Plc.）に吸収されて海運部門は消滅する。一九六五年以降、OSSは重量物の積載可能な定期船のほか、不定期船分野にも手をのばした。一九七二年に三井造船で建造されたバルク・キャリアーはBFL創業期の名船「アガメムノン」の名を継いだが、「これまでのように自社で設計、監督をするのでなく、デザインも三井造船に任せっきりだった」と『Blue Funnel Line』著者は嘆いている。これら「新分野」への進出はうまくゆかず、青筒船はすべて海上から姿を消してしまう。

　現在のコンテナ船業界では、途方もない巨大船がつぎつぎに建造されるという不毛の競争が展開されている。一九八六年にＢＦＬがコンテナ輸送から手をひいていたが、当時の経営者の判断は結果的には間違っていなかったと言えるかもしれない。

　創業から一九六〇年代までのＢＦＬはライナー・サービスでは「ホルト・シップ」と称賛されるほど良質な船を産みつづけ、〈リヴァプールの船会社〉の存在感をのこしたブルー・ファンネル・ラインの名前は海事史に不朽の名をとどめている。

第6章　東方への道（三）——フランス郵船

フランス郵船の足どり

日本近代化の教師となったのは、産業ではイギリス、文化芸術ではフランスである。一七世紀のパリに設立された「エコール・デ・ボザールEcole des Beaux-Arts」という高等美術学校がある。この学舎は建築、絵画、彫刻の分野で多くの芸術家を輩出してきた。

近代化への道を歩み出した日本からもかずかずの芸術家や文学者が留学して、パリの芸術的環境で自分の技芸と感性をみがいた。「あるぜんちな丸」（昭和一四年建造）のインテリアを手がけた建築家の中村順平などもそのひとりである。太平洋戦争後も遠藤周作などの文学者がフランスに渡っている。

スペインとポルトガルが植民地獲得競争から撤退したのち、一七世紀後半から一九世紀初までに行なわれた植民地戦争でイギリスとフランスが角逐する。イギリスではフランシス・ドレーク（一五四〇?～一五九六）やジェームズ・クック（一七二八～一七七九）などが、国是もどきに環海周航の冒険をして世界に植民地の素地をつくる。インドや中国の茶や木綿の輸入代金をまかなうため、インドの阿片を清国に売りつけてアヘン戦争をおこし、中国大陸に地盤を築くなどのあくどい手法で植民地をふやしていった。

フランスはもともと農業国であったから、イギリスのような経済的理由で自国領をふやす必要はすくなかったはずだが、ナポレオン三世（在位一八五二〜一八七〇）の叱咤激励もあって、各地で植民地の獲得に乗りだしていた。

フランスは一八八三年にトンキンとアンナンを事実上支配して、一八八七年にフランス領インドシナを成立させ、総督府をおいていた。この地では良質の無煙炭（ホンゲイ炭）が産出されることから、その収入がフランス財政に寄与していた。蛇足ながら、バルチック艦隊が一九〇五年に極東へ来航の途中、カムラン湾に停泊して石炭を補給したことは間違いない。

この章では主として仏領インドシナ（現在のヴェトナム、ラオス、カンボジア）を経由、極東への航路を経営したメッサジェリ・マリティーム社Cie. Des Messageries Maritimes（MM）の足どりを中心に述べたい。

MM（日本式には「フランス郵船」と表記）はその名が示すように、郵便輸送のために設立された国営会社である。郵政省がはじめた最初の事業は、一八三五年からマルセーユ〜レヴァント（東地中海沿岸の地域）間の客船サービスであった。郵便運送の重要性から海軍軍人が乗り組む国有船（海軍所有）が使われた。このため一八三六年に「セストリ」（六四四トン、銅板張り木造、外輪推進）型七隻をシェルブールの海軍工廠で建造した。

ついで一八四三年、「オシリス」（八七四トン、木造、外輪推進）型七隻をラ・シオタの海軍工廠で竣工させた。さらにアルベール・ロスタン社がラ・シオタの民間造船所に発注、一八四六年にマルセーユ〜イ

地中海に面した港湾都市ラ・シオタの造船所。造船業が盛んで海軍工廠や民間の造船所があった

ナポレオン３世。仏経済の近代化につくした

タリア（ナポリと思われる）～マルタ～アレクサンドリア間に配船されていた「ボスフォール」（四六一トン）型四隻を政府が買いあげ、海軍が運航を始めていた。この船は外輪推進の木造客船であった。

　そのうち海運業を海軍に任せることのジレンマが生じたのであろう、一八五一年に組織替えがなされる。これはフランス国営内陸輸送会社であるメッサジェリ・ナシオナールMessageries Nationales（ＭＮ）に海軍が所有する船隊一八隻の運航を引きうけさせるものであった。

　一八五二年、ナポレオン三世（ボナパルト・ナポレオンの甥）が即位して第二帝政が始まると、整備が遅れていた鉄道や海上交通に対する積極的な政策をとりはじめる。このため、一八五三年にＭＮをCie. des Services Maritimes Imperiales（ＳＭＩ＝帝国海運事業会社）という準勅許組織にする。皇帝はスエズ運河建設を精神的にバックアップするいっぽう、七二歳のとき、みずから陸軍を率いて普仏戦争（一八七〇～一八七一）に出陣して捕虜となって晩節を汚したものの、フランス経済の近代化に手腕を発揮した。

　ＳＭＩで最初にとられた方策は航路に最適の船を揃えることであった。その最初が一八五二年建造の「ペリクレス」（四六五トン）であった。この外輪船がフランス最初の鉄船という点に皇帝の指示が込められていたと考えられるが、それ以後の社船は鉄の船体となった。一八五三年建造の「タボール」（七一五トン）は、一八六九年のスエズ運河開通式ではウージェニ皇妃を乗せて船団の先頭で通航していた。本船型四隻には一二〇〇馬力ものエンジンを搭載、在来船を大きく凌ぐ一三・五ノットを出しているが、ここにも皇帝の意向が感知される。ＳＭＩ船隊は一八五三年勃発のクリミア戦争ではコンスタンチノープルへの軍隊輸送にも徴用されていた。

イギリスの豪州、ニュージーランド領有に対抗して、ナポレオン三世は一八五三年に軍隊をニューカレドニアに派遣してフランス領と宣言する。イギリスによる豪州植民にならい、この僻遠の地は一八五三年から一九二二年まで、重罪犯の流刑地にしていた。ＳＭＩがＭＭとなった一八八一年から、シドニー経由のフィーダー船によるヌーメア航路を開設しているが、そのときも重罪犯を運んでいたはずである。

地中海をへだてた北アフリカはフランスの前庭である。だから他国に先んじてフランスが手を延ばしたのは当然であった。クリミア戦争で船腹が払底していたことと、自国の建造能力が不足していたから、船舶を海外から購入して船隊整備をするほかなかった。一八五三年からの二年間、イギリス造船所から一挙に一三隻も購入する。これで一八五四年にマルセーユ〜アルジェ、マルセーユ〜オラン間で郵便運送補助を受給、地中海の南北航路はフランス船の独壇場となる。

フランスによる版図拡大の手足は海上交通、との判断から、ナポレオン三世は新興国のある南米にも注目して郵便運送補助をＳＭＩに認可、一八五七年にボルドー起点の南米（ブラジル、リヴァー・プレート）航路を開設させる。

なぜマルセーユ起点にしなかったのかと思われるが、北欧からの移住者輸送にも着眼して、一八六二年にハンブルクを起点にしたボルドー〜リスボン〜セント・ヴィンセント（補炭）経由の航路に改編していた。一八七二年に航路をひらいた地元のドイツ船社よりも早い時点で踏みきっていたのである。もっともＳＭＩの航路は好成績ではなかったようで、一九一二年に同業のスド・アトランティク社と入れかわりに撤退している。

スエズ運河開通前、スエズ起点の香港ルートに就航した「ラ・ブルドネ」。帝国海運事業会社（SMI）が運航していた

インドシナから極東へ

フランスのインドシナへの足がかりは、一八五八年にナポレオン三世が宣教師団の保護を名目にした遠征軍の派遣にはじまる。インドシナ半島にあった各王朝をフランスが巧妙な手段で支配下におき、一八九七年から一九〇二年にかけて完全な植民地にしていた。一八五八年にインドシナへの派遣軍を輸送したのはＳＭＩ船であるが、スエズ運河は未開通だったので、スエズ地峡接続でなされていた。

植民地政策の遂行に不可欠なロジスティクスを担ったのは郵便運送補助に支えられたＳＭＩであり、一八七一年からＭＭとなった会社である。記録では一八六二年に建造された「ラ・ブルドネ」（一六二〇トン）型三隻がスエズ起点の香港ルートに就航したとある。これでＰ＆Ｏとの競争にさらされる。

一八六九年にスエズ運河が開通、極東へはオールウォーター輸送が可能になると、ＳＭＩも大型船隊の増強に舵をきる。実はＳＭＩは運河開通と同時に就航できるように建造を進めていた。

大型船の嚆矢は一八六八年建造の「フーグリー」（二七八八トン、何故インドの河の名前をつけたのか不明）であるが、一八七〇年にはルートがマルセーユからスエズ運河を経由して香港〜上海〜横浜まで延長されていた。使用船はそれまでの一六〇〇トンからサイズが倍増、エンジンは二連成から三連成となる。乗客定員は一等一〇〇名、二等三七名、三等三六名であった。

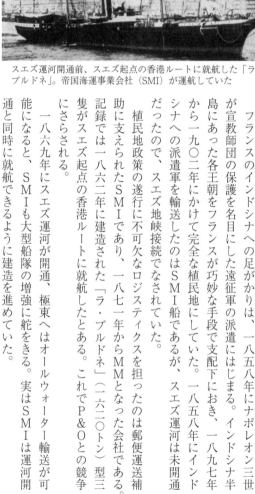

MMの発足と第一次世界大戦

一八七一年にフランスは普仏戦争で敗退、王制が廃止されて第三共和制になる。一八七一年には社名がSMIからロイヤルを意味する言葉が消え、メサジェリ・マリティームCie. des Messageries Maritimes（MM、通称メスマー）となる。

フランスの版図を拡大したナポレオン三世の路線を引きつぐように、新政府も植民地獲得に傾注する。一八八三年のアンナンとトンキンの獲得、その二年後にはインド洋の要衝マダガスカルを領有、一八八七年に仏領インドシナを成立させていた。MMも政府の施策に合わせるため一八八〇〜一八八四年にかけて、「サガリエン」、「ナタール」型七隻という四〇〇〇トン級の大型船を建造する。「サガリエン」は豪州経由のニューカレドニア（ヌーメア）航路に配船され、「ナタール」は一八八二年の北清事変ではフランス軍を清国へ輸送していた。

19世紀末にフランス郵船（MM）が建造した4000トン級の大型船「ナタール」。北清事変で活躍した

仏領インドシナのサイゴン港。19世紀末にはマルセーユに次ぐホームポートとなっていた

MM発足時から第一次世界大戦直前までの四〇余年間は、フランス植民地拡大の最盛期であった。地中海、黒海、紅海からインド洋、南シナ海や南太平洋までの水域にMM客船の姿が見られぬものはなかった。フランスにとって東南アジアから極東にいたる水域は、MMの中庭とも言えるもので、その中

心にあるサイゴンはMMのなかでマルセーユに次ぐホームポートとなっていた。

一九一四年八月三日、フランスもドイツ、オーストリアに宣戦する。戦争ではフランスの内陸が主戦場となるが、MM船も徴用されてダーダネルス海峡やアフリカ方面への軍隊輸送に使用される。一九一七年にドイツが「無制限潜水艦作戦」をはじめると連合軍船舶の被害が急増する。

開戦によって船腹が世界的に不足する。連合国側の日本はアメリカとの「船鉄交換契約」により、EASTERNの頭文字で始まる数多の標準型貨物船を受注する。イギリス側はファーネス・ウィジー・グループが窓口となって日本などの造船所に発注する。これらにはWARの頭文字をつけて引き渡されたが、川崎造船所で建造された「ウォー・クィーン」型一二隻のうち三隻が戦後にMM所有となっている。当時のロンドン・タイムズ記事によれば、開戦前の船価は重量トンあたり八ポンドだったものが、一九一六年には四〇ポンドになった、と報じている。(『川崎重工業社史』)

開戦前の船腹が五八隻だったMMは戦時中に二三隻も喪失していた。そのなかには平時に重要な役割を果たした客船一四隻も含まれていた。その被害の主なものは次のとおりである。

一九一六年＝三隻
◎「メンフィス」(二四九二トン／一八九二年建造)一九一六年二月、ドイツ潜水艦UC13の敷設機雷に触れて放棄
◎「マジェラン」(六三五七トン／一八九七年建造)船団航行中の一九一六年一二月、U63の雷撃で沈没
◎「シナイ」(四六二四トン／一八九八年建造)一九一六年一二月、「マジェラン」生存者を救助中にU63に雷撃されて沈没
一九一七年＝八隻

◎「エルネスト・シモン」（四五六二トン／一八九三年建造）マルセーユからマダガスカルへ航行中の一九一七年四月、ＵＣ27の雷撃で沈没

◎「アトス」（一二六九二トン／一九一五年建造）ポートサイドからマルセーユへ航行中の一九一七年二月、マルタ島沖でＵ65に雷撃されて沈没

◎「ガンジェ」（六八七六トン／一九〇五年建造）一九一七年四月、チュニジア沖で触雷、沈没

◎「ソンタイ」（七二三六トン／一九〇七年建造）一九一七年四月、シシリー沖で雷撃受け沈没

◎「ヤラ」（四二四二トン／一八八四年建造）マルセーユ～ポートサイド間を船団航行中の一九一七年五月、ＵＣ74の雷撃で沈没

◎「アンナム」（六一六三トン／一八八九年建造）一九一七年六月、サロニカ向け航行中にＵＣ35に雷撃されて沈没

◎「カレドニアン」（四一七〇トン／一八八二年建造）マルセーユから豪州へ航行中の一九一七年六月、ポートサイド沖でＵＣ34に雷撃されて沈没

◎「ナタール」（四一〇六トン／一八八一年建造）船団航行中の一九一七年八月、他船と衝突、沈没

一九一八年＝三隻

◎「オストラリアン」（六五七〇トン／一八九〇年建造）日本駆逐艦四隻が護衛の下に船団航行中の一九一八年七月、ＵＣ54の雷撃で沈没

◎「ジェムナ」（三七八五トン／一八七五年建造）部隊一〇〇〇名をマルセーユからマダガスカルへ船団航行中の一九一八年七月、クレタ島沖でＵＢ１０５の雷撃うけ沈没

◎「ポリネジアン」（六三六三トン／一八九〇年建造）マルタ島グランド・ハーバー入口で給炭中の一九一八年八月、ＵＣ22の雷撃で沈没

戦間期のMMと第二次世界大戦

第一次世界大戦が終わると、巨額の賠償金のほかに、ほとんどのドイツ商船が賠償として連合国へ引き渡された。このうちMMには一四隻が割りあてられる。このうち客船は次の一二隻である。

◎「シュレスウィヒ」(七二九〇トン／一九〇三年建造)↓「ジェネラール・ディチェスン」
◎「プリンツェシン」(六二六七トン／一九〇五年建造)↓「ジェネラール・ヴォイロン」
◎「フルスト・ビスマルク」(六二六七トン／一九〇五年建造)↓「アンボワズ」
◎「カップ・アルコーナ」(九八四六トン／九〇七年建造)↓「アンジェール」
◎「カップ・ヴィラーノ」(九三四六トン／〇六年建造)↓「ジェネラール・メッツィンガー」
◎「ワハトフェルス」(七一三三トン／一三年建造)↓「アンティヌス」
◎「カッセル」(七五四三トン／〇一年建造)↓「マレシャル・ガリエーニ」
◎「ブエノス・アイレス」(九六八〇トン／一九一二年建造)↓「セフェー」
◎「ゲネラール」(八〇六三トン九一〇年建造)↓「アザイ・ル・リドー」
◎「カップ・オルテガール」(七五六三トン／一九〇三年建造)↓「シャンボール」
◎「ルシー・ヴェルマン」(四七二九トン／一九〇二年建造)↓「アヴィアトゥー・ローラン・ガロ」
◎「スタイガーヴォルト」(四四八五トン／一九一一年建造)↓「アミラル・ピエール」

これら賠償船はMMの戦後復興に大いに役立った。大戦終了時に残存したドイツ商船で目ぼしいものは日本を含む連合国に接収されたので、ドイツ商船隊は丸はだかとなった。こののちドイツの復興にともない、ドイツ船社は賠償船の一部を買いもどすという辛い手法で船隊整備を行なっていた。

第一次世界大戦がセルビア青年の引き金によって勃発、フランスも一ヵ月後に巻き込まれてしまうが、MM自身はそのような事態進展は予想すべくもなかった。だから開戦前には意欲的な新造計画が策定されていた。それは極東航路用に同社初の大型客船を五隻も投入するものであった。こうして完成した第一船が「ポール・ルキャ」で、以後一九一四～一九一五年に「アンドレ・ルボン」、「アトス」、「ポルトス」、「スフィンクス」が竣工する。このうち「アトス」は大戦中に、「ポルトス」と「スフィンクス」は第二次大戦中に戦禍喪失している。

第一次世界大戦で多くの社船を喪失したMMは、戦後の新造と既述の賠償船によって元に復していた。MMは郵便運送（補助）を経営の芯にした国有会社であったから、会社が外国資本の傘下に入ることは許容できなかった。そのためにフランス政府は一九二八年に法律を定め、つねに国が資本金の七五％を保有する状態にしていた。

「アンドレ・ルボン」について付言したい。本船の処女航海は一九一五年一二月、マルセーユから北アフリカへの軍隊輸送で始まった。戦時中は病院船として使用

MMが極東航路用に建造した「アンドレ・ルボン」。横浜入港中に関東大震災に遭遇、1500人もの避難民を収容した

MMの豪州航路に就航した「エリダン」。ディーゼル機関を搭載、四角形のキノコ型煙突が注目を集めた（第１煙突はダミー）

第二次大戦中のサイゴン港。日本は仏ヴィシー政権から、在泊中のMM船の使用許可を取りつけた

されたのち、横浜終点の極東航路についていた。一九二三年八月一八日、横浜入港中に来襲した台風で港外に避泊するがエンジン・トラブルになり、その修理で再び着埠していた。そして九月一日、関東大震災がおこる。火の海となった埠頭から脱出、湾内に投錨した「アンドレ・ルボン」は、外国大使館員のほか一五〇〇人もの避難民を収容して二週間とどまったと記録されている。

一九二五年建造のスウェーデン客船「グリップスホルム」（二万七七一六トン）で航洋客船にディーゼル機関が初めて搭載されると、各国は争ってこの例に倣う。MMでも一九世紀フランス文学者の名前を冠した客船「テオフィル・ゴティエ」（一九二七年建造）に初めてこのエンジンを搭載している。その二年後、豪州航路に就航した「エリダン」（九九二七トン）の四角形キノコ型二本煙突（第一煙突はダミー）は新奇なデザインと話題になった。

ドイツ軍の侵攻で一九四〇年にフランスが降伏すると、抗戦派にかわり和平派が政権をにぎる。第一次世界大戦の英雄ペタン元帥が首相となり、ヴィシーに政権がおかれた。フランス国内に生じた抗戦派と和平派の対立は商船保有にもおよぶ。MM船もその影響をうけることになるが、インドシナ航路に就いていたことで、事態がさらに複雑となる。日本軍による仏領インドシナ侵攻時に複数のMM客船がサイゴンやシンガポールに在港していたからである。日本政府は枢軸国の一員となったヴィシー政権と交渉、これらMM客船の使用許可を取りつける。これらの客船はいずれも悲劇的な運命をたどったが、それらの足どりを述べる。

◎「ルコント・ドゥ・リール」（九八七七トン／一九二二年建造）＝サイゴン在港中に日本が確保、「帝立丸」として日本～サイゴン航路に使用。一九四五年七月、若狭湾で触雷、擱座。戦後引き揚げ修復後にフランスへ引き渡した

◎「ベルナルディン・ドゥ・サン・ピエール」（一万二六八トン／一九二五年建造）＝開戦直前の一二月六日、上海、漢口からアメリカ民間人をマニラへ輸送後、サイゴンに帰港。一九四二年六月に日本が確保、「帝美丸」として日本～ハイフォン航路に就航。一九四三年一〇月、アンナン沖で米潜「ボーンフィッシュ」に雷撃されて沈没

「ルコント・ドゥ・リール」。サイゴンで日本が確保、「帝立丸」と改名し日本～サイゴン航路に使用

1945年7月、若狭湾で触雷、擱座した「帝立丸」。戦後引き揚げて修復後、フランスに返還された

◎「ダルタニァン」（一万五一〇五トン／一九二四年建造）＝一九四二年六月、上海で日本が確保。陸軍徴用船「帝興丸」としてマニラからシンガポール向けて航行中の一九四四年二月、ボルネオ沖で米潜「パッファー」の雷撃で沈没

◎「アラミス」（一万七五三七トン／一九三二年建造）＝一九三二年マルセーユ～極東航路。一九三九年九月、サイゴンで仮装巡

洋艦となる。一九四〇年四月～一九四〇年八月、日本軍が徴用、「帝亜丸」。一九四三年九月、日米民間人交換船。一九四四年八月、ルソン島沖で米潜水艦「ラッシャー」の雷撃で沈没

◎「ヴィユ・ドゥ・ヴェルダン」（七〇〇七トン／一九二〇年建造）＝一九四二年四月、日本軍が拿捕、「帝村丸」として台湾沖を航行中に米潜「フィンバック」が撃沈

第二次大戦の終盤、フランスから撤退するドイツ軍によってMM大型客船三隻が自沈させられていた。「エクスプロラテュー・グランデディエー」、「ジャン・ラボルド」と「マレシャル・ペタン」である。この時点でMMに残された船腹は二一隻だけであった。

戦後、復興のためにアメリカからフランスへ供与されたリバティー型貨物船七五隻のうち、一九隻がMMに割りあてられて再出発した。

「帝亜丸」として日本軍に徴用された「アラミス」。マルセーユ～極東航路に就航していた。1944年8月、米潜の雷撃で沈没

ペタン元帥からフランス国歌へ

一九四六年に日本軍が武装解除されて不在になると、インドシナ地域の集中排除がなされ、ホーチミン率いるベトナム独立連盟とフランス軍のあいだで一九四六年一一月から本格的な戦闘が始まる。これが一九五四年まで続く第一次インドシナ戦争である。この間、フランスは外人部隊をふくむ軍隊

を送りこむ。この戦争は一九五四年のディエンビエンフーの戦いで決着するが、フランス本国―戦地間の兵員輸送で活躍したのは主としてMM客船であった。

MMが戦後の極東航路に計画した大型客船「ラ・マルセーズ」（二万七三二一トン／一九四九年竣工）に触れたい。フランスは大戦で国内インフラが大きな被害を受けた。当然ながら造船設備も同様で、フレンチ・ラインでも在来客船二隻（「イル・ド・フランス」、「リベルテ」）を手入れして北大西洋サービスを再開したほどであった。その意味でMMが昔から取引のあった海軍工廠（ラ・シオタ）で一九四九年に新造した「ラ・マルセーズ」は戦後最新鋭の客船であった。それだけにネイヴァル・アーキテクトが戦前の名船「ノルマンディ」に似せたイメージと、フランスのエスプリを込めた芸術性のあるインテリアに仕上げられていた。それだけにMMとフランス国民の誇りが体現された客船であった。

1949年にラ・シオタで竣工した極東航路用大型客船「ラ・マルセーズ」。1939年に起工され、10年を経て戦後の完成となった

一九三九年に起工されたが、戦争で工事が遅れ、五年後にようやく進水した。このときはドイツ占領下にあったから、前大戦の英雄でヴィシー政府首相のアンリ・ペタンの名をとり「マレシャル・ペタン」（ペタン元帥）と命名された。しかし二ヵ月後にドイツ軍が撤退時に沈めてしまう。二年後に引揚げられた船は「ラ・マルセーズ」と改名されて一九四九年七月に竣工する。

一九四九年八月、処女航海でマルセーユ～横浜航路に就航する。荒廃の跡をとどめる一九四九年の日本に純白の姿を披露して大いに話題となった客船であった。横浜に入港したとき、朝日新聞は「純白の仏豪華船マルセイエーズ号横浜へ」の見出しで次のように報道している「純白の船体もひときわ鮮やかに豪華客船フランスMM汽船会社御自慢の新造船ラ・マルセイエーズ号は二十八日日午後三時横浜港に初顔をみせた。初船客は全部で百六十名、フランス人、中国人、安南人などが大部分だ。横浜停泊中に招かれた多数のゲストに混じった画家・猪熊弦一郎が一等ラウンジのデッサンを紙上に発表、インテリアの素晴らしさを語っていた」

就航翌年に朝鮮戦争が勃発、フランス軍も国連軍の一員として派遣される。一九五一年に戦地から送還された三色旗に包まれた遺体がリッジウェイ総司令官列席のもとに「ラ・マルセーズ」デッキに安置された写真がある。一九五六年のスエズ紛争時には病院船となるが、翌年に売却された。

極東航路のトリオ

一九五三年から五四年にかけて建造された一万三〇〇〇トン型の姉妹船三隻はインドシナ独立国の名前をとった「ヴィエトナム」、「カンボージュ」、「ラオス」で、これらはMM最後の本格的客船となる。『カンボジア号幻影』（恵原義之）によれば、三等食堂でのランチとディナーはフルコースでテーブルにはワインがあったとある。恵原氏の著書では「メインは鳥のモモ肉のワイン煮込み」や「ミネストローネスープに白身魚のバター焼きカレー風味付け」、また「中央の円卓には果物とデザートが山盛り」だったりして、「料理はさすがに食文化を誇る国の船だけある」と感銘をうけていた。作家の遠藤周作も一九五〇年に「ラ・マルセーズ」の三等でマルセーユへ渡航したとあるが、同じような体験をしたはずである。

インドシナ戦争が一九五四年に終息するまで、このトリオ客船はサイゴンのかわりにバンコクに寄港していた。しかし商業航空の普及で一九六九年から七〇年にかけて売却されてしまう。三隻による極東航路での稼働期間は一六年～一七年間であった。

ＭＭ最後の客船といえるのが一九六六年建造の「パスツール」（二万七九八六トン）で、一九六二年に南米航路用に建造された客船である。スド・アトランティク社が一九六二年になり撤退したことから、その穴を埋めるためフランス政府の要請と補助があったと見るべきであろう。しかし本船も一九七二年に売却されたので、一〇〇余年つづいたＭＭの客船サービスは終末をむかえた。

MM最後の本格的客船、１万3000トン型の「ヴィエトナム」。姉妹船は「カンボージュ」と「ラオス」

サイゴンに停泊中のMM船。１万3000トン型三姉妹はインドシナ戦争終息後、サイゴンに戻ってきた

第7章　東方への道（四）――ブリティッシュ・インディア

インドからの道

カナダ人のサミュエル・キュナードが興したキュナード・ラインは、専ら北大西洋横断サービス一本で大英帝国の代表的な海運会社に名を残している。これとは対照的に、インドに本拠を置き、その亜大陸から東南アジア、オーストラリア、アフリカへと、蛸の脚のようにサービス・ルートを伸ばし、イギリスのみならず一時は世界一の船腹を擁した海運会社の足どりを紹介する。

大英帝国は世界に植民地を獲得して国富を増やしていったが、なかでも亜大陸インドの存在は格別のものであった。というのはマンチェスターの綿織物業の原料となる棉花のほか、茶やジュートなど、イギリス社会で必要な物資の供給地であり、同時に綿製品の売り込み先としてだけでなく、自国産品の販売先として枢要な地域であったから。

アジア貿易を目的に設立された勅許会社の東インド会社は、一七世紀からインドを本拠として極東貿易を独占していた。一八五七年に起こったインド大反乱（通称セポイの乱）を契機に東インド会社が解散して英本国の統治に移行、二〇年後にはヴィクトリア女王をいただくインド帝国が成立していた。自国領となったインドを要《かなめ》にしてイギリスは貿易のみならず、アフリカ大陸の経略から始まり、二度の世界大戦で「インド帝国民」という人的資源を大いに活用した。

インドに惚れこんだスコットランド人

イギリスの海運、造船界で傑出した人物にスコットランド出身が多いのに気づく。その理由は測りかねるが、スコットランド王国がイングランド王国と並立して争った歴史があることや、君主に戴いたメリー女王（Mary of Stuart）がエリザベス女王の率いるイングランドと対立し、最後にはイングランドに幽閉されたのち断頭された事実がある。このような経緯も作用して、スコットランド人はイングランドに対してわだかまりがあり、イングランド人にひけは取らぬという意地があったからでなかろうか。

筆者が海運界に入ったとき、「マッキノン・マッケンジー」という社名がShipping & Trade Newsという貿易新聞に現れていた。この名称が本章で採りあげるBritish India Steam Navigation Co.（BI）の嚆矢であった。

BIを興したスコットランド人のウィリアム・マッキノン

ＢＩを興したロバート・マッケンジー（一八一三〜一八五三）とウィリアム・マッキノン（一八二三〜一八九三）もスコットランド人であった。インドと地続きの海峡地のほかに、香港やオーストラリアなどの重要な植民地を大英帝国が保有していたことと関係もあるが、イギリス人実業家にはこれらの土地に骨を埋めるつもりで渡った例が多い。将来にＢＩとなる船会社の種付けをしたマッキノンとマッケンジーもそのような人物であった。

マッキノンとマッケンジーはスコットランド西北にあるアーギル州の街カンベルトンで育った。一八三六年にインドへ渡航したマッケンジーは、現地のイギリス人が東インド会社に職を求めるなかで、ブローカー（free merchant）として名をなしていた。

サミュエル・キュナードの「ブリタニア」がリヴァプールを出航したのが一八四〇年、この年にマッケンジーはIndia General Steam Navigation Co.（ＩＧＳＮ）の代理店業務を請け負う。この当時、インド国内で鉄道網は未整備で、国内の交通はガンジス河やビルマ国境側のブラマプトラ河などの水運にたよっていた。ＩＧＳＮはこの水運業を主体にしていた。

ウィリアム・マッキノンは食料雑貨店で働いていたが、インドがもつ魅力に抗しきれず、一八四七年に二四歳でインドへ渡航する。現地の砂糖工場で働くうちに一〇歳年上の学友マッケンジーと相呼応して、一八四七年にマッキノン・マッケンジー社をカルカッタ旧市街のコッシポールに設立する。この地は一九世紀初頭から銃弾と銃器の製造で知られていたが、ベンガル湾周辺の内陸地への交通拠点であった。

マッキノン・マッケンジー社はこの地でＩＧＳＮ代理店業務のほかに、カルカッタ～ラングーン間の郵便運送を請け負っていたと判断される。スタッフの不足を埋めるために、一八四九年にはスコットランドからウィリアムの甥ピーターのほか、ニール・マックマイケルとジェームズ・ホールがパートナーとして経営に参加する。これらのスコットランド人はインドという亜大陸に限りない魅力と将来性に惹かれて集まったのである。

定期航路へ進出

一八二四年から一八八五年までの期間に勃発した三回にわたる英緬戦争Anglo-Burmese Warsによ

って、ビルマがイギリス植民地になる。印僑といわれるインド商人がビルマの金融を支配するようになると、インドとビルマ間の交易が活発になる。

　一八五五年になると、東インド会社が、スケジュール厳守の条件でカルカッタ～ラングーン間の郵便運送の入札を募る。これを受命したマッキノン・マッケンジー社はスコットランドとロンドン在住の資本家の出資を得て、一八五六年にカルカッタ&バーミーズ・スティーム・ナヴィゲーション社（CBSN）を設立（マッキノン・マッケンジー社が経営代行）する。この新会社がBIの濫觴である。

　いまやCBSNは帆船や不定期汽船の用船から脱して、自社船による定期運航ができることになる。そして「ケープ・オブ・グッド・ホープ」と「ボールティック」（各五〇〇トン）を一八五六年一一月に購入、カルカッタ～アキヤブ～ラングーン～ムールメイン間に二週間一便で投入した。

　イギリスは東インド会社を通じてインドの植民地化を進め、ムガール帝国は形骸化しつつあった。インドで拠点を強めつつあったCBSNは当然ながら英本国のインド植民地経略その他の出来事にともなう紛争、戦乱における協力の度合いを深める運命をたどる。その最初のものが一八五七年から一八五九年にかけて勃発したインド大反乱（セポイの乱）である。イギリスで起こった産業革命の進展で、インドに良質の綿製品が大量に流入したため、国内の綿工業が打撃を受けてインフレが昂進した。このためにインド国内で醸成されたイギリスへの反感が民族的大反

BIの前身となるCBSNが、定期航路へ進出のため初めて購入した自社船「ケープ・オブ・グッド・ホープ」

乱の原因となる。一八五七年五月に東インド会社麾下のインド人傭兵（セポイ）の反乱が切っかけとなり、国土の三分の二にまで反乱が拡大した。この反乱は二年も続いたのち鎮圧されるが、責任を問われた東インド会社は解散し、イギリスによるインドの直接統治が一八五八年に始まる。（注：一八七七年にはヴィクトリア女王を元首とするインド帝国が成立していた）

戦乱の発生時点でCBSNの所有船は前述の二隻だけであったが、それらすべてが軍隊輸送に提供されている。両船はセイロン駐留の第三七連隊をインドへ輸送するが、「ケープ・オブ・グッド・ホープ」は戦乱末期の一八五九年三月、フーグリ河でP&Oの「ネメシス」（二〇〇〇トン）と衝突して沈没する不運に遭う。社船損失があったものの、この経験がウィリアム・マッキノンに会社舵取りの重要なヒントを与える。それ以後の社船では船艙に大勢の兵士だけでなく馬匹や貨物も同時に搭載できるように設計されたのである。

BI発足と激動の一八〇〇年代

一八六二年になるとCBSNは社名を変更し、ブリティッシュ・インディア・スティーム社ナヴィゲーション（BI＝ナヴィゲーションの語は後につけられた）として発足する。ベンガル州との契約でボンベイ～カラチ線（二週間一便）、ボンベイ～ペルシャ湾線（六週間一便）、ボンベイ～カルカッタの沿岸線（月一便）、マドラス～ラングーン線（月一便）で定期サービスを開始する。この時期はセポイの反乱発生だが、ウィリアム・マッキノンは補助なしではこのサービスが採算にのらぬことを悟り、最初にベンガル州政府とかけ合うが、最終的にはボンベイ自治体からの補助獲得に成功する。使用船六隻は英本国の造船所へ発注された。

この時期、インドからビルマにかけての海岸に海図はなく、寄港地にも標識などの安全装備はなかった。だからＢＩは機会をとらえて航路と寄港地の安全設備を造っていった。しかし、そのために支払った代償は安くなかった。たとえば一八六四年までのＢＩ船隊は三二隻だったが一年後は二一隻に減っており、実に一一隻もの船が犠牲になっていた。一八六五年一〇月にカルカッタを襲った巨大なサイクロン（台風）によりフーグリ河で覆没した商船一〇隻のうち四隻がＢＩ船であり、その中には一年前に建造されたばかりの「バーマ」（二〇〇〇トン）もあった

ちなみに一九〇二年、カルカッタ～ラングーン航路用に建造された準姉妹船「バンガーラ」と「バーラタ」（各四〇〇〇トン）は一九二三～一九二四年に日本へ売却されている。前者は大阪商船の「泰山丸」、後者は原田汽船の「原田丸」として、日本郵船の「日光丸」をあわせた三隻で阪神～青島航路に配船された。「泰山丸」は一九四二年六月、朝鮮半島南西岸で座礁沈没したが、「原田丸」は一九五〇年まで生き延びた。

インド反乱での徴用を契機として、一八六二年からＢＩはイギリスの戦乱と深く関わることになる。大英帝国が逢着した戦乱においてＢＩ船が挺身した主な記録を列記する。

◎ニュージーランド政府に対するマオリ族の反乱（一八五六～一八七〇）＝一隻
◎アビシニア事件（一八六七年）＝九隻
◎マレー半島ペラク族反乱（一八七六年）＝四隻
◎露土戦争（一八七八年）＝四隻（マルタ島へ軍隊派遣）

阪神～青島航路に配船された大阪商船の「泰山丸」。BIの「バンガーラ」を購入、改名したもの。のち朝鮮南西岸で座礁沈没

ガンジス河の支流フーグリ河のカルカッタ港に並ぶBI船。泥の堆積による水深制限と、サイクロンに悩まされる港だった

◎エジプト動乱（一八八二年）＝二二隻
◎スーダンでのマーディ反乱（一八八五年）＝二四隻
◎第三次ビルマ戦争（一八八五年）＝一六隻
◎スーダンでのスアキン戦乱（一八九六年）＝一〇隻
◎ボーア戦争（一八九九年）＝三七隻
◎北清事変（一九〇〇年）＝三九隻
◎第一次大戦（一九一四年）＝一〇九隻
◎上海事変（一九二七年）＝六隻
◎第二次大戦（一九三九年）＝七七隻

アフリカ進出

ＢＩはインド（カルカッタ、ボンベイ）起点のサービスを主要にしていたが、一八七六年からロンドン（ティルベリー）～スエズ運河～コロンボ～マドラス～カルカッタ線を始めた。社内でこの航路は「ホーム・ライン」の呼称で幹線ルートとして取り扱われた。というのは、ＢＩが享受するようになった英本国出し高運賃の機械や雑貨は、それまではＰ＆Ｏなど他社船で積来され、ＢＩ船は接続輸送をするだけだったから。

フーグリ河にあるカルカッタは、水深制限や決まって襲来するサイクロンに悩まされているが、歴史的には東インド会社を通じての大英帝国による植民地化の拠点であった。ところが一八六九年にスエズ運河が開通すると、英本国から極東、大洋州へは（カルカッタのように迂回不要の）最短距離の途中にボンベイがあった。それで一八世紀末にはインド最大の造船業ができるなど、ボンベイの重要性がたかまっていた。

ＢＩは漸くボンベイ～ロレンソ・マルケスへのサービスを一八八一年に開始する。これでＢＩがアフリカに地歩を築くが、「暗黒大陸」と呼ばれた地域だったから検疫手続きなどで現地官吏に「袖の下」を要求され、ポート・キャプテンの手配でも辛酸を舐めさせられる。この地域へは、北方にＰ＆Ｏ、南方にはユニオン・ライン（後のユニオン・カースル）に挟まれての進出であった。

一八六九年にスエズ運河が開通して、英本国～インド間の交通事情が格段に改善される。Ｐ＆Ｏは一八四〇年代からロンドン（ティルベリー）～スエズ地峡を経由して、インドや極東へのサービスを行っていた。英本国とインド（一八七七年からインド帝国）間ではイギリス人とインド人将兵が定期的に往復していた。この輸送契約はＰ＆ＯとＢＩが受命するが、これでＢＩ最初のイギリス本国発航サービスのロンドン～カルカッタ線が一八八一年に開始された。

BI船を数多く建造した英国クライド河畔ダンバートンのデニー造船所

＊注——二〇世紀になってからのことだが、乗客は必ずしも全コースは乗船していなかったとある。母国へ帰るとき、荒波で悪名高いビスケー湾を避けてマルセーユで下船、そこからパリへ列車で行き、パリからロンドンへ海路で行けば船酔いから逃れられる、というものであった。

このような情勢のもと、ＢＩは軍隊輸送に軸足をおく。ＢＩ船はダンバートン（クライド河畔）のデニー造船所で建造されており、ウィリアム・マッキノンは造船所オーナーのウィリアム・デニーと懇意だったことから、これ以降のＢＩはデニーに兵員輸送を重点にした船体設計を依頼する。それでＢＩは一般客よりも兵員輸送に重点をおく道をたどり、それが一〇〇年後に商業航空機が出現するまでつづく。

スエズ運河が開通する頃には効率的な複式蒸気エンジン（compound engine）を搭載した他社船が出現していた。それで、旧式の単動式蒸気エンジン（simple engine）のＢＩやＰ＆Ｏの船は競争力が低下して苦しくなる。両社は急きょ本国でエンジン換装を強いられるが、これは大変な仕事であった。ＢＩは全船隊にその工事を施すことに踏みきる。スエズ運河通航（北航）の第一船はＢＩの「インディア」であったが、これはエンジン換装のために本国へ回航帰途のものだった。

豪州への道

オーストラリア発展の契機は一八五一年にサウス・ウェールズ州シドニーの近くで発見された金である。マッキノン・マッケンジー社はインドを拠点にしていながらオーストラリアにも注目していた。ゴールド・ラッシュが起こると、探鉱者の渡航だけでなく探鉱機材がイギリス本国から積み出されていた。探鉱機材の不定期配船でイギリス本国業者とつながりの出来たマッキノン・マッケンジー社は一八五二年にグラスゴー、リヴァプールからインドまで機械や雑貨を運ぶ船を用船、インドからはＰ＆Ｏ船で豪州まで運ばれていた。

英本国〜豪州間にはウールクリッパー（wool clipper）と呼ぶ羊毛運搬帆船が往復していた。英国で羊毛を荷揚げした後は空船で豪州へ引き返していた。豪州に移住したイギリス人がビール、ブランディ、スコッチウィスキーを含む日用品を欲しがっているのに気付いたマッキノンとマッケンジーは、空船スペースに豪州行きの雑貨を積む工夫をする。

このころ、マッキノン・マッケンジー社に不慮の事故が起こる。一八五三年五月、ロバート・マッケンジーがメルボルンから帰航中の船がニューサウスウェールズ沖で座礁して沈没。このためマッケンジーは男ざかりの四〇歳で死亡したのである。

一八五八年にクィーンズランド州でも金が発見されると、探鉱者はヴィクトリア州（メルボルン）に上陸してクィーンズランドへ北上する。ところが長い北上ルートにはさまざまな危険が潜んでいた。これを解決する方法は、豪州大陸の南回りでなく、北側に横たわるトーレス海峡を通航してブリスベンに上陸する手段であった。ところがトーレス海峡の通航には海難の危険があり、以前にもCBSNが試みたが不調に終わっていた。

クィーンズランドでの金鉱発見から二三年たった一八八一年になり、北回り航路の重要性を認識したクィーンズランド州は、年間五万五〇〇〇ポンドの補助金でイギリス本国～（トーレス海峡経由）～クィーンズランド航路の開設をBIに依頼するまでになった。それでBIは別のホーム・ライン（ロンドン～オーストラリア線）に乗り出す。その第一船「マーカラ」（三〇〇〇トン、一八七五年建造）は一八八一年二月にロンドン発、二カ月後にブリスベンへ到着した。しかしクィーンズランドからの復荷が望めなかったので、船はシドニーなどサウス・ウェールズ州を回って帰航する時計回りの配船となる。

結局、ロンドン～ブリスベーン間の直行ルートは一八九五年

BIのロンドン～豪州線第1船「マーカラ」。豪州北側の難所トーレス海峡を通る北回り航路でブリスベンへ向かった

に中断される。その代わり、船が南回りでシドニーに終着したあと、シドニー〜ブリスベーンは子会社のフィーダー船による接続輸送となった。月一便の航路に使用された船はデニー造船所など三社の所有で、BIが用船していた。この間、船がブリスベンに到着すると、先に渡航していた独身男性が結婚相手の婦人客を探す風景があったという。

アフリカ大陸と東洋の動乱

一八八二年、イギリスの庇護を受けながら腐敗したエジプト政権に対して、陸軍将校アマド・アラビ旗下のエジプト兵と隣接のスーダン軍兵士が反乱をおこした。スエズ運河に権益をもつイギリスは反乱を重大視して、本国のみならず、アフリカとインドから四万人以上の部隊を派遣した。この時もBIは各航路から自社船二二隻を抜いて部隊輸送に挺身する。

一八九九年六月からの一年間には大英帝国がアフリカ大陸の南北と東洋で悩まされる事件が勃発していた。アフリカで先住のオランダ系ボーア人とイギリス人との紛争が戦乱になったのがボーア戦争(一八九九〜一九〇二)、「扶清滅洋」を掲げ、清朝のもとで排外運動を進める義和団と日、独、英、米など八ヵ国が軍隊を派遣した戦いの北清事変Boxer Rebellionである。

ボーア戦争だが、開戦必至となった一八九九年六月、BIの船舶三七隻に徴用令が出される。航行中の船は直ちに乗客をおろし、インドとケープ植民地から現地兵を戦場に送る。徴用されたのはBI船だけではなかったが、BIが最大の隻数だった。北清事変では北京に派遣された外国勢力は五万名を超えるが、日本軍は別として、中国に近いインドが本拠のBIからは三九隻もの船舶が徴用されている。一八九九年〜一九〇一年の期間、BIは軍隊輸送と補給任務に八〇隻も提供していた。これによる船腹不足を補うために用船した船は三五隻に達していた。

初期のＢＩ船は大洋では帆走であったが、浅い水域や寄港地（沖がかり）へのアクセスでスクリュー推進だったから、長距離の大洋航海に従事する船社のように外輪推進は執らなかった。船が沖に見えると、陸地から傘を掲げて停船（投錨）箇所を知らせたという。このため現地ではＢＩ船は「アンブレラ・シップChatri-ki-Jahaz」と呼ばれていた。その後に信号ポールが出来たあとも、現地人はこのニックネームで呼んでいたという。

一八六七年に起こったアビシニア事件でもＢＩ船は「お国のために」挺身する。エジプト一地方の為政者との争い鎮圧のために、イギリスは二万八〇〇〇名の英印軍兵士を派遣する。このときには、インド兵輸送用にＢＩ船九隻も提供されていた。

インチケープ卿とP&Oとの合併

一八七四年には将来のＢＩを担う人物がマッキノン・マッケンジー社に採用される。このジェームズ・マッケイは一八七八年に会社のパートナーとなり、一九一四年のＰ＆Ｏとの合併後にはインチケープ卿として会社の舵をとることになる。

ＢＩ創業者のサー・ウィリアム・マッキノンは一八九三年七〇歳の生涯を閉じた。その一年後の一八九四年、甥のダンカン・マッキノンが会長となる。後にインチケープ卿となるジェームズ・マッケイは一八八一年にＢＩのパートナーとなり、一八九四年に役員となる。一九一三年にダンカン・マッキノンが会長職を退くと、インチケープ卿が会長となってＢＩの舵取りを行なう。

インチケープ卿が取りくんだ大仕事はＰ＆Ｏとの合併である。ＢＩとＰ＆Ｏは使用船（特にフィーダー船）のやり繰りなどで提携していた。それでＢＩ役員のインチケープ卿とＰ＆Ｏのサー・トマス・サザーランド会長のあいだで一九〇一年頃から密かに合併の話がなされていた。

BIの会長となったインチケープ卿。P&Oとの合併を推し進めた

ＢＩ側の事情（ダンカン・マッキノン会長が不賛成）で話は中断されていたが、インチケープ卿が会長になってから一九一四年に合併が具体化する。会社のスケールではＰ＆ＯがＢＩを凌駕していたが、対等の関係で合併が成立する。ただその時点では両社はアイデンティティを維持していた。この事情は明らかでないが、両社の名前がひろく知られていたことから、別個に営業するのが好適と判断されたからであろう。

この合併によりＰ＆Ｏ会長職はサー・トマス・サザーランドからインチケープ卿に代わる。これでインチケープ卿はＢＩとＰ＆Ｏの会長を兼務することとなる。これにより、イギリス本国からインドという亜大陸、アフリカ、大洋州、極東にあるイギリス植民地への交通で、両社が覇権を握ることとなる。

ジェームズ・マッケイ当時のインチケープ卿は、一九〇二年清王朝が最後に締結した条約（マッケイ条約）となる交渉を大英帝国を代表して纏めていた。これはアヘン戦争で結ばれた、清国にとって屈辱的な南京条約を改正するものだった。そのほか、マッケイの努力でインドが金本位制を採択できた。この業績で一九一一年にはナイトに列せられインチケープ卿となった。

大英帝国の極東政策に大きな貢献をしたインチケープ卿は一九三二年、八〇歳の生涯を閉じる。所有する豪華ヨット「ローヴァー」でモンテカルロに停泊中のことだった。

一九一四年八月四日、イギリスも開戦するが、その二日まえ、ボンベイ～ペルシャ湾線用に竣工したばかりの「ヴァレーラ」（四六四五トン）がインド海軍に徴用され、ＢＩ船で最初の戦時輸送船となった。「ヴァレーラ」はイラク沿岸上陸作戦での司令船や病院船として活躍、次の大戦でも生き延びている。大戦中のＢＩはボンベイ、カルカッタを基地にしてインド兵をダーダネルス海峡まで輸送していた。ＢＩ船のおもな航行水域がインド洋であり、大西洋のようにＵボートの脅威はなく、巡洋艦「エムデン」などが通商破壊に暴れただけであったから損害は大きくなかった。一九一八年の休戦までに喪失した社船は一九一六年四隻、一九一七年九隻、一九一八年七隻にとどまっていた。

第一次大戦でインド海軍に徴用された「ヴァレーラ」。BIで最初の戦時輸送船で、上陸作戦の司令船、病院船として活躍した

BIがデニー造船所で建造した「チルカ」（3世）。船価をめぐって両社の係争が2年余りも続いた

　第一次世界大戦が終わると船会社は争って新船の発注に走る。戦時に喪失した自社船を補充するためだった。資材が高騰しており、発注する船社、受注する造船所ともに成約がすんなりとは運ばなかった。けっきょく各社では、戦前にハーランド&ウルフ造船所とホワイト・スター・ライン間で行なわれていた「実費プラス利益」の手法を採り入れるほかなかった。

　ＢＩは永年の取引先であるデニー造船所と同様の契約で

シンガポールからの避難民輸送中、爆撃で沈んだ「マタ・ハリ」。日本が引き揚げ「日輪丸」と改名

「チルカ」（三世、四三六〇トン）と「エシオーピア」（三世、五五七五トン）を発注していた。ところが「チルカ」の完成間際に造船所から出された船価見積もりが四二万ポンドと、ＢＩが予想した船価の二倍になっていた。当然ながら両社のあいだで係争が二年間もつづくが、結局ＢＩが折れ、一九二二年に両船あわせて八五万ポンドで受け渡される。この事件でＢＩと造船所でわだかまりが生じ、それ以後の取り引きは中断することとなる。

因みにＢＩは一七年後にニュー・ジーランド・シッピングから「ホロアータ」（一万一二四三トン）を購入している。この客船は一九一四年にデニーで建造された最大の船であったが、第一次世界大戦勃発直前に成約された本船の船価はわずか二一万ポンドと記録されている。「チルカ」の発注時期が戦時中（一九一九年）だったとはいえ、引き渡しが八年違いで四〇〇〇トンの船が四二万ポンド、一万トンの船が二一万ポンドである。洋の東西を問わず、造船所の弾力的な船価見積もりには驚くほかない。

一九三九年九月二日、ドイツのポーランド侵攻で大戦の幕が切って落とされる。開戦時のＢＩフリート一〇五隻（六七万総トン）のうち、七七隻が徴用され、五一隻を喪失することになる。

太平洋戦争が勃発すると、一九四一年一二月から一般人の避難が始まるが、ＢＩ船は主としてインド洋での輸送に配船された。一九四二年二月一五日にシンガポール、三月九日にラングーンが陥落するが、その寸前にイギリス軍兵士と民間人の避難輸送が実施された。

資料によるとラングーンから一万八〇〇〇人、アキャブからは一万九〇〇〇人がＢＩ船で運ばれたとある。そのうちＢＩの「マタ・ハリ」（一〇二〇トン）はシンガポールからの避難民を乗せてジャカルタへ航行中に日本軍機の空爆を受けて沈没した。この客船は後日に日本軍の手で引き揚げられ「日輪丸」と改名されて海軍の雑用船として行動中の一九四五年三月、台湾沖で空爆を受けて沈没している。

神戸港に停泊する「サンシア」。8600トン型姉妹船「サンゴラ」「シルダナ」とともに3隻でカルカッタ～日本線に就航した

1万トン型の客船「カランジャ」。姉妹船「カンパラ」とともにボンベイ～ダーバン線に配船された

ＢＩの変性と終焉

戦争の終結後にＢＩでは喪失船腹の相当数が代替建造されていた。しかしインド、ビルマ、インドネシアが独立して自前運航が始まるようになっていた。そのため、ＢＩの活躍分野は縮小を余儀なくされる。結局、ＢＩが活躍の場を求めたのは、インド（カルカッタ、ボンベイ）～アフリカ、インド～極東（日本まで）航路であった。

戦後、ＢＩの客船フリートの整備は一九四七年から始まる。まず八六〇〇トン級の「サンゴラ」と「シルダナ」がカルカッタ〜日本定期に、一九五〇年完成の姉妹船「サンシア」とともに三隻運航体制をとる。

一九四七〜四八年には一万トン型姉妹船「カンパラ」、「カランジャ」がボンベイ〜ダーバン間に配船された。一九五一〜五二年には一万四〇〇〇トンの「ケニヤ」(二世)、「ウガンダ」(三世)がロンドン〜ダーバン線に就航したが、一九六七年の第三次中東戦争でスエズ運河が一九七五年まで閉鎖されると事情が一変する。

「ケニヤ」は一九六七年にワン・クラス客船となり、一九六九年に解体された。いっぽう「ウガンダ」には「洋上大学船」という特異な役目が与えられる。一九六八年、大学生九二〇名を収容できる設備に改装されて地中海を遊弋していた。一九八二年四月、アルゼンチン軍のフォークランド侵入でイギリス軍隊が急派される。部隊輸送は「クィーン・エリザベス2」や「キャンベラ」が引き受けていた。地中海を航海中の「ウガンダ」は全乗客をナポリで降ろし、ジブラルタルの海軍工廠で病院船への改装がなされる。船尾甲板にヘリコプター・デッキも装着して戦場に赴いた。紛争が終結したのちの一九八三年からもイギリス政府の用船でアセンション島とポート・スタンレー間の軍隊輸送に従事している。この任務はフォークランド島の空港建設であったらしく、用船は一九八五年四月まで続いた。輝かしい経歴を有した「ウガンダ」はその翌年に三四年の生涯を台湾で閉じた。

「ウガンダ」に四年遅れて「ネヴァーサ」(三世、二〇五二七トン)が竣工した。乗客定員が一等二二〇名、二等一一〇名、兵士九三一名という設備が物語るように、この客船は最初から兵員輸送船として計画されていた。タービン出力一万八〇〇〇馬力、速力一八ノットの性能は一旦緩急のさいに兵員を急派できるように計画されていた。だが燃料油価格の高騰に耐えきれず、海路の軍事輸送は空路に切り替えられ、一九六二年に返船される。一九六四年には学生対象のクルーズ客船に改装されたが燃料費の高騰で永続きせず、一九七五年四月に解体された。

「ネヴァーサ」は最初から政府使用を目的に建造され、わずか六年間の用船ながら、ＢＩとしての投資が回収可能な用船料を収受していたと考えるのが妥当である。そうならば、一九六二年以降はＢＩとしては本船を持て余した格好で使ってみたが旨くゆかなかった、というのが実態であろう。

一九七一年はＢＩカラーが消える年となる。Ｐ＆Ｏ社内の組織改正により、ＢＩ船隊がＰ＆Ｏに吸

ロンドン〜ダーバン線に就航した「ウガンダ」。第三次中東戦争でスエズ運河が閉鎖されると、洋上大学船に改装された

病院船に改装、フォークランド紛争に派遣された「ウガンダ」。船尾にヘリコプター甲板が設置されている

神戸港で撮影された「ネヴァーサ」。タービン出力１万8000馬力、速力18ノット、最初から兵員輸送船として計画された船

収されたからである。一八五六年のカルカッタ&バーミーズ・スティーム・ナヴィゲーション社の誕生から数えて一一五年、ブリティッシュ・インディア・スティーム・ナヴィゲーション社の歴史に幕が引かれたのである。

第8章　太平洋の道

パシフィック・メール・ラインの進出

「今日多くのアメリカ人はオレゴン州や加州が米領である事を当然の事と思っているが、若しも東洋の引力、豊饒な東洋の富を其の金庫に取りこもうとする多年の夢が無かったならば、恐らく太平洋岸は今日の如く発展しなかったであろう。否、たぶん西海岸はアメリカのものでなく、ロシアか、英領か、乃至はメキシコのものとなっていた事であろう」——これは一九世紀中葉に、あるアメリカ人が発したことばである（戸田貞次郎訳述）。

アメリカは一八〇三年にフランスからルイジアナ州（当時はカナダからメキシコ湾沿岸にいたる広大な地域）を買収、一八四八年には米墨戦争でカリフォルニアを自国領としたことから西漸運動の素地ができあがる。

この運動はアメリカ領土の拡大、整備が目的であったが、欧州からニュー・イングランド地方に住みついた人びとが伝承的に惹かれていたマルコ・ポーロの「東方見聞録」などに触発された東洋の魅力→当時は支那（China, Chine）と呼ばれた中国に惹かれていたことは否定できない。

また、巨大な中国のマーケットをイギリスが独占、甘い汁を吸っていることをアメリカは座視できず、対中貿易によって自国勢力を植えつけたいというモーメンタムがあり、これを実現する手段として自国商船隊の育成に手を援そうとした、と考えるのが現実的であろう。

アメリカの貿易活動は英米戦争（一八一二～一八一四）終了の三年後からはじまっており、毛皮を売りこむいっぽう、茶と中国製コピー雑貨の輸入を組みあわせて帆船が往来していた。さらに一八四八年一月にカリフォルニアで金が発見され、いわゆるゴールド・ラッシュが一八五五年まで続いたことで西漸運動が高潮の極に達した。

記録によればこの期間に三〇万人がアメリカ国内だけでなくハワイ王国、メキシコや欧州からも殺到し、その半分が海路で渡来したとある。中国からは大陸横断鉄道の敷設工事のみならず、金鉱労働にも数多の労働者がはこばれてきた。阿片戦争が一八四二年に終結、英・清間で南京条約がむすばれた二年後にアメリカは米清通商条約（望厦条約）を締結して清の門戸開放を勝ちとる。そののち大陸横断鉄道の建設や金鉱採掘で中国人労働者の供給が可能になると、米中貿易は深化してゆく。

アメリカ東部から西部への海上交通手段はケープ・ホーン廻りの帆船であった。その後の一八四八年になり、二人の企業家が東岸➡パナマ地峡➡カリフォルニアの海上ルートに蒸気船を就航させたことで、これが最終的には太平洋航路の端緒をつくることとなる。

ジョージ・ローが仲間と設立したU・S・メール・スティームシップ社（USM）とウィリアム・アスピンウォール（一八〇七～一八七五）らが創立したパシフィック・メール・スティームシップ社＝通称パシフィック・メール・ライン（PML）である。

偶然の一致だが、会社発足を待っていたかのように起こったゴールド・ラッシュによって両社は熾烈な競争に入ったものの、これが神風となってアスピンウォールによる強気の経営が社業の基盤をかためた。一八五一年には協議がととのい、太平洋サイドはPML、東岸➡パナマ地峡ルートはUSM

がおこなうこととなる。これらの航路はいずれも政府の郵便運送補助に支えられていた。

極東へのロジスティクス

一九世紀後半から二〇世紀にかけて太平洋に定期船を浮かべた米、英、日の船会社の軌跡をこれから紹介するが、そのまえに結論的な表現ながら太平洋航路が北大西洋のそれとは全く異なる生成と様相で発展したことを述べておきたい。

アメリカ大陸西岸と極東を結ぶ海上ルートは、北大西洋航路のように両大陸の港から自然発生的にできたものでない。太平洋を横断する海上輸送は、アメリカ大陸（アメリカ合衆国と英連邦の一員としてのカナダ）を横断する鉄道が受けもつ「極東へのロジスティクス」を完成させる手段であった、ということである。

したがって航路を開設した船会社はそれぞれの鉄道会社と海陸一貫輸送の歯車となっていたから、使用船隊の規模と船舶の性能や客船としての諸元をきめるにあたっては、鉄道会社が相応にイニシアティブを握っていたのである。

一八六七年にＰＭＬが太平洋横断サービスに乗りだし得たのは、パナマ～サンフランシスコ航路で蓄積した利益（この中には一八六五～一八六六年の株価つり上げによってＰＭＬが手にした二〇〇〇万ドルもの巨額金が含まれていたという）と、アメリカ国民が内蔵していた「極東へ進出」という使命意識（マニフェスト・デスティニー Manifest Destiny）がもたらした政府補助（一〇年間の郵便運送補助）によるものと考えられる。

「マニフェスト・デスティニー」とは一九世紀のアメリカ国内でおこった太平洋岸に向かっての領土拡大、更には太平洋の彼方へ民主主義をひろめることが神から与えられた明らかな運命、という政治

1867年１月、定期船として史上初めて太平洋を横断した蒸気船「コロラド」（3728トン）

スローガンであった。この意識はいまも活かされていることは現今のアメリカの対外政策と軌を一にしている。

北大西洋（ニューヨーク～ロンドン三三〇〇浬）と異なり、長距離（西海岸～ハワイ～横浜は一倍半の五四九〇浬、香港までは二倍）の太平洋では途中に燃料炭補給地が見つからぬことが蒸気船による定期航路の実現に障碍となっていた。

ＰＭＬの蒸気船が太平洋横断に乗り出すことが出来たもう一つの理由には、造船技術の進歩が作用していたと考えられる。五〇〇〇マイルをこえる航続距離を可能にさせるだけのエンジン製作もこの成功にあずかっていたはずである。

史上最初に太平洋を横断する定期船の栄誉にかがやく蒸気船「コロラド」（三七二八トン、一八六四年建造）は、もともとパナマ～サンフランシスコ航路用にニューヨークで建造された鉄骨木皮の外輪船である。七五万ドルという建造費は船のサイズとともに当時のアメリカでは最高であった。一等客（二五〇名）用の船室は重厚なインテリア、公室は南北戦争後の好況時代を反映した極彩色のインテリアで飾られていた。また、ゴールド・ラッシュ期間に山師をはこんだスティアレジ定員（一二〇〇名）は中国人労働者や日本からの移住者の輸送に好適なものだった。

極東航路への就航に先だって必要な改造がなされる。石炭庫と清水タンク容量の増大（航続距離増加）、喫水線付近の外舷補強（耐波性の向上）、上部構造の幅の減少（安定性保持）などであった。

こうして一八六七年一月一日、歓呼の声に送られて「コロラド」はサンフランシスコを解纜する。

一等には貿易商、牧師、軍人など、スティアレジには鉱山で働いて帰国する中国人などが乗船、貨物は小麦粉（麺の材料＝この品物がそれ以降の太平洋航路で最大のベース・カーゴとなる）一四〇トンが積まれていた。二二日後の一月二四日に横浜入港、香港には一月三〇日深夜に到着した。サンフランシスコを出てから二八日目であった。これによってニューヨークからの郵便、新聞はスエズ経由より二週間も早着したと伝えられている。香港で一七日間停泊したのち、二〇〇〇トンの貨物を積んで出航、横浜経由で三月二〇日帰着している。横浜からの航海日数は往航と同じ二二日であった。

「コロラド」の航海について推測してみる。他の著書によるとサンフランシスコで石炭一〇〇〇トンが積みこまれたとある。一日あたりの石炭消費量を四五トンとして二二日になる、とある。（注：横浜までの五〇〇〇浬を二二日で走破しているから平均速力九・五ノットとなり、馬力不明だがまあそんなものだろう、ということになる）

シー・マージンを考えれば汽走だけで太平洋を渡ったとは考えがたく、好条件の日は帆走にたよったとするべきだろう。いずれにせよ香港までの航続力があったとは考えられぬから、横浜で石炭補給した筈である（当時の横浜には石炭販売業者があった）。

極東航路に乗りだしたＰＭＬの狙いはあくまで巨大マーケットと目されていた中国だった。（その後の産業発展により日本マーケットも重要になるものの）日本寄港は燃料補給が主目的であったと考えられる。『福翁自伝』によれば、この七年まえに太平洋を渡った咸臨丸が帰路にハワイで石炭補給を行ったとあるから、「コロラド」でもハワイ寄港が検討されたと思うが、石炭運送帆船の手配の問題で取りやめられたものだろう。

蒸気船の燃料炭である石炭の補給について触れたい。重油を焚く現代のディーゼル船時代でも燃料補給地の確保と購入価格の水準は船の運航に大きく響くことは変わっていない。一九世紀からの蒸気船時代には航路筋に給炭基地を定め、そこに帆船で石炭を運んでいた。石炭の入手地が限られていたことから、給炭帆船の事業はかなりうま味のあるものだったと推測される。

前出のアスピンウォールはPMLの創業とパナマ地峡鉄道を建設したことで知られる実業人であるが、従兄弟と経営するハウランド&アスピンウォール社でカリブ海への海運業を営んでいた。この会社が一八五三年、日本に来航したペリー提督のアメリカ・東インド艦隊の燃料炭補給も請け負っていた。

PMLより約一〇年まえ、蒸気船での欧州〜極東航路を開設していたP&Oは寄港地での燃料補給のため常時一七〇隻もの帆船を用船していたとある。

リバウから旅順まで一万八〇〇〇浬の大航海を行なったバルチック艦隊の燃料炭補給は、ニコライ二世と親密であったヴィルヘルム二世の差配と思われるが、ハンブルク・アメリカン・ライン（Hapag）が給炭を請負っている。この商売で得た膨大な利益が一九一三〜一九一四年に竣工する五万トン型の巨船三隻を生んだといわれている。閑話休題。

PMLは前記の幹線ルートに加えて、横浜から函館、神戸、長崎へのフィーダー線を割高な運賃で経営していたが、これ以外の日本沿岸輸送も行なっており、明治維新後に小田原へ移住する旧幕府の旗本など家士を品川から輸送したことも伝えられている。

「コロラド」の復航には日本外交官の一行が乗船していた。アメリカで購入する装甲艦「ストンウォール」（後の「甲鉄」）の受けとり使節団である。一行のなかに福沢諭吉が乗船していた。三七日もかかった咸臨丸の航海にくらべて「コロラド」では「船中の一切万事、実に極楽世界」と誉めそやしている（『福翁自伝』）。このとき一行はサンフランシスコに二週間滞在したのち他のPML船でパナマに行き、汽車で地峡を超えたのち別の船に乗りかえてニューヨークに着いている。

余談ながら福沢が「コロラド」乗船後の一八六七年末に著した『西洋旅案内』には今の日本人旅行者にも思いあたることが述べられている。「日本にて平生肉食に馴れざる人は、船に乗るとき、漬物、醤油、其外の食物、少し計《ばかり》用意すべし。外国風の食物のみにては、はじめ二、三〇日の間困るものなり」「婦人の前にて煙草をのむなどは、甚だ失礼のこととせり。謹むべし。このことは船中ばかりに限らず、彼の国一体の風俗なるゆえ、上陸の後も忘るべからず」（これゆえに男子専用の喫煙室がその後の客船に設けられた）。

ＰＭＬはこののち「グレート・リパブリック」「チャイナ」「ジャパン」「アメリカ」の四隻を一八六九年までに完成させ、北太平洋横断のマンスリー・サービスを実現している。これらの船は三八〇〇～四四〇〇トンとアメリカ建造船では最大の木造外輪船であった。

大西洋にはスクリュー推進の鉄船が登場していたが、この時期までのＰＭＬ船はいずれも木造の外輪船であった。アメリカでは帆船時代から船体の材料になる木材が容易に入手できたこと、製鉄業と造船業が未熟であった事と、ビーム式のレシプロ蒸気機関の外輪推進方式に馴れきっていたことが木造外輪船を延命させたものである。

太平洋航路の北米側ターミナルであるサンフランシスコはゴールド・ラッシュのお蔭ではじめて街の体をなしつつあった。この地は（大陸西半分の）鉄道建設に従事する中国人労働者の上陸地点であったものの、社会的、産業的にも消費地ではなく、極東からもたらされる物産を中西部や東部に送るルートの入口であったに過ぎない。

西漸運動の手段としての鉄道建設では、一八五二年に鉄道が初めてセント・ルイスからミシシッピ河を越えての運転が始まり、一八六〇年には東部の鉄道網は四万八〇〇〇キロに達していた。一八六三年にはサクラメントを起点とする西から東への鉄道とオマハ起点とする東から西への鉄道建設（これには北大西洋を渡ってきたアイルランド人が工事に従事）が始まり、両線が一八六九年にユタ州プロモントリーで結合されて三〇〇〇キロにわたる大陸横断鉄道が貫通した。

ＰＭＬはアメリカ中西部と極東を結ぶ海陸一貫輸送の接続点であるサンフランシスコを拠点にして極東航路を開設した。アメリカ大陸側ターミナルは一八八七年にカナディアン・パシフィック鉄道（ＣＰＲ）がヴァンクーヴァーを拠点に、一八九六年に日本郵船がシアトルを、一九〇九年には大阪商船がタコマをターミナルとしてそれぞれ太平洋航路を開設している。

自前の客船を走らせたＣＰＲは別として、他の船社は大陸横断鉄道会社との接続輸送契約に裏打ちされていた。だから船社が徒手空拳で太平洋に打って出たわけでなかった。それにしてもＰＭＬが太平洋に船を浮かべてからＣＰＲ船の進出まで二〇年、日本郵船の参入まで二九年という長期間にわたって太平洋航路を独占していたのには驚かされる（注：一八七五年から二〇世紀初頭までオクシデンタル＆オリエンタル社船がＰＭＬと共同配船していた）。

パシフィック・メール・ラインの発展

ＰＭＬの経営について思ったことがある。農耕世界で育まれてきた日本民族とは対照的に、欧米人は狩猟民族であるが、なかでも大西洋を渡って建国し、先住民を蹴散らしながら西部に領土をひろげてきたアメリカ人には、あらゆる手段で目的を達しようとする精神が旺盛であった。ＰＭＬが茫洋とした太平洋に蒸気船を浮かべたのもそのようなパイオニア・スピリットが作用していたからである。そしてアメリカ政府がＰＭＬに補助金を出してバックアップしたのは、すでに触れたように、それまでにイギリスやフランスが中国貿易で巨利を得ているのを看過できなかったからである。

一八七〇年代になるとＰＭＬはスクリュー推進の鉄船一一隻を建造するという大計画を発表する。

これは株価アップと政府補助額の増額を狙ったもので、計画のなかには四〇〇〇トン型二隻（「シティ・オブ・トキオ」、「シティ・オブ・ペキン」）が含まれていた。これは二連成レシプロ機関を装備、最高速力一五ノットという最新型船であった。

ところが「シティ・オブ・トキオ」が就航一年後の一八八五年六月二四日、濃霧の東京湾口で座礁して全損となってしまう。この不慮の事故で政府との契約は解消されてしまうが、ＰＭＬは国内でなく初めてスコットランドの造船所（フェアフィールド造船所）に代替船を発注、一八八九年に就航させる。

PMLが極東路線用に建造した「シティ・オブ・ペキン」。4000トン、スクリュー推進の鉄船で、速力15ノットを誇った

政府補助との絡みでアメリカ籍の商船はアメリカ国内での建造が義務付けられていたが、代船をただちに建造できる国内船台がなかったから、緊急避難措置でイギリスへの発注が認められたものであろう。とまれ、技術的、能力的に世界一であったイギリスの造船所に発注したことにより、スティール船体、三連成レシプロ機関、最高速力一七ノットというアメリカ船では前例のない優秀船が完成する。

「チャイナ」（五〇六〇トン）と命名されたこの船は初めて電灯を採用したことでも知られる（もっとも北大西洋ではこの一〇年前に「シティ・オブ・ベルリン」が電灯をつけて航海していた）。一八九〇年代の太平洋航路のＰＭＬ船隊は本船に加え前記シティ型二隻に「シティ・オブ・

太平洋航路で初めて電灯を採用した「チャイナ」。座礁事故で全損した「シティ・オブ・トキオ」の代替船として英国で建造

リオデジャネイロ」の四隻であった。

シーマンシップと航海計器の未熟さゆえ致しかたないが、PMLも一八八五年から数年のあいだに三隻もの社船を喪失している＝一八八五年に「シティ・オブ・トキオ」が横浜港外で座礁（前述）、一八九三年には「シティ・オブ・ニューヨーク」（豪州航路）がサンフランシスコ湾内で岩礁に乗りあげ、一九〇一年に「シティ・オブ・リオデジャネイロ」が岩棚に衝突していずれも全損になるという、現代では考えられぬリザルトを示している。これらの事故は濃霧中に発生したものであった。帆船なら霧が出れば風が止むから停船して待つが、蒸気船ということで操船が大胆になったことに事故の芽があったものだろう。

カナダ太平洋鉄道とオール・レッド・ルート

経営者ウィリアム・アスピンウォールらの壮気によってPMLは太平洋進出の先駆者となったが、カナダ西岸から香港までの太平洋航路はカナダ太平洋鉄道（CPR）という鉄道会社の発想ではじまったという意味で、PMLと好対照をなしている。PML開業時のカナダはイギリス自治領で、連邦国家として独自の発展を遂げつつあった。

当然ながらアメリカ合衆国と同じく、西方への道を拓きたい意欲がスコットランド出身の実業家ジョージ・スティーヴンによる大陸横断鉄道の建設を促進した。一八八一年の創業から五年でモントリオールからポート・ムーディ（ヴァンクーヴァー市街の東）まで鉄道が貫通した。さらに一年後の一八八七年にCPR路線はヴァンクーヴァーまで延伸する。ただ、この僻遠の地まで鉄道を敷くだけでは商業性を満たさないことは明らかである。

この鉄道路線の利用者を欧州～カナダ間の交通（旅客移動と物流）に求めるのが常識的な発想である。しかし、CPRが北大西洋で定期航路を始めるのは一八九一年の太平洋横断航路の開設から一二年後で、これも、「補助金を支給するから」とのカナダ政府の要請を受けて踏みきったものである。

CPRは北大西洋でなく、先駆者PMLが独占していた極東へのサービスを目指した。カナダ大陸横断鉄道の敷設工事が進行中の一八八四年にスティーヴンはイギリスへ渡航、ヴァンクーヴァーから太平洋をこえて香港にいたる郵便運送補助を政府に働きかける。英本国からカナダ東岸までは既存のイギリス船社（エルダー・デンプスターと子会社のビーヴァー・ライン）を当てにしていた。

この時期のイギリスはヴィクトリア女王が即位して半世紀たらずであり、スエズ運河を支配下におさめるなど大英帝国の版図を世界に広げつつあった。イギリスから極東まではP&Oが東まわりで航路を経営していたが、CPRとしては北大西洋～カナダ大陸～豪州という、地球を半周するほどの長距離ルートの海上部分がユニオン・ジャックを掲げた自社船によって実現するという壮大な計画を立てた。

イギリス版の世界地図には自国領土が赤く塗られていた（日本でも同様）ことから、この交通は「オール・レッド・ルートAll Red Route」と通称されるほど待望されていた。このCPRサービスが香港でP&O船に接続されて、世界一周のオール・レッド・ルートも可能になった訳である。

CPRのイギリス政府への働きかけが奏功して、カナダ政府から年間六万ポンドの補助金が交付される。ただしこれにはイギリス海軍省から厳しい条件がつけられていた。すなわち四〇〇浬を平均一

ヴァンクーヴァーに到着した「エンプレス・オブ・インディア」。CPRが建造した高速客船

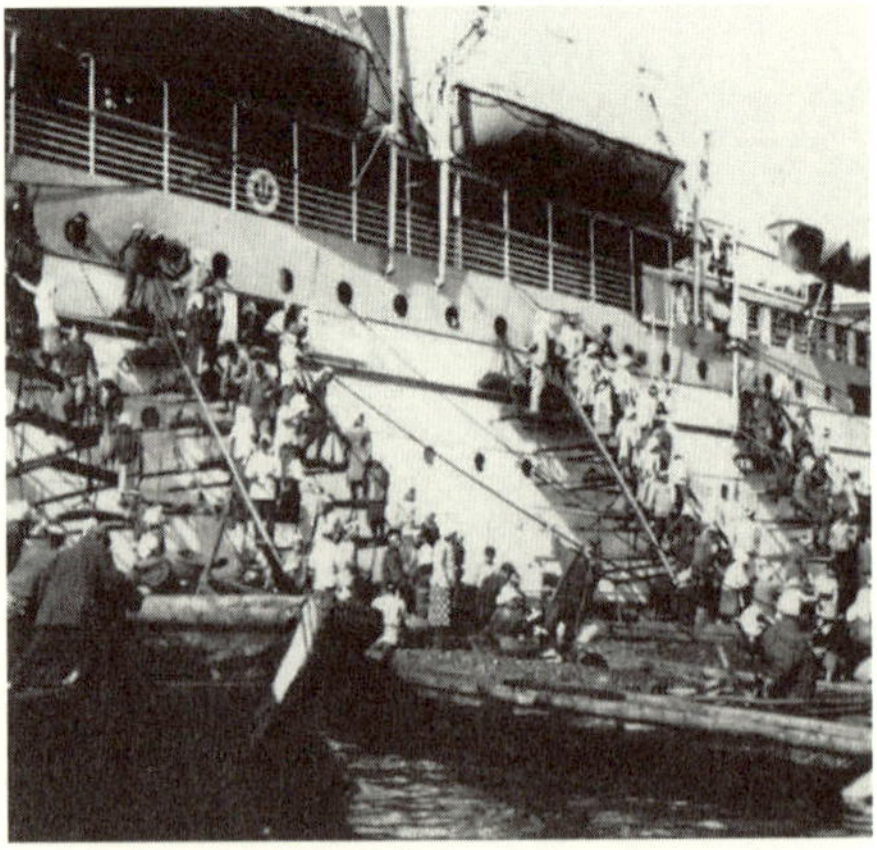

長崎港で燃料炭を補給する「エンプレス・オブ・インディア」。１万馬力の蒸気機関を搭載していた

六ノットで航走可能なこと、非常時には仮装巡洋艦としての任務に就くことなどであった。

　ドイツでは、融和外交で統一国ドイツの基盤を築いた宰相ビスマルクが一八九〇年に引退するや、ヴィルヘルム二世（一八八八年即位）がイギリスに対抗心を燃やして軍備拡張（一八九八年第一次、一九〇〇年第二次艦隊法成立につながる）を進めていた。この情勢を重視したイギリス海軍省が、一旦緩急時には太平洋に展開中のイギリス巡洋艦を欧州水域に転進させたあとの空白を仮装巡洋艦で埋める意味あいがあったと見られている。

　CPRは三隻の高速客船を発注するが、選ばれた造船所が商船建造で知られたクライド河畔の造船所でなく、バロウ・イン・ファーネス（ランカシャー）にある軍艦主体の造船所Naval Construction and Armaments社（後のヴィッカース＝アームストロング社、軍艦「三笠」も建造）であった。海軍省からつけられた厳しい条件を満たしうるだけ頑丈な船体と、エンジン性能を重視したからであろう。

　こうして建造された三隻（「エンプレス・オブ・インディア」、「エンプレス・オブ・ジャパン」、「エンプレス・オブ・チャイナ」）には当時で最新型といわれたほどの五九〇〇トンの客船として一八九〇～一八九一年に竣工する。L／Bが八・九というスリムな鋼鉄船体に最高出力一万馬力の三連成レシプロ蒸気機関が搭載されていた。試運転で一八・九ノット（エンプレス・オブ・ジャパン）を記録したばかりでなく、造船所からブリストル海峡までの五〇〇浬を平均一六・八五ノットで走破して海軍省からの要求速力（一六ノット）を軽々と凌駕していた。

三姉妹の船名であるが当時のイギリスはヴィクトリア女王の治世のもと、世界一の隆盛を誇っていた。だからイギリスの元首を意識して「エンプレス」の接頭語が選ばれた。この「エンプレス」には最高速で最も豪華な設備をもつ客船、という暗喩があったという。それほど、CPRの太平洋サービ

「エンプレス・オブ・インディア」舳先のヴィクトリア女王をかたどったフィギュアヘッド

「エンプレス・オブ・インディア」の1等食堂。「エンプレス」（女帝）は最高速の最も豪華な客船の意

スは客船サービスの檜舞台である北大西洋航路にも比肩できるだけの凛とした演出があった。

三姉妹船のうち「エンプレス・オブ・インディア」という太平洋ルートと無関係の名前がつけられていたのは、ヴィクトリア女王が一八七六年にインド帝国女王の称号を受けていたことにあやかったものである。なお船首にはヴィクトリア女王のフィギュアヘッドが前方を見つめていた。

帆船のスタイルを脱した蒸気船の近代的イメージを強調するためか、北大西洋では一八五〇年代から直立船首の船が出現しており、一八八〇年代にはクリッパー船首の船はマイノリティになっていた。しかしクリッパー船首に三檣、二本煙突と、純白に塗装されていたことから、三姉妹は「ホワイト・エンプレス」と呼ばれるようになる。

「ホワイト・エンプレス」のカラー・スキームは、ハウス上部が白、ハウス下部、煙突と通気筒が褐色であったほか、喫水線付近（boot-topping）はピンクという洒落たものだった。この配色がスタイリッシュな船型とあいまって「太平洋の女帝」と呼ぶにふさわしい客船として旅行客の人気を博した。

因みにこれと似た船を同時代の北大西洋に求めると、ナショナル・ラインのアメリカ（五五二八トン、一八八四年J&Gトムソン社建造）がある。「ホワイト・エンプレス」のデザイナーがこの船を下敷きにしてデザインしたと思われるほど酷似しているのは興味ぶかい。両船のサイズも同じであることから、あるいはJ&Gトムソン社からラインズ（喫水線下の図面）を融通してもらったのかもしれない。

旅客と貨物の割合をどのように策定するかが投入船型の決定と航路経営で重要なファクターであるが、CPRは貨物よりも旅客輸送に将来性を託していたと思われるフシがある。太平洋航路開設から一二年後の北大西洋航路開設によって「オール・レッド・ルート」実現をCPRが予期していたのかどうか分からぬが、ホワイト・エンプレス三姉妹のアコモデーションは北大西洋の客船に勝りこそすれ劣らないものだった。その乗客定員は一等五〇名、二等一五〇名、三等四〇〇名で乗客用に多くのスペースが割かれており、このアイディアは二一年後に登場する第二世代の船にも受け継がれている。

第一船「エンプレス・オブ・インディア」のポジショニング航海は一八九一年二月八日、乗客一〇〇名を乗せてのリヴァプール出帆から始まる。これから極東への航海は今様のクルーズといえるもので、石炭補給の必要もあったが、乗客のための観光便宜が図られていた。途中の寄港地はジブラルタル、ナポリ、ポートサイド、コロンボ、ペナン、シンガポール、香港、上海（三週間のお化粧直し停泊）、長崎（石炭補給）、神戸、横浜であった。

四月一七日に横浜からヴァンクーヴァーへの処女航海の途につき、横浜〜ヴィクトリア間を一一日七時間二七分で走破する新記録を樹立して四月八日ヴィクトリアに、同日午後ヴァンクーヴァーに到着している。この航海での乗船客は一〜二等一三一名、三等三五五名という好成績にくわえ、お茶、生糸、砂糖、阿片など一八〇〇トンが積載されていた。満船飾の船が市をあげての大歓迎を受けたことはいうまでもない。

エンプレス三姉妹の就航により「若い国」としてのカナダが、ゆくゆくはイギリス本国と極東の連結節として重要な役割を果たすこととなり、中国人移民流入の道筋をつくり、これによってヴァンクーヴァーが発展する効果をもたらす結果となる。ヴァンクーヴァーでの停泊は燃料炭補給もあって数日内外と思われるが、この期間に士官船員は上陸して憩うことができた反面、中国人船員は入国管理上の規定から上陸できなかった。

極東へのルートとしてはヴァンクーヴァー起点のほうがサンフランシスコ発（ハワイ経由）よりも一一〇〇浬（一六ノットで三日弱）も短いことから、目的地への早着という点ではCPRのほうがPMLよりも有利な立場にあったはずである。

横浜で船積みされた郵便は大陸横断鉄道を経由、北大西洋を横断してロンドンまで二六日間で到着したとある。これは明らかにインド洋経由のオール・ウォーター輸送よりも速いものだったから、ロイヤル・メールの効率的運送ルートとしてイギリス政府が注目する結果となった。これが一九〇三年にCPRが北大西洋航路を開設する引き金になったと考えられる。

いずれにせよ世紀末から二〇世紀にかけての太平洋ではPMLとCPR独占が続いていた。日本郵船がシアトル定期で太平洋航路に参入するのはさらに五年、東洋汽船がサンフランシスコ航路に登場するには七年待たねばならなかった。

ただ、旅客の立場からは、荒天に見舞われる大圏ルートを進むCPR船よりも、時間はかかるがハワイを経由する南寄りルートをとるPML船が好まれた、ということがあったかも知れない。

日本郵船の太平洋進出

一八六八年の明治維新で革命政府が誕生して対外接触が多面的になるにつれ、日本では岩崎弥太郎が一八七三年に起業した三菱商会を筆頭とする本格的な海運業の芽がふきだす。

大久保利通が廃藩置県による失業士族の不満緩和のために強行した台湾出兵（一八七四年）のとき、三菱商会は軍隊輸送に必要な船腹を提供した。これから明治政府は一旦緩急時のロジスティックスの必要性に気付く。

日本に来航しはじめたPML蒸気船が、日本の沿岸輸送までも高賃率で独占する跳梁ぶりを示す。このことで、国内のみならず海外にも進出できる商船隊を育成する必要性を痛感して後述の助成策をとることになる。

郵便汽船三菱会社と三井色の共同運輸会社が激しい競争のすえ一八八五年に合併して、日本郵船が誕生する。この前年には大阪商船が誕生しているが、これは西南戦争中に兵站基地となった大阪での軍需品の集散に惹かれて瀬戸内に誕生した多数の群小船主が、戦後の輸送需要の消滅によって陥っていた窮状をすくうため、住友家の総理人・広瀬宰平の呼びかけで誕生した合併会社である。この年には政府の長崎造船局が三菱に払い下げられて三菱長崎造船所が誕生し、船舶の国産体制が出来あがりつつあった。

このような過程をへて日本郵船の遠洋航路と大阪商船による近海進出が緒についた。わが国で最初の遠洋定期航路は日本郵船が一八九三年に開設した日本～ボンベイ線であるが、これは貨物（インド綿）主体であったから客船サービスが始まるのは一八九六年まで待たねばならなかった。

日清戦争（一八九四～一八九五）がおわると明治政府は一八九六年に海運と造船に対して広範な助成をはじめる。それが航海奨励法と特定航路補助法および造船奨励法であり、これによって自国商船隊の拡充と造船業のレベルアップを期すものであった。この助成策は太平洋戦争勃発まで内容を変えつつ続けられ、その最終編といえる一九三七年の優秀船舶助成施設は明らかに（「特設」の接頭辞のついた）補助艦艇整備を念頭におくものだった。

日本郵船による太平洋、欧州、豪州への航路開設は、政府補助を当てにしていたとはいえ、一挙に踏みだされた、という点では世界に類の少ないものであった。「一艘ノミ異形ノモノヲ混用スルハ使用上不利ノ点少ナカラズ」（日本郵船百年史資料）として欧州、太平洋で使用する船舶一五隻のほとんどが同型で発注されたことは注目される。

使用上の利便もさることながら、同型船効果による建造費低下を実現した意味が大きい。このときイギリスの造船所三社に三菱長崎造船所を加えた四社に発注されたが、船体のラインズは六隻を受注したD・W・ヘンダーソン社のものを他の造船所が流用したものと推測される。

三菱長崎造船所は揺籃期にあったから、エンジン（三連成レシプロ二基）から船体用の鋼板まで輸

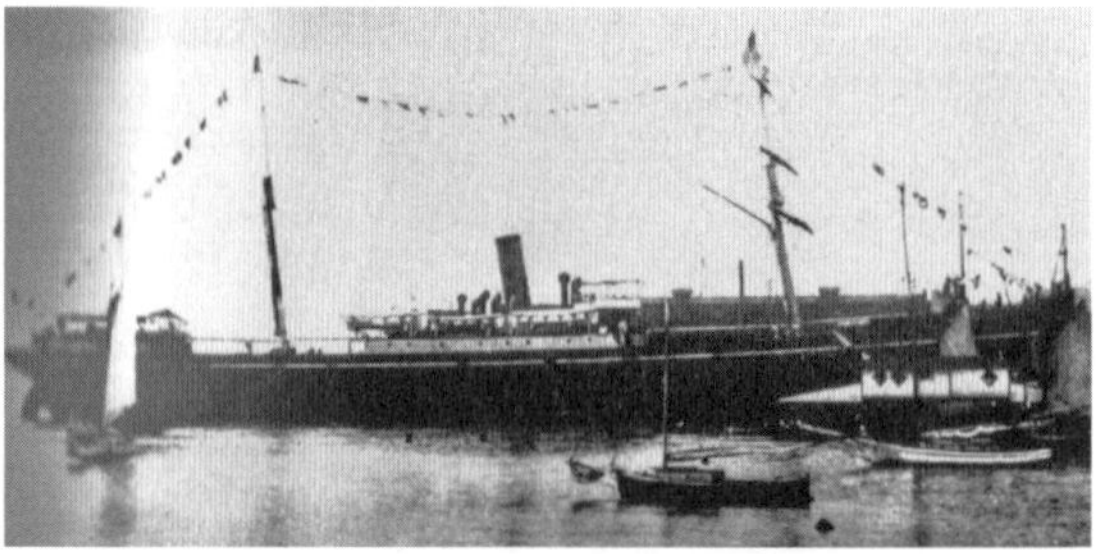
カナダのヴァンクーヴァーに到着した日本郵船の「三池丸」。日本郵船シアトル航路の嚆矢として1896年に就航した

シアトル線用に新造された6300トン型客船「加賀丸」。海運と造船に対する明治政府の助成を得て建造された

入して建造していた。日清戦争で得た賠償金三億六〇〇〇万円（時の政府の数年分の予算に相当）で官営八幡製鉄所も造られるが、これが稼働したのは一九〇一年であった。

日本郵船は一八八五年から太平洋進出を考えていたが、貨物の目途がつかなかったため実施がおくれていた。それから一〇年後、極東むけ小麦粉の出荷が見込まれたので、荷主的立場にあったグレート・ノーザン鉄道（GNR＝ミネアポリスからシアトルまでの区間）と海陸接続契約をまとめる。同鉄道は中西部から西海岸までの最短距離を走っていたうえに、シアトル起点の海上ルートならサンフランシスコ経由よりも一日あまり短縮されるから、日本からの生糸輸出にもメリットがあると判断したからである。

一八八八年にイギリスで完成、日本へ回航された「三池丸」（三三〇八トン）が一八九六年シアトル航路の嚆矢として記念される船となる。本船はそれまで、国内航路（神戸～小樽線）や日清戦争中は御用船として使用されていた。ただし、この船では政府助成の要件（六〇〇〇トン、最高速力一五ノット以上、年一三航海）を欠いていたから内外の造船所に新造発注したものである。

シアトル線用の新造客船の第一世代となる六三〇〇トン型姉妹船（「加賀丸」、「伊豫丸」）に加え、「信濃丸」（欧州航路に就航。バルチック艦隊発見で有名）、「土佐丸」（欧州航路開設第一船）、「旅順丸」、「金州丸」が就航した（一九〇二年時点）。

日本郵船の太平洋航路経営はアメリカから中国への小麦粉（この貨物が太平洋航路を経営する船会社の重要なベース・カーゴとなりつづける）をベースにしていたことから窺えるように、旅客よりも貨物に重点をおいていた。だから客室設備はＰＭＬやＣＰＲの船よりも質素であった。

ところが一九〇二年五月のシベリア鉄道完成に合わせるかのようにＰＭＬが同年六月、一万一〇〇〇トンの客船「コリア」を就航させる。このときＧＮＲは中西部から上等客を誘致できるような船を揃えることを日本郵船に強く求める。

ＧＮＲの意向を無視できず、「加賀丸」型と同一サイズながら一等定員をふやした「安芸丸」（六四四四トン）と「丹後丸」（七四六三トン）を一九〇三年と一九〇五年に新造している（注：一等定員：伊豫丸三六名、安芸丸：五〇名、丹後丸：九〇名）。

東洋汽船の進出

いま名前は消えているものの、東洋汽船の誕生と太平洋への劇的な登場は海事史に不朽の一ページをのこしている。明治政府とふかく結びついて生まれ、成長してきた日本郵船の遠洋航路進出は保守的と呼ぶのがふさわしいほど手堅い経営のもとに進められていた。日本郵船の一一年後に発足した東洋汽船はこれとは対照的にきわめて劇的に太平洋サービスに参入して伸長した会社である。

この会社の産みの親は浅野総一郎である。富山県氷見生まれの起業家をして太平洋に船を浮かべようと決心させたのは、太平洋をわがもの顔に往復するＰＭＬやＣＰＲ客船に対して日の丸客船で競争しようという浅野の侠気であった。

二五歳で薪炭と石炭販売を手がけ、三六歳で渋沢栄一の後援をえてセメント販売業に進出して成功していた浅野が男盛りの四八歳のとき、渋沢栄一や同郷の先輩で安田銀行のオーナー・安田善次郎からのバックアップを得て海運業に乗りだしたものである。

浅野総一郎。東洋汽船を興し太平洋航路に進出

株式会社の形態ながら内実は「浅野商店」的な経営で社員を牽引してゆき、三〇年間後に日本郵船に吸収されるまでのダイナミックな軌跡は後世の研究者の心を捉えてはなさない。

手法の当否は別として、浅野の面目が躍如としているのは、海運業進出への発想から、アメリカの鉄道会社（サザン・パシフィック鉄道＝ＳＰ）との交渉と使用船舶の諸元決定から建造交渉と契約にいたるまで、自分が先頭に立って行動した事実であろう。浅野が描いた東洋汽船のルートは、日本郵船が避けたハワイ経由サンフランシスコまでのルートであった。アメリカ内陸からの貨客を船会社に保証してくれるのは鉄道会社であるが、交渉相手のＳＰと話をつけるまで、浅野はアメリカ大陸を飛びまわっている。

ＳＰはすでにＰＭＬグループ（ＰＭＬとイギリス系のＯ＆Ｏ社）と輸送提携していたから、結果的にはこれら外船二社と東洋汽船の三社がＳＰから同等の扱いを受け、寄港地の埠頭や代理店を同一にして経費は公平に分担することで成約にこぎ着けた。

使用船の選定であるが、ＰＭＬ、ＣＰＲ客船と対等に競争できる船として浅野が考えたのは六〇〇〇トン、最高速力一八ノットの客船三隻であった。これを手がけられる造船所はイギリスにしかなかった。

それで、浅野はＳＰとの交渉をまとめた脚で大西洋をわたって渡英、造船所二二社から見積もりをとる。イギリスに滞在すること六〇日間、交渉をつづけて選ばれたのが当時のイギリスで代表的な造船所といわれたサンダーランドのウェア河畔にあるサー・ジェームズ・レイング社（二隻）とニューカッスルのタイン河畔にあるスワン・ハンター社（一隻）であった。

新造船の要目は六三〇〇トン、航海速力一七・五ノット（最高速力一八ノット）、乗客定員は一等一〇六名、二等一四名、三等三一三名であった。一等客は外国人ばかりであったから、イギリスの有名デザイナーに依頼してインテリア装飾を仕あげていた。

その意味では、当時の最高級船と知られたＣＰＲのエンプレス型客船三隻に劣らぬ性能とグレードの客船を目指していたわけで、この点でも浅野社長の面目が窺われる。

純白に塗装されたクリッパー型船首の船体、三檣（のち二檣となる）に黄色の二本煙突の姿は一八九一年から就航していたＣＰＲのエンプレス型客船に酷似しており、日本船には前例のないモダンな船容であった。

建造契約がまとまると、浅野は再び大西洋をわたりアメリカ経由で帰国する。帰途に立寄ったホノルルで在留邦人一〇〇〇人を招き「今後一〇年間に一〇万人の移民を輸送する希望で政府補助のもとに東洋汽船が設立されたのであるから、これからは異郷で働いておられる皆さんに対しても決して不自由はかけ申さぬ。皆さんも一層奮励されて邦家のためにお尽くし下さい」と演説している。このことでハワイ移住者や在留邦人が東洋汽船を利用する素地がつくられた。

浅野が帰朝した一八九七年は日清戦争後に襲来した不景気の真っ最中であった。産業の沈滞ばかりでなく、金融も逼迫の度合いを深めていたので、三隻の建造費調達に苦しむが、同郷の先輩で、安田銀行を経営する安田善次郎らの援助をうけて危機を切抜けることができた。

東洋汽船がアメリカ航路向けに新造した３隻中の１隻「日本丸」。CPRのエンプレス型に劣らぬ性能とグレードを目指していた

こうして一八九八年から一八九九年にかけて「日本丸」、「亜米利加丸」、「香港丸」の三隻が四週間に一便のサービスを開始する。ＰＭＬ、Ｏ＆Ｏ社も同様に三隻ずつ配船していた。

「日本丸」が就航した年に米西戦争が勃発、アメリカ政府が太平洋航路のアメリカ船を数隻徴用、フィリピンへの軍隊、軍需品輸送を行ったため船腹不足が生じる。このお蔭で東洋汽船のサービスは好調のうちに始まった。

ちなみに東洋汽船の三隻は従来の航海奨励法だけではサンフランシスコ航路の維持が困難とされたので、三隻がそろった時点で日本郵船の欧州線、シアトル線とともに、一九〇〇年から特定航路補助も受給していた。

第9章　アフリカへの道（一）——ユニオン・カースル・ライン

「暗黒大陸」への進出

アフリカ大陸は一九世紀初頭までは地中海沿岸、西海岸の一部しか知られておらず、奥地に入る白人は皆無で、「暗黒大陸」と呼ばれていた。その後、オランダ東インド会社が自社船へ補給のために拓いたケープ植民地を、一八一四年からイギリスが領有していた程度であった。ところが一八六七年にオレンジ河流域で、一八八六年にはヨハネスブルグ近郊でダイヤモンドが発見されるや、欧州各国が大きな関心を抱くようになる。

パクス・ブリタニカPax Britannicaという言葉がある。ローマ帝国の最盛時期にあった「ローマの平和」を意味する言葉にあやかって作られた言葉である。イギリスから発した産業革命が欧州に伝播して平和が保たれた期間をこう呼んでいる。一九世紀は欧州列強が海外に富を求めて勢力を伸ばした時代であるが、海外に植民地を確保して「大英帝国」といわれたイギリスが、海軍力をバックに敷いた「帝国通商路Empire Route」が植民地経営の動脈であった。

アフリカ大陸は欧州列強が切り取り自由の土地であったが、なかでもイギリスが最大の植民地を獲得したことは知られている。一九世紀のはじめからイギリスの行動はフランスとの紛争なしには進め

オランダ東インド会社の帆船。このほか英仏も東インド会社を設立、東に向かう各国の社船が補給のためケープ岬に寄港した

ぬものであった。ナポレオン戦争（一八〇三～一八一五）で一八〇六年にイギリスが支配下においたケープ地域が一八一四年のウィーン議定書で正式にイギリスの植民地となっていた。

本題に入るまえに「暗黒大陸」と呼ばれたアフリカ大陸と西欧人の接触がどのようになされたかを述べよう。ポルトガルの航海者バーソロミュー・ディアース（一四五〇?～一五〇〇）が国王の援助で行なった探検航海で大陸南端にテーブル状の山と岬を発見（一四八八年）し、これをCabo Tormentoso（嵐の岬）と名付けたのが嚆矢とされている。この地はのちに国王ホアン二世がCabo da Boa Esperanca=Cape of Good Hope（喜望峰）と命名する。この一〇年後にディアースが同行したヴァスコ・ダ・ガマ（一四六九?～一五二四）がインドへの道を探る航海でアフリカ周航がなされている。

イギリスとアフリカとの接触は一七世紀の第四4半期からの壮大なスケールの三角貿易から始まったときとされている。イギリス→アフリカ（銃火器、刃物、衣服などの軽工業品）、アフリカ→北アメリカ、西インド諸島（奴隷＝最初はアイルランドの若者、政治犯などの流刑者という白人労働者であったが、労働力不足を賄うため、その後は黒人）、北アメリカ、西インド諸島→イギリス（砂糖、原棉、煙草）という三角交易であった。これを独占的に取りしきったのは一六七二年に設立された王立アフリカ会社

Royal African Co.という特許会社であった。この会社は後にジェームズ二世（一六八五〜八八）となるヨーク公までが代表となった奴隷輸送を独占していた。この会社は二七年間の営業期間に一〇万人以上の奴隷をブリストルやリヴァプールへ運び、そこからアメリカなどに運んでいた。一六九八年に独占が廃止されたのち輸送数は劇的に増加するが、イギリスの海運会社が奴隷輸送の一端を担っていたことは間違いない。

また東インド会社という特許会社がイギリスで一六〇〇年、オランダで一六〇二年、フランスで一六〇四年に設立されていた。これらの社船がインドや極東へ航海するとき、清水や食料（家畜）補給のためケープ岬に寄港するようになる。このとき、イギリス船では往航のとき船員が母国への便りを記した石（Post Office stoneと呼ばれた）をケープの郵便局へ預け、これを還り船がピックアップして母国に届けていたとも伝えられている。

一六五二年になるとオランダの東インド会社がこの地に要員を定住させ、しだいに内陸へ殖民する。こののちフランス、オランダとイギリス間の角逐を経たのち、一八一四年にイギリス領ケープ植民地ができた。翌年から政府がスポンサーになって本国から月一便の郵便輸送が始まる。これには快速の帆船が使用され、テムズ河（ティルベリー付近か?）を発航してマデイラ〜ケープ〜モーリシャス〜インドに到るもので、全行程一一四日間の航海だったと記されている。一八二〇年になると、イギリス政府は本格的な移住策を打ち出し、最初のイギリス系移民四〇〇〇名が東インド会社の帆船二一隻でケープとアルゴア湾（今のポート・エリザベス）に上陸している。

デイヴィッド・リヴィングストン

イギリスは徐々にアフリカ大陸に地歩を築くが、この大事業の基盤をつくった複数の人物があり、

宣教師兼探検家デヴィッド・リヴィングストン

なかでも記憶されるべき人物に、宣教師と同時に探検家であったデイヴィッド・リヴィングストン（一八一三〜一八七三）がある。スコットランドの貧しい家庭に生まれ、一〇歳の頃から紡績工場での労働を余儀なくされていた。しかし学習意欲がつよく、終業後に夜間学校で聖書、ラテン語を勉強していた。このころ、東洋で宣教活動を行なっていたドイツ人宣教師カール・ギュツラフに感銘を受けて宣教師を志す。一八三六年グラスゴー大学に入学するが、スコットランド人でアフリカに渡ったロバート・モファットの知己を得て、南アフリカ支部の宣教師として派遣される。

一八四〇年、王立地理学会の支援により南アフリカに到着、布教しながら内陸を北上しつつ内陸探検をする。一八五四年、熱病と飢餓に苦しみながらルアンダから地理学会に送った探検報告によって、学会から最高の金メダルが授与される。ルアンダからモザンビークに到る途中で実見した壮大な瀑布に感動、英国女王にちなみヴィクトリア滝と命名している。こうして二年半かけてアフリカ大陸横断に成功する。その後の第二次、第三次の探検行の過程でリヴィングストンは天体観測による測量で正確なアフリカ地図をつくるという大事業もなし遂げている。

イギリスによるアフリカ進出の素地を築いた人物はほかにもヘンリー・スタンレー（一八四一〜一九〇四）やセシル・ローズ（一八五三〜一九〇二）があるが、リヴィングストンの所業によってアフリカ大陸の事情が明らかになるにつれ、大英帝国がこの大陸に真剣な目を注ぐことになる。

各国の植民地獲得競争

ヨーロッパがアフリカ内部に興味をもち始めたのは一八世紀末からで、探検隊を派遣して内陸部の踏査が開始された。一九世紀半ばに現われたデイヴィッド・リヴィングストン、ヘンリー・スタンレーらがその嚆矢である。イギリスとフランスがナポレオン戦争の頃からエジプトの支配権をめぐって対立していた一八六九年、フランスの協力で開通したスエズ運河の建設がエジプト政府財政に過大な負担となっていた。一八七五年にイギリスはスエズ運河会社を株式支配してエジプトの支配権を入手、一八八二年にエジプトを保護国という名で植民地とする。これを足がかりとしてスーダンにも進出する。また、一八一五年のウィーン議定書でオランダから手に入れたアフリカ南端のケープ植民地を拡大して北方にあるオレンジ、トランスヴァール、ローデシアなど内陸植民地を獲得する。フランスは一八三〇年のアルジェ、一八八一年チュニジアを保護国としたのち一九〇四年にはモロッコを獲得していた。

一九世紀後半になると、新興工業国イタリア、ドイツ、ベルギーなどがアフリカ進出を試みはじめ、英仏やポルトガル、スペインとのあいだで植民地の境界をめぐる衝突と対立が発生した。

一八八四年から一八八五年のあいだ、ドイツ宰相ビスマルクの主宰で開催されたベルリン会議で、列強によるアフリカ分割が協議された。この結果、ドイツは一八八五年にタンガニーカをはじめとし、カメルーン、東アフリカ、トーゴランドと西南アフリカを獲得していた。ドイツによる植民地の統治手法は、本国からの殖民で現地インフラを豊かにするのでなく、現地に事務所を設置して監督するに留めて、商業的利益を確保するものであった。

ベルリン会議の結果、アフリカ大陸は欧州諸国によって完全に分割されたが、なかでもイギリスは最大、最重要な地域を植民地にしていた。これら植民地の経営は宗主国～植民地間の物と人の流れでなされるが、その輸送機関となったのは宗主国の商船であった。

植民地交通の始まりと展開

一九世紀に欧州で産業革命が進行し、資本主義の発展とともに海外に市場と植民地を求める帝国主義的膨張競争がはじまる。これ以降、アフリカ大陸は欧州列強に切りとられる運命をたどる。南、東、西アフリカの一部を支配下におさめたイギリスを皮切りに、サハラから西アフリカに地歩を築いたフランス、コンゴを領有したベルギー、東アフリカに植民地を建設したドイツとポルトガルなどがこの大陸の分割を開始した。そして政府補助に支えられた国籍船隊が本国と植民地間での交通動脈になる。

これら植民地獲得競争からはじまり、その地での経略は客船なくしては不可能であった。その海上競争の舞台に登場した船会社はロイド・ロイヤル社（ベルギー）、MM社（フランス）、ジャーマン・イースト・アフリカン・ラインなどである。なかでも一八七九年のズールー戦争に端を発し、一九〇二年に終結したボーア戦争により、血みどろの闘争を経て南アフリカを確保したイギリスによる侵出行動の尖兵となったユニオン・カースル・ライン（UCL）の軌跡は劇的というほかない。

UCLの名前は極東に住む人にはほとんど馴染みはないが、イギリス人にとって「アフリカといえばユニオン・カースル」というほど親密な呼称になっている。ただ、他の海上ルートと同じく、一九七〇年代に商業航空が客船サービスにとって代わるのと軌を一にして、一九七七年に南アフリカ客船サービスを閉じてしまったから、イギリス人の記憶からも薄れつつある。

この会社の前身はユニオン・ラインとカースル・ラインである。その足どりをたどれば、①ユニオン・ラインの設立から両社の競争期間を経て合併にいたる草創期（一八五三～一九〇〇）②ドナルド・カリー社長からキルサント卿の安定成熟時代（一九〇〇～一九三二）③世界不況から第二次大戦終了までの激動時代（一九三二～一九四五）④戦後の晩年時代（一九四五～一九七七）に分けられる。

ユニオン・カースル・ラインの軌跡を見るとき、会社を興し、また途中で経営に参画して巨大な組織につくり上げた著名な経営者の活躍が際立っている。会社創業の順に従って述べることとしたい。この会社は一九〇〇年のユニオン・ラインとカースル・ラインの合併で出来あがったもので、カースル・ラインはユニオン・ラインの一八年後にアフリカ航路に参入していた。まずユニオン・ラインの生成を述べる。

ユニオン・ラインの登場

ユニオン・ラインの創業には極東航路で最大の海運会社となるP&Oライン（一八二二年創立）創業者のアーサー・アンダーソンとパトリック・ハドウがかかわっている。

一八世紀後半から始まった産業革命が一九世紀に入ると、石炭の消費量が増加、これを陸上産業と蒸気船が奪いあう構図となる。北大西洋客船のリヴァプールは別にして、大多数の商船がサウサンプトンから発航していた。これら商船への給炭はウェールズ州のカーディフなどからサウサンプトンへ海路（小型帆船brig）か鉄道で運ばれていた。ところが石炭需要が供給を上回り、炭価上昇が船社の経営を圧迫して「石炭飢饉」と言われたほど深刻な状態になる。

P&Oライン創業者アーサー・アンダーソン

それで一八五三年になり、前出のP&O経営者の呼びかけで、帆船でなく運航スケジュールの確実な蒸気船による燃料炭輸送会社が設立された。これがユニオン・スティーム・コリアー社で、テムズ河畔の造船所に五〇〇トン内外の汽船五隻が発注された。まもなく勃発したクリミア戦争で、予定ルートにつくことなく英、仏政府に徴用される。戦役がおわるころは燃料炭補給の問題は解消されていた。ここで会社は急きょ方針を転換、海外への雑貨輸送を志向、ブラジル航路に進出するが、これはロイヤル・メ

カールス・ライン社主
ドナルド・カリー

1857年、英国からアフリカへの郵便運送第１便となったユニオン・ラインの「デイン」。ケープタウンまで44日の航海だった

ール・ラインの縄張りだったのでトラブルが発生して中止する。その間の一八五六年に社名をユニオン・スティーム・シップ社（ユニオン・ライン）と改称していたが、救いの神が現われる。アフリカへの郵便運送契約であった。

リヴィングストンなどの宣教師・探検家によってアフリカ大陸の事情が明らかになるにつれ、イギリス政府は植民地としてのアフリカの価値に真剣な目を注いでいた。彼我の貿易、交通を秩序あるものにするには東インド会社では不充分との認識から、海軍省（海外郵便の運送を管掌）は郵便運送の入札を公募する。契約内容は五三〇トン以上の汽船で毎月一便の配船、片道四二日、途中セント・ヘレナとアセンションに寄港する条件で、年三万三〇〇〇ポンドを助成する五年契約であった。

こうして第一船「デイン」（五三〇トン）が急きょ改装されて一八五七年九月にサウサンプトンを出航、四四日後にケープタウンに到着した。ただし処女航海の乗客はわずか六名だったという。これ以降、ユニオン・ラインは郵便運送契約の更新をつづけ、その独占的ポジションは一九年後のカースル・ラインとの協同配船まで維持される。

ユニオン・ライナー（Mail steamer）の基幹航路はケープタウンが終点で、それ以東、以北の港（ポート・エリザベス、イースト・ロンドン、ダーバン）へは一八六三年から小型のフィーダー船に積みかえて運ばれていた。イギリスの植民地がアフリカで拡大するにつれてフィーダー船では不充分になりつつあった。これに注目した慧眼のドナルド・カリー（一八二五～一九〇九、カースル・ライン社主）はクライド河畔の造船所に三〇〇〇トン弱の姉妹船二隻を発注する。こうして一八八三年になり、第一船「ダンバー・カースル」がロンドンからダーバンまで航海した。こののち、この航路に就く船はIntermediate steamerと呼ばれることになる。

このサービス開始によって、それまでは到着の不確かな帆船しかなかったケープ植民地の人びとにとり、本国から新しいニュースや品物が定期的に到着するのは大変な出来事であった。その積荷はイギリスの物産のほかに宝石類や政府の金貨などもあった。

カースル・ラインの出現と激しい競争

ユニオン・ライン推移の過程で現われた経営者は、ランカシャー生まれの土木技術者、金融専門家と知られたフランシス・エヴァンス（一八四〇～一九〇七）である。記録では一八八〇年、四〇歳のときユニオン・ラインの会長に迎えられているが、英本国のみならずアメリカ、カナダでの事業も手がける実業家であった。ユニオン・ライン最後の会長であり、一九〇〇年ユニオン・カースル・ラインが誕生すると、持株会社（Donald Currie & Co.）のパートナーとなった程度の記録しか残っていない。これとは対照的に、カースル・ラインはドナルド・カリーという強烈な個性のスコットランド人に率いられて成長するのである。

クライド河畔の街グリーノックに生まれて間もなくベルファストに移り、数多のネイヴァル・アーキテクトを輩出したロイヤル・ベルファスト学院で学ぶ。一七歳で開業間もないキュナード・ラインに職を得たのち、貨物部門のマネジャーとして二〇年間、北大西洋配船で頭角をあらわす。しかし自分の船を持ちたい気持に抗しえず、英独航路（リース、ハル～ハンブルク）の船会社にかかわっていた兄のジェームズほかの友人からの協力を得て、一八六二年、三七歳でカースル・ライン（Castle Shipping Co.）を興し、帆船によるロンドン～カルカッタ航路を始めていた。持ち船にはイギリスの城の名をつけたが、これは両親がベルファストで始めた理髪店の住所がカールス・パレスだったことと無縁でないと思われる。

カースル・ラインによるアフリカ航路参入は、一八六七年、アフリカでのダイヤモンド発見が遠因といえる。一八七〇年に起こったダイヤ採掘者の渡航ブームに便乗して、知人のブローカーであるジョージ・ペインがケープ&ナタール汽船会社を設立した。ペインの依頼でカリーは持ち船二隻を貸与する。ところがペインの事業は行きづまり、カリーに援助を求めてくる。結局、一八七二年にカースル・ラインがケープ&ナタール汽船を吸収してアフリカ航路に乗り出すことになる。

この年、アフリカを縦横に探査してアフリカ地図まで作成して、欧州人のアフリカ観をかえたデイヴィッド・リヴィングストンがマラリアに冒され、アフリカで死去していた。アフリカ事情はリヴィングストンが王立地理学会に提出した数々の報告でイギリス人は啓蒙されていたが、カリーの活躍もイギリス政府に知られていた。その一例だが、一八七五年にカーナヴォン植民地相がカリーからアフリカ情勢を聴取、キンバリーにあるダイヤ鉱山の開発工作を依頼していた。

カリーが四七歳のときカースル・ライン＝正式名称カースル郵便汽船会社（Castle Mail Packet Co.）＝と改称するが、カリーの存在感が大きかったので、世間は「ドナルド・カリー・ライン」と呼んでいた。こうして船隊規模でユニオン・ラインに匹敵するようになると、両社では血で血を洗うような競合が始まる。

当然ながらスピード競争に重点がおかれるが、ロンドン発航のカースル・ラインは巧みなスケジューリングを行なう。寄港地ダートマス（英本国郵便の積載地）出航をユニオン・ライナーのサウサンプトン出航よりも三日早くしていた。そのうえカースル・ライナーは快速を活かして南下したから、ユニオン・ライナーより一〇日も早くケープに着くという具合だった。

カリーとケープ植民地モルテーノ首相の関係にも触れたい。モルテーノの子息パーシーがロンドンに留学していたときカリーが面倒を見ていたが、後にカリーの愛嬢エリザベスがパーシーに嫁いだことから、カリーとモルテーノは親戚となっていた。そのような事情があったから、ケープ植民地側はカースル・ラインの参入実現をたすけたのである。

具体的には、ユニオン・ラインに与えられた郵便運送契約が更改（一八七六年）されるまでのあいだ、植民地側は、三〇日以内の航海日数なら一日あたり一五〇ポンドを支給する、その代わり郵便運賃は四ペンスと、ユニオン・ライン郵便運賃（一シリング）の三分の一だった。それにも拘らず、カースル・ラインは一航海あたり一〇〇〇ポンドのボーナスを得たとある。

一八七六年になるとケープ議会は両社同等のサービスを決議し、本国政府も同意して共同配船が実現する。その骨子は二八〇〇～三〇〇〇トンの船で週一便、片道航海日数二五日の条件だった。これが四年後の合併にいたる伏線になるが、表面的な配船協調とは裏腹に、陰惨で激しい競争が繰りひろげられていた。

某日、先着したカースル客船が一〇日間もケープタウン岸壁から離れなかったため、後れて着いたユニオン客船は着岸できず、ユニオン客船が持ってきたニュースは色があせてしまい、人気が落ちたという。今では考えられない事象だが、このような方法で相手を追い落とす場面もあった。その後さまざまな機会で両社の鞘当てが起こるが、その最たるものは、カースル客船がダーバン港口で座州したとき、沖合を航行していたユニオン客船が救助に赴かず無視したことであった。

情報の重要さに着目をしていた点にドナルド・カリーの慧眼があった。この当時、イギリス本国とケープ自治領間には電信連絡がなかった。カリーがとった手段は、ロイター・ニュースに依頼して、船が最終港（郵便が積みこまれるダートマスか）を出帆する直前にその港へ最新ニュースを打電してもらい、そのニュースを持って出帆させた。船がケープに到着するや、その内容が直ちに新聞に印刷されたことで現地の好評を博していた。

カリーによる情報重視の面目が最大限に発揮される出来事があった。ボーア戦争の発端となるズールー戦争中の一八六九年一月二二日、イサンドルワーナの戦闘でイギリス軍が被った屈辱的な敗報がケープタウンにもたらされた。このとき入港中であった「ダンロビン・カースル」（二八一一トン）はこのニュースを持って急きょ出航、ポルトガルのセント・ヴィンセントに臨時寄港、そこから本国へ敗報を打電させた。当時は英本国とケープ植民地間には電信連絡がなかったので、カリーはロイターに依頼して、船が停泊するダートマスかアセンション、セント・ヘレナに最新ニュースを打電してもらい、船はそのニュースを持って出航する。カースル船がケープに到着するや、英本国のことが報道された内容が直ちに印刷されて好評を博した。

一八七九年一月にズールー戦争が勃発したとき、現地のニュース（新聞など）を船に持たせてケープを出航させ、アセンションかセント・ヘレナに到着するや、そこから本国に電信連絡させた。この措置のおかげで四八時間のうちに別のカースル船が援軍を乗せて南下できたというエピソードもあるが、これなどは事業家カリーの面目を語る一面といえる。この急報の功績により、ドナルド・カリーは二年後、ナイトに授勲されている。

角逐する新造船競争

一八六九年にケープタウン北方で、のちに「スター・オブ・アフリカ」と名付けられる巨大なダイヤモンドが発見されるとアフリカ情勢は一変する。さらに一八八六年、ヨハネスブルグで金鉱が発見されると、往航では探鉱者と探鉱器具が、復航では採れた金と果物が主要貨物になる。とくに探鉱者のラッシュはものすごく、イギリスのみならずオランダからもトランスヴァールやクルーガーに向けて殺到していた。当然ながらユニオンとカースル船の客室が不足する。このためバスルームから食堂のテーブルまで乗客の収容に使われたといわれる。

1880年代のケープタウン。ダイヤモンド鉱と金鉱が発見されると、同地を取り巻く情勢は一変した

探鉱者や探鉱器具を満載してアフリカに向かう船の様子。客室不足でバスルームまで乗客を収容した

本国～ケープ植民地間の郵便運送契約は一八八〇年代以降には海軍省から植民地政府の手に委ねられる。そうなると植民地政府はユニオンとカースル両社に対して契約条件の変更をつぎつぎに要求する。航海日数では従来の二五日から一八八三年には二一日半に、一八八八年には二〇日に、一八九三年には一九日に、と短縮される。それでユニオン・ラインとカースル・ラ

カースル船を凌ぐ大型・高速船「スコット」。燃料費が嵩み《ユニオン・ラインの白象》と揶揄された

インは相手を凌駕する客船の建造に拍車をかけざるを得なくなる。まず、ドナルド・カリーはそれまでに例のない五〇〇〇トン超の客船をフェアフィールド造船所に発注する。これが一八九〇年に就航する「ダノッター・カースル」（五六二五トン）である。四〇〇〇トンが最大であったユニオン・ライナーを圧倒して往航一七日二〇時間、復航一六日四〇時間の記録を立てる。

　これに対抗してユニオン・ラインは相手をうわまわる大型、高速船を送り出す。デニー造船所で完成した「スコット」（六八四四トン）は最初から一八・五ノットの航海速力で計画されていた。ただ一〇年前の社船「テュートン」（二三一三トン）の沈没事故を勘案して、新船には二重底と水密隔壁が取り付けられていた。一八九一年に就航するや一四日一九時間で記録を更新した。

　しかし記録更新を急ぐあまり、「スコット」は一日に一七〇トンもの石炭を消費したから赤字運航を余儀なくされ、商業的には失敗作であった。これにはエピソードがある。某日、サウサンプトンに停泊中の「スコット」を視察したドナルド・カリーは、帰社して海務監督にこう言ったという。「金儲けの道具としてスコットは失敗作だね。私の計算では一航海で二〇〇〇ポンドの赤字を出すだろう」。カリーの推定に狂いはなかった。「スコット」は就航八航海で五五〇〇ポンドの赤字を出していたのである。

　「スコット」は就航開始四年後に船体色を黒から白に変えていたから、口の悪い人は「ユニオン・ラインの白象」とあだ名をつけていた。この白象は経済的には失敗であったが、ヨットのような美しいスタイルと新記録ゆえに、南アフリカ航路で長く名声を保ち、その航海記録は以後四〇年間破られなかった。

世間の人気をよそに、ユニオン・ラインの経営は悪化し、資金面でも苦境に陥っていた。これ以前から資金面を担当していたフランシス・エヴァンス会長は「スコット」建造の失敗を深刻に受けとめていた。いっぽうハーランド&ウルフ造船所（H&W）からは、ユニオン・ラインへの売りこみが続けられていた。結局、苦境のエヴァンス会長はハーランド&ウルフ経営者で、後に貴族に列せられるウィリアム・ピリー会長の援助を受け容れる。これで造船所はユニオン・ラインの特定増資を引き受ける。このあとピリー会長の説得で、向後のユニオン・ライナーはすべて同造船所に発注されることとなり、建造原価に四%プラスしたものを契約船価にすることで同意されていた。

ユニオン・ラインの「ノーマン」。H&W造船所ウィリアム・ピリー会長設計の美しい船容の客船

ネイヴァル・アーキテクトのピリーは、ユニオン・ラインに「儲かる船」を造るように勧める。それはケープタウンしか寄港できない高速の郵便船でなく、ダーバン港口に横たわる砂浅瀬sandbarを超えうるほど喫水の浅い中速船であった。Intermediateと呼ばれたそれまでの中速船は、喫水が深くてダーバン港外での投錨を余儀なくされていた。ピリーの示唆で生まれたのがGクラスと呼ばれる四〇〇〇～六〇〇〇トン級の客船で、一八九三年完成の「ゴール」から一九〇〇年の「ガリシアン」にいたる一一隻から成っていた。ついでピリーは欠陥船「スコット」の船体延長工事を実施させ、貨物スペースを増やして収益力をつけていた。

一八九四年、ピリーは自分が設計してきたホワイト・スター客船のミニ版といえる客船「ノーマン」（七五三七トン）を誕生させた。美しい船容の本船はケープ行き郵便船の最新型と呼ぶにふさわしいもので、性能、設備ともライバル客船を凌駕するようになる。

出していく。

魔法の糸をつむぐように、ピリーはユニオン・ラインのために従来のスケールを上まわる船を生み出していく。一八九七年には一万トンの大台にのる客船「ブリトン」を、一九〇〇年には一万二〇〇〇トンの「サクソン」をケープ急航便用に建造した。このようにユニオン・ラインに優秀船がつぎつぎに誕生していたが、皮肉なことに建造船価はカースル・ライナーを上回り、競争力の低下を余儀なくされていた。これは推測であるが、H&Wのピリーがネイヴァル・アーキテクト特有の美意識を込めた船を念入りに造ったのでなかろうか。


H&Wとの結びつきによってユニオン・ラインには優秀な客船が次々に誕生したにもかかわらず、カースル・ライナーのほうが「旅して楽しい」との評判が高く、運航成績も上回っていた。自社の好成績もあってか、すでに七〇歳を超えていたドナルド・カリーは頑固で保守的になっていた。ライバル社が船の二軸推進と大型化を進めていたのに拘わらず大型化に慎重であった。また相変わらず一軸推進にこだわっていたが、現代の常識である「一軸のほうが二軸よりも推進効率がよい」ことをカリーが知っていたのかどうか分からない。

ユニオン・カースル・ラインの誕生

一八九九年になり、ケープ植民地政府は郵便運送契約更改の入札を一般にひろく求める。ところが契約条件が余りにも厳しかったので応札する船社が現われなかった。ショックを受けた植民地政府に対して、ドナルド・カリーはユニオンとカースル両社の合併を提案する。植民地政府もこれに同意せざるを得ない。ユニオン・ラインも経営が苦しかったので反対でない。こうして新会社ユニオン・カースル・ラインの誕生をみる。

ドナルド・カリーはユニオン・ラインと競争を始めたとき、「最終的にはユニオンを傘下に収める」と明言していた。それで、この頃には相手の株式を買い占めるだけの財力があったものの、イギリス政府との郵便運送契約では、ケープ植民地の許可がない限り、両社の合併は許されていなかった。合併に終始積極的な役割を務めたカリーの活躍があったから、一九〇〇年、カースル・ラインがユニオン・ラインを吸収する形で合併が実現したものである。

同年三月、新会社ユニオン・カースル・ライン（正式名Union-Castle Mail Steamship Co.）が誕生、ドナルド・カリーが社長になり、フランシス・エヴァンスは新会社の持株会社ドナルド・カリー社のパートナーとなった。

合併にあたり、両社は急航線（Mail service）と普通定期線（Intermediate service）に各一〇隻をそれぞれ拠出、新会社は合計二〇隻でスタートした。歴史が浅く保有船腹が少ないカースル・ライン（二〇万七〇〇〇トン）がユニオン・ライン（二一万四〇〇〇総トン）を吸収する形になり、合併実現にイニシアティヴをとったカリーが経営の舵をとることになる。

合併後、船名には「カースル」が付けられ、船体の塗装はカースルに統一された。その結果、ユニオン船の白色船体はラベンダーに、褐色の煙突は華やかな緋色に変わっていた。

ドナルド・カリーの終焉とオーウェン・フィリップスの登場

クリミア戦役中にユニオン・ラインが設立され、ユニオン・カースル・ライン（UCL）発足の一年前にボーア戦争が勃発していた。一八九九年一〇月にボーア戦争の火蓋が切られるや否や、ユニオンとカースルの両社は海軍省の命令で新造の「キルドナン・カースル」（九六九二トン）ほか五隻を供

ボーア戦争開戦とともにアフリカに派遣された「ダノッター・カースル」

「ダノッター・カースル」からケープタウンに上陸するブラー将軍と派遣軍

出している。

一〇月四日、「ダノッター・カースル」が総司令官ブラー将軍ほか、麾下の幕僚を乗せてサウサンプトンを出発した時にはおびただしい数の人が港頭に集まって見送っていた。同船にはロンドンのモーニング・ポスト紙の特派員として現地に向かう若き日のウィンストン・チャーチルの姿もあった。本国からの増援軍は南アフリカ上陸間もなく、ブラックウィークの交戦で大敗を喫し、ブラー将軍は責任を問われて解任されるが、後任のロバーツ卿を運んだのも「ダノッター・カースル」だった。ボーア戦争は一九〇二年五月に南ア側の降伏で終わる。翌年八月、南ア側の三将軍が恭順の意と戦後の援助を請うために訪英したが、このときに将軍たちを運んだのが「サクソン」であった。

新会社の社長に就任したドナルド・カリーは戦後の需要を見越して強気の船隊拡充プランを立てる。金鉱採掘の復活、海外への殖民と復興需要がふえるものと予想していたからである。戦乱のあとに海上輸送に不況が到来する例は多いが、カリーの時代までは海上兵站が関ったクリミア戦争（一八五三～一八五六）と南北戦争（一八六一～一八六五）ていどで、戦後の物流増加を伴うものでなかった。ボーア戦争では本国と戦場が遠距離だったから、アフリカの金鉱生産が復活して現地への入植者の増加とそれに伴う荷動きが増えると、カリーが予測したのは当然であった。

そのような判断で、UCL創業いらい初めてといわれる五〇〇〇トン型貨物船四隻、六〇〇〇トン型貨客船六隻の建造に踏みきる。ところが南ア貿易は不振であったうえに他社船の進出もあり、一九〇二年から一九〇四年にかけて運賃競争が繰りひろげられ、UCLも出血を余儀なくされる。貨物船は北米～南アフリカ線に、六隻の貨客船はイギリス～モーリシャス線に転用せざるを得なかった。加えてボーア戦争中に発注していた一万三〇〇〇トン型の南ア急行線用のメールボート三隻（「ウォルマー・カースル」、「アーマデイル・カースル」、「ケニルワース・カースル」）が一九〇二年から一九〇三年にかけて竣工してくる。

一時期には一五隻ものUCL船が係船を余儀なくされるようになった。この間の心労でサー・ドナルド・カリーは体調を崩し、サー・フランシス・エヴァンスが一時的に指揮をとる。古今東西、戦乱の後には荷動きが増加すると予想した経営者たちの判断は例外なく裏切られている。

「アーマデイル・カースル」と「ケニルワース・カースル」はユニオン・ライナーの設計で名を馳せたウィリアム・ピリーのデザインを踏襲していた。一九〇四年一月、「アーマデイル・カースル」はダーバン港入り口の砂州を軽くこえて着岸、大勢の出迎え人たちの喝采を浴びた。それ以前の急航船は喫水が深く砂州を超えられなかったので、乗客は沖に停泊した本船から籠につるされて迎えのボートに乗り移っていたから、岸壁への接岸は画期的な出来事であった。

一九〇七年に共同経営者のサー・フランシスが急死したので、UCLの経営は高齢のサー・ドナルドの肩に重くのしかかる。その翌年七月、彼は郵便運送契約の更新に備えて一万三〇〇〇トン型急航船二隻（「バルモラル・カースル」、「エディンバラ・カースル」）をH＆Wに、普通定期船五隻をグラスゴーの造船所に発注する。現今では考えられぬことだが、これら新造船の要目はドナルド・カリー会長自らが細目を決めて建造監督も行なっていた。

この間のストレスが老体をむしばみ、一九〇九年にサー・ドナルドは八三歳で生涯を閉じた。キュナード・ライン代理店員から身をおこし、船を愛しつづけた海運界の大立者に対してエドワード七世からも弔慰が寄せられた。このときUCLの持ち船は四七隻にも達していたが、これでカリー時代は終わりを告げたのである。

カリー亡き後の実権の行方についてさまざまな憶測が流れる。このとき、後継者探しに動いたのがUCL役員でH&W会長であったウィリアム・ピリー卿であった。その関係から浮かびあがったのが四八歳の若き海運経営者サー・オーウェン・フィリップス（一八六三〜一九三七、後のキルサント卿）であった。サー・オーウェンは既にロイヤル・メール・ライン（RML＝南米東岸線を経営）とエルダー・デンプスター社（西アフリカ線を経営）、それにパシフィック・スティーム・ナヴィゲーション社（南米西岸線を経営）のオーナーとしてイギリス海運界で頭角を現わしていた。

UCLがサー・オーウェンのRML傘下に置かれそうだとの噂が広まるや、UCL株価は上昇をつづける。結局、RMLは相場（一〇ポンド）の三倍強という高値の公開買付けで一九一二年四月、U

カリーの後を受けUCLを率いたサー・オーウェン・フィリップス（後のキルサント卿）

H&W造船所会長でUCL役員でもあったウィリアム・ピリー卿

CLは正式にこの海運界の大立者の持ち物になった。折しもイギリス国内では「タイタニック」遭難のニュースで持ちきりであったが、UCL身売りのニュースはこれと同等の衝撃で海運市場をかけめぐった。

この出来事の二年前の一九一〇年は、南アフリカの歴史に大きな意味が加わった年であった。それまでは四つで構成されていたイギリス自治領が合同して英連邦の一員（南アフリカ連邦）になったのである。新連邦議会の開会式にイギリス国王の名代で出席するコンノート殿下を運ぶ大役を担ったのは最新鋭船「バルモラル・カースル」（一万三三六二トン、一九一〇年二月就航）であった。

王室ヨットとして南アフリカへ向かう「バルモラル・カースル」。新連邦議会開会式に出席するコンノート殿下が乗船している

「バルモラル・カースル」はピリー卿設計になる最新のUCL客船で、初めてマルコーニ無線電信器が装備されていた。海軍省用船のもと、一九一〇年一〇月一一日、ポーツマスを出航した同船のマストには英公爵旗とトリニティー・ハウス旗（コンノート殿下が加入していたロンドン水先案内人組合旗）が高々と掲げられ、船首にはイギリス国旗、船尾にはイギリス軍艦旗（White ensign）がへんぽんと翻っていた。またこの航海に限りマストと煙突が黄色に塗装されていた。これは代々の王室ヨットの塗装に倣うものであった。

一九一二年、サー・オーウェンがUCL経営者となった二年後、第一次世界大戦が勃発する。急行船九隻、普通定期客船二〇隻をふくめ四一隻に達していたUCLフリートは、病院船（一三隻）や兵員輸送船として挺身した。これら病院船は英仏海峡、地中海、インドへの傷病兵搬送

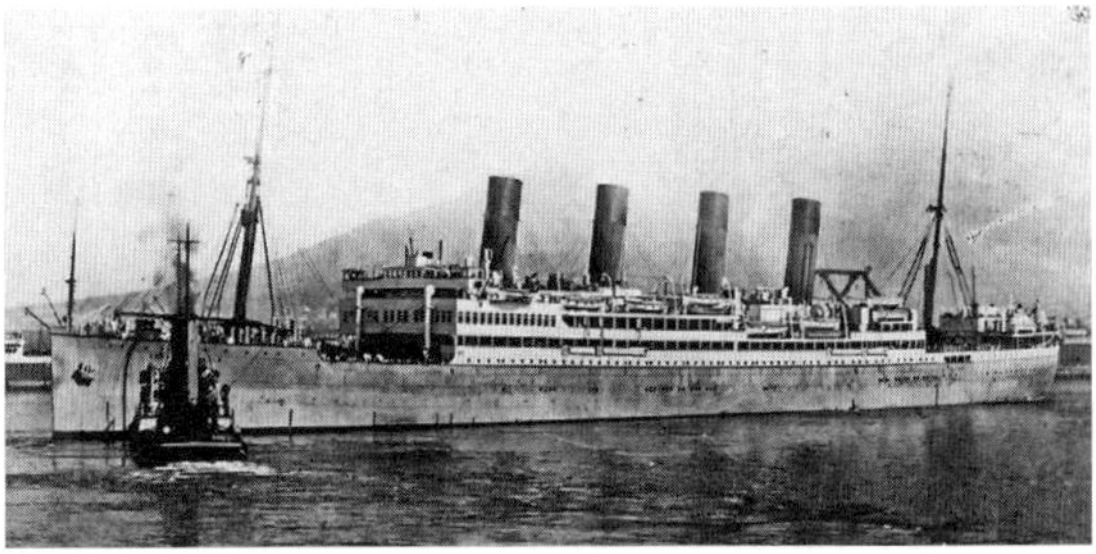

UCLがRML傘下に入って最初に南アフリカ線用に建造された「アルンデル・カースル」。UCLでただひとつの4本煙突船

などに忙しく往来するが、チャーチル海相が強行して失敗に終ったダーダネルス上陸作戦で生じた多数の死傷兵の輸送にもＵＣＬ病院船四隻が投入されていた。

開戦間もない某日、「グレナート・カースル」（六五七五トン、一九〇〇年建造）はドイツ仮装巡洋艦「カイザー・ヴィルヘルム・デア・グローセ」（ＫＷＤＧ、北ドイツ・ロイド客船）に遭遇して臨検をうける。たまたま婦女子多数が乗船していたことから、ドイツ艦長は釈放を命令した事件があった。このころは未だ騎士道精神が活きていた。ＫＷＤＧ自身は一九一四年八月にスペイン領西アフリカ沖でイギリス巡洋艦と交戦して撃沈されていた。

ドイツ帝国が無制限潜水艦作戦を発動した一九一七年五月二六日、病院船「ドーヴァー・カースル」（八二七一トン）が地中海でＵボートに撃沈される。戦局が深化すると、赤十字マークでさえ敵襲から逃れられなくなっていた。前出の「グレナート・カースル」も一九一八年二月二六日、ブリストル海峡で撃沈され、「ランダヴリー・カースル」（一万一四二三トン）に至っては一九一八年六月二七日にアイルランド沖で雷撃沈されたあと、浮上したＵボートが救命ボートを射撃、乗員二五八名のうち二四名を残して犠牲となった悲劇が生じていた。第二次大戦中の病院船被害はほとんどなかったが、第一次大戦では《本当に無制限攻撃》だった。

ＵＣＬがＲＭＬ傘下に入りはじめて南ア急行線用に建造されたのは「アルンデル・カースル」、「ウィンザー・カースル」（共に一万九〇〇〇トン）である。前者は一九一五年に起工されていたが、大戦勃発のため一九一九年にようやく進水、一九二一年に就航した。ハーランド&ウルフ造船所で竣工した両船で特筆されるのは①当時の多煙突風潮にのり、UCLで唯ひとつの四本煙突（一本はダミー）船②最初のギアド・タービン船③最初のクルーザー・スターン船だったことである。

ハーランド&ウルフのピリー卿は一九二一年からUCL副会長も兼ねていたこともあり、これ以降のUCL船はすべてハーランド&ウルフに発注されることになる。いっぽう、サー・オーウェンはイギリス政財界での幅広い活動の功績により、一九二四年、男爵位に列せられてキルサント卿の称号をうけた。これ以降、RMLグループは「キルサント・グループ」と呼ばれる。この年、二九年間にわたりハーランド&ウルフを率いてきたピリー卿が急死したことで、キルサント卿がハーランド&ウルフの舵取りも行なうことになる。

UCLで初めてのディーゼル船「カーナヴォン・カースル」。背が低く太い煙突は近代性と快適性の象徴であった

キルサント卿の凋落

現在の船舶では常識となっているディーゼル・エンジンは、一九二〇年代に外航客船への搭載が始まったが、キルサント卿はこの新しい内燃機関の推進者であった。その最初の試みは、「カーナヴォン・カースル」（二万六三トン、一九二六年竣工）であった。

長大な煙突を有したそれまでの客船とはことなる、背が低く太い煙突をそなえたスタイルは、近代性と快速性の象徴のように映った。これを契機にしてUCLの船隊整備はディーゼル船で進められ、一九四八年にタービン客船「プレトリア・カースル」が造られるまで、実に二四隻ものディー

キルサント卿の後継者となった
ロバートソン・ギブ会長

南アフリカ線用高速船「アスローン・カースル」。
サウサンプトンとケープタウンを14日で結んだ

ゼル客船が建造されていた。

この後の一九二七年、キルサント卿は名門のホワイト・スター・ラインをアメリカ資本から買い戻すなど、多くのイギリス船社をつぎつぎと傘下に収めるが、このときキルサント卿はRML傘下三六社の会長をつとめていた。一九二七年になるとキルサント卿は政府資金（Trades Facilities Act＝労働者雇用促進法？）を利用して大建造計画を実行するが、一九二九年から世界に伝播した経済恐慌でRMLグループも苦境におちいる。

RMLグループは政府からの借入金返済が困難になったので、やむなく社債株式を募集して資金調達する。ところが社債株式発行趣意書に虚偽記載が発覚、これでキルサント卿が告発されて有罪となって収監、一九三一年にUCL会長の職を辞任した。一年後に釈放されて南ウェールズの旧宅を訪れたとき、村びとたちは月桂樹で飾った門に「Welcome back」のサインで出迎えていた。

かくしてイギリス海運界の英雄と目された体躯二メートルの巨漢キルサント卿は一九三七年六月、南ウェールズの邸宅で睡眠中に七四歳の生涯を閉じた。そのときタイムズ紙は次のような追悼記事を載せていた。

「キルサント卿は法廷で威厳を持って臨み、『すべて自分の責任』と他人に一切責任を被せなかった。卿を知る人間は、その行為に犯意はなかったこと、如何なる人間も負うことの出来なかった過大な責任に因るものだ」と評していた。

ＵＣＬ自体はＲＭＬグループ他社船の不成績ゆえに自社の資産が蚕食され、ＵＣＬも空前の危機を迎えていた。この危機はキルサント卿の後継者でユニオン・ライン出身のロバートソン・ギブ会長の経営手腕で何とか乗りきり、一九三四年になってＲＭＬ傘下の他社によって被った負債を完済できた。

この翌年から世界不況の波がおさまりかけたので、ＵＣＬは一四隻の客船を次々に新造して船隊整備を実行していった。一九三六年に完成した二万五〇〇〇トン型の姉妹船「スターリング・カースル」、「アスローン・カースル」（共に最高出力二万四〇〇〇馬力）はサウサンプトン〜ケープタウンを二週間以内でむすぶ高速船となった。

これと軌を一にして、一九三六年更改の郵便運送契約では同ルートを従来の一六日一五時間から一四日以内に決められた。これにマッチできるのは「スターリング・カースル」型二隻だけであったので、他の急行船のスピードを三〜四ノット増速せねば契約履行できない羽目になる。

それで一九三七年、ハーランド＆ウルフ造船所に大工事が発注される。それは在来メールボート五隻のエンジン出力を倍増するものであった。蒸気エンジン船では石炭焚きスコッチ・ボイラーにかえて、重油燃焼の水管ボイラーが装置された。また推進効率を上げるため新しい船首をつけて船体が延伸された。

第二次世界大戦

一九三九年に大戦が勃発するとＵＣＬ船隊も徴用されるが、アフリカ航路はイギリス経済と大きくかかわり、アフリカへの観光客が旅行していたので、急行サービスは依然として続いていた。しかし

仮装巡洋艦となった「カーナヴォン・カースル」。ドイツ仮装巡洋艦「トール」と一騎打ちを演じた

ドイツ仮装巡洋艦との交戦で被害を受け、修理中の「カーナヴォン・カースル」。被弾38ヵ所に及んだ

翌一九四〇年一月に定期船徴用令が公布されたため、UCL客船はすべて徴用され、兵員輸送船だけでなく護衛空母や仮装巡洋艦となった。輸送船となったUCL客船は船団で大西洋や地中海を疾駆したが、多くのエピソードが残っている。

なかでも最も有名なのは仮装巡洋艦となった「カーナヴォン・カースル」がドイツ艦「トール」と一騎打ちを演じたことだろう。このドイツ艦は貨物船「サンタ・クルツ」を改装したもので、バナナ輸送船当時の快速を利して大西洋を暴れまわっていた。

一九四〇年一二月五日、南米沖で両艦が遭遇、一時間半にわたる砲撃戦ののち「トール」が避退して終わった。「カーナヴォン・カースル」は三八ヵ所も被弾してモンテヴィデオ港で修理を受けたが、このとき、一年前に港外で自沈したドイツ戦艦「グラフ・シュペー」の外板が修理に使われていたという。

地中海に浮かぶマルタ島は北アフリカ戦線で連合軍への重要な補給基地であったから、英本国とエジプトからの船団により、食料、武器、航空燃料が運ばれていた。そして船団はイタリアから飛来する独伊空軍機の熾烈な攻撃に曝される。

なかでも一九四二年二月から八月にかけて強行されたマルタ島への船団輸送は戦史に残るもので、延べ八五隻のうち二四隻が撃沈され、一一隻が反転引き返すという始末になっている。なかでもイギリス本国を八月に出航した一四隻の船団には最も過酷な運命が待ちうけていた。ドイツ空軍の激しい攻撃をうけて九隻が撃沈される。残り五隻は満身創痍でヴァレッタにたどり着くが、最初に入港したのがドイツ魚雷艇の雷撃で大破したUCL「ロチェスター・カースル」（七七九五トン）であった。

この戦争でUCLは「虎の子」急行船の「ウォリック・カースル」（二万一〇九トン）、「ウィンザー・カースル」（二万八九六七トン）を含む一一隻を喪失し、海陸従業員のうち六五名が死亡、行方不明二〇九名もの損失を出していた。第二次大戦中の大西洋では航空機をふくむ船団護衛がなされたことで輸送船の被害は僅少であった。ロジスティクス意識が欠如した日本海軍のせいで完膚なきまで殲滅された太平洋の日本船団とは哀しいほどの対照をなしている。

タービン・エンジン時代へ

一九四七年には、喪失した急行船の代替がハーランド&ウルフに発注された。これらは二万八七トン型の「プレトリア・カースル」、「エディンバラ・カースル」として完成する。このときからUCLはタービン船主義に方針転換する。両船は一九二七年の「ランダフ・カースル」いらい二〇年ぶりの蒸気船となった。郵便運送契約で高速が要求されたから、限られた船内スペースではタービンが有効で大きな出力が可能だったからである。

この両船はタービン船とはいえ、低いハウスに太く短い煙突で、ディーゼル船時代のUCL船と変わらぬ外観であった。そのうえ、丸みを帯びたハウスと美しいファッションプレート船首に包まれた船容には、むかしから美しい客船を生みだしてきたハーランド&ウルフ特有の魅力があった。「プレトリア・カースル」の進水式は一九四七年八月に行なわれたが、命名と支綱切断は現場でなされず、六〇〇〇マイルも離れた南アフリカ・プレトリア郊外のスマッツ南ア首相の自宅から夫人が放送するラジオ電波を使って行なわれた。なお「エディンバラ・カースル」はマーガレット王女が支綱切断して進水している。

UCLは一九五〇年から五二年にかけて中型客船四隻を新造している。第一船「ブロムフォンテン・カースル（一万八四〇〇トン、ディーゼル・エンジン）は戦後はじめて造られた普通定期（Intermediate）船で、南アの新金鉱発見によって増加した移住者の輸送用に計画された。客室はツーリストクラスだけだった。

続いて建造された「ローデシア・カースル」、「ケニヤ・カースル」、「ブレーマー・カースル」の三隻はひと回り小さくした客船（一万七〇〇〇トン、タービン・エンジン）で、ロンドン起点のアフリカ大陸一周線に投入された。これでUCLのアフリカ定期サービス体制が整った。

一九五三年にUCLは創立一〇〇年をむかえる。おりしも同年六月にエリザベス女王戴冠記念の観艦式がスピトヘッド（ポーツマス沖）で挙行されたが、晴れの舞台に「プレトリア・カースル」は観覧船として参加していた。

南ア政府との郵便運送契約は一九五五年、さらに一〇年間延長されるが、そのときUCLは五七隻の貨物船隊を擁するクラン・ラインとその系列会社を合併していた。このときまでのUCL船隊構成は自社船二七隻、子会社ナタール・ラインの客船四隻、キング・ラインの一一隻であったが、クラン・ラインの合併がUCLの勢力伸長にさらに貢献をしていた。

さらにUCLは船齢一九年の「アルンデル・カースル」を代替するため、「ペンデニス・カースル」

（二万八五八二トン）がハーランド＆ウルフで起工された。そのスタイルはＵＣＬの在来デザインから脱皮したもので、ハーランド＆ウルフで建造される最後のＵＣＬ客船となった。

一九六〇年になるとＵＣＬ最大の客船「ウィンザー・カースル」（三万七六四〇トン）がリヴァプールのカメル・レアード造船所で完成、翌一九六一年には「トランスヴァール・カースル」（三万二六九七トン）がクライドバンクのジョン・ブラウン社で完成してアフリカ急行線に就航した。

両船とも「ペンデニス・カースル」に外観が酷似していたが、船客設備がハイレベルであったほか、「トランスヴァール・カースル」では初めて船客等級を廃止して「ホテルクラス船」と宣伝されていた。きたるべきクルーズ時代の到来を経営陣が予想したのか不明だが、ＵＣＬの旅客セールス戦略の転換といえる。

客船サービスの黄昏

一九六〇年代のアフリカ大陸では植民地の独立が相ついだ。一九六〇年にはコンゴ、ガーナ、ソマリアが独立、一九六四年にはタンザニアとザンビアが独立した。このためＵＣＬの貴重な収入源であったイギリス本国〜アフリカ植民地間の旅客移動が少なくなり、加えて商業航空の発達によってＵＣＬの旅客サービスは大きな打撃をこうむる。前述の大型客船もこの動向を予想して冷蔵貨物などの貨物積載スペースを増やしているが、乗客の利用度は低下するばかりだった。

こうした流動的な情勢のもと、一九六六年一月から一〇年間の郵便運送契約が更新される。新契約ではサウサンプトン〜ケープタウン間の所要日数が従来の一三・五日から一一・五日に短縮される。新契約の条件を踏まえ、ＵＣＬは一九六三年に一万トン型高速船二隻をタイン河畔のスワン・ハンター社に発注していた。これは客船でなく純貨物船で、旅客数の減少を意識したものだった。両船は

「サウサンプトン・カースル」、「グッド・ホープ・カースル」として一九六五年に就航した。

南アフリカ共和国は南ア連邦時代からUCLをイギリス本国との交通動脈として関係を維持してきたが、一九四六年に国籍海運会社サフマリン（自国企業とアメリカ船主の合弁）が誕生していた。一九六〇年代になると南ア政府のバックアップを受けて客船分野への進出意思を固める。

その結果、UCL客船二隻が一九六六年に譲渡され、それぞれ「S・A・オラーニェ」（もと「プレトリア・カースル」）、「S・A・ヴァール」（もと「トランスヴァール・カースル」）としてUCL客船と共同配船される。

南ア急行サービスは「ウィンザー」、「ペンデニス」、「エディンバラ」にサフマリンの二隻を加えた五隻で実施されるが、この時期、このルートをフルコンテナ船でむすぶコンソーシアム（OCL）が発足し、交通が貨物主体になることが明らかになった。かくてUCLの客船サービスに黄昏が迫ってくる。

一九七〇年代になると客船サービスの幕は引かれてしまう。UCL最後の客船となったのは「S・A・ヴァール」であった。一九七七年一〇月一〇日、満員の乗客を乗せた同船がサウサンプトンの岸壁に着岸した瞬間、一二〇年の伝統あるイギリス本国～南アフリカ間の客船サービスは終わりを告げたのである。また南ア急行サービスそのものも、貨物船「サウサンプトン・カースル」が一九七七年一〇月一四日、サウサンプトンに帰着したときに終了している。

UCL客船サービスの棹尾をかざった客船群が、その後にたどった運命を列記して、この章を終わりたい。
◎「S・A・オラーニェ」＝一九七五年一〇月一一日ダーバン出航、一一月二日解体地の高雄着
◎「ペンデニス・カースル」＝一九七六年六月二日ケープタウン出航、八月九日「オーシャン・クィ

ーン」として香港着、一九七七年リベリア籍「シンドバッド」、一九八〇年解体地高雄着

◎「ウィンザー・カースル」＝一九七七年一〇月ギリシャへ売却、「マルガリータL」となる。一九七九年ジェッダに係船後、一九九一年ギリシャで係船後、「リタ」としてインドで解体

◎「S・A・ヴァール」＝カーニヴァル・クルーズ・ラインズへ売却、一九七七年九月二七日ケープタウン出航、川崎重工でクルーズ客船「フェスティヴァーレ」に改装、一九九六年「アイランド・ブリーズ」。二〇〇三年解体

第10章　アフリカへの道（二）――エルダー・デンプスター社とヴェルマン社

西アフリカに進出した英、独の会社

マージー河畔に位置するリヴァプールは二〇世紀初頭までイギリス最大の貿易港であった。この港の対岸にあるバーケンヘッドには、クライド河畔のジョン・ブラウン、タイン河畔のスワン・ハンターという造船所と並ぶカメル・レアード造船所がある。この会社は鉄道車輌製造でも有名であるが、創業者のひとりウィリアム・レアードが、本章で紹介するエルダー・デンプスター・ラインズの創始者である。

スコットランドに生まれ、四〇歳で船長の娘を娶ったウィリアム・レアード（一七八〇～一八七四）はマージー河畔に住居を構えた。一八二二年、ウィリアムは鉱山機械や蒸気機関車に使われていたボイラーが船舶にも応用される将来性に着目、二年後にバーケンヘッド・アイアン・ワークス（BIW）を創業、ボイラーの製造と造船業をはじめる。ウィリアムにはジョンを筆頭に五人の男子（あとはマックグレゴー、ウィリアム、ヘンリー、ハミルトン）がいた。新会社発足四年後の一八二八年、長男ジョン・レアードが父の事業に参加、社名をウィリアム・レアード&サン社（WL&S）と名付ける。エルダー・デンプスターに進むまえに、カメル・レアード造船所の前身であるBIWの変遷に触れたい。WL&Sはウィリアムが一八七四年に亡くなったあと、レアード・ブラザーズ社となるが、イングランド中部の大都市シェフィールドで鉄道車輛を製造していたジョンソン・カメル社と合併して一九〇三年カメル・レアード社となった。

イギリス造船業救済のためにサッチャー首相が一九七七年に断行した造船業の国有化でブリティッシュ・シップビルダーズとなるが、九年後にそれを脱してもとの名前に戻った。もっとも現在のカメル・レアード社はヴィッカース社の傘下に入っている。

マックグレゴー・レアードの登場

ウィリアム次男のマックグレゴー（一八〇九～一八六一年：以下マック）は父親ウィリアムが見込んだのか、レアード一家のなかで唯ひとりエディンバラ大学で高等教育を受けている。進取性に富んでいたようで、一八六八年に誕生するエルダー・デンプスター社の基盤をつくる人物となる。

「白人の墓場white man's grave」ともいわれたアフリカ大陸へは欧州各国が侵入しつつあり、地中海岸や紅海沿岸から内陸部に向かっていた。いっぽうアフリカ西岸ギニア湾の海岸一帯は、記録によると一六～一七世紀にオランダやデンマークが脚を降ろしているが、気候風土や熱病などの問題もあり、アフリカ内陸の地理は手つかずのままであった。

ASSを設立したマックグレゴー・レアード

しかし、冒険スピリットに富むイギリス人がこの「暗黒地帯」に眼をつける。記録では一八三〇年、リチャード・ランダー兄弟がニジェール河やコンゴ河を探検して、これらの河がギニア湾に注ぎ、航行可能なことが明らかにされる。この年にレアード家次男のマックは父の事業に加わってランダー兄弟の行動に接したマックは反対する家族を押しきってランダー兄弟と行動を共にする。

まず一八三〇年、リヴァプールにアフリカン・インランド・コマース社を設立、父の会社で建造した小型汽船二隻（トン数不明、長さ三四メートル以下）でリヴァプールからニジェール河口まで航行した。これは世界で初めて遠洋航海を敢行した鉄船の記録といわれている。しかしこの快挙にも拘わらず、乗員四八名のうち三九名が現地で罹患した熱病で死亡する悲劇に終わった。マック自身は辛うじて命を取りとめたが、この事故で出した損失と健康不安ゆえにアフリカへの熱意が覚め、北大西洋に眼を向ける。

アフリカでの失敗にめげず、マックは一八三七年にブリティッシュ・アメリカン・スティーム・ナヴィゲーション社のセクレタリーとなり、翌年に北大西洋を横断した史上初の汽船「シリウス」(七〇三トン)の運航に七年間かかわる。こののちの一八四四年、マックは父の会社に復帰するがアフリカへの想いを断ちきれず、五年後に会社を辞めてロンドンに移る。この地では自分が体験、会得したアフリカの知識を関係者に説いてまわったという。

マックの働きのお蔭と思われるが、一八五〇年になるとイギリスはギニア湾の海岸一帯をデンマークから一万ポンドで購入する。これで西アフリカでのイギリス拠点設立へ議会の関心が高まり、郵便運送契約(一〇年間)が公募される。その熱意によりマックが毎月一便の条件で契約を獲得することとなる。

一八五二年、このためにマックはアフリカン・スティーム・シップ社（ＡＳＳ）を設立、父親ウィリアムが興した造船所（ウィリアムの死によりジョン・レアード&サンズと改名）で鉄船五隻を建造する。第一船はマックの気概を込めて「フォアランナー」（先駆者）と命名された三八一トンの汽船で、ロンドンからプリマス～マデイラ～テネリフェを経て西アフリカに至るものであった。資料によると一八五二年から五四年の期間に他社への用船をふくめてASSはジョン・レアード造船所で七隻を建造しているが、それ以降はグラスゴーの造船所へ発注している。その理由は定かでないが、ジョン・レアード側が国内の鉄道路線建設にともなう車輛製造で忙殺されていたからかもしれない。

マックがフリータウン（シエラ・レオーネ）に給炭基地を設置した年にクリミア戦争（一八五三〜一八五六年）が勃発する。これで石炭価格が急騰して経営が苦境に陥りそうになるが、程よく海軍からの要請で「ホープ」（九〇〇トン）、「チャリティ」（一〇七七トン）を供出して苦境を免れる。アフリカ内陸探検へのマックの熱意は依然かわらず、一八五五年竣工の新船「ガンビア」（五一七トン）に探検隊を乗せてニジェール河を遡航させる。このとき、隊員はキニーネを携行していたので、全員無事に帰国できた。

ナイジェリアのラゴスがイギリスの保護領となった一八六一年、九年にわたりASSを率いたマックグレゴー・レアードは八二歳で死去していた。なおラゴスは一六世紀にポルトガル人が支配、建設して、一八五一年まで奴隷貿易の中心地であった。一八〇七年に奴隷制の禁止をかかげたイギリスは西アフリカ沿岸の奴隷貿易港湾を攻めるが、ラゴスもその手に落ちてイギリス植民地となっていた。一九一四年には英領ナイジェリアとなり、一九六〇年にナイジェリア連邦共和国として独立している。

エルダー・デンプスター・ラインズの発足

マック亡きあと、ASSを背負う人物が出現する。リヴァプールで運航代理業務を行っていたフレッチャー&パー社の人たち（カッコ内は一八六三年当時の年齢）である。アレキサンダー・エルダー（二九歳）、ジョン・デンプスター（二六歳）、ジョン・ホルト（二二歳）にアルフレッド・ジョーンズ（一八歳）の四人である。

アシャンティ戦争に勝利したイギリスはギニア湾一帯の権益を獲得した

　一八六七年は日本で徳川慶喜が大政奉還をなした年であるが、この年に南アフリカのオレンジ河流域でダイヤモンド鉱が発見されてイギリス国内は景気に沸いていた。これに呼応するかのように一八六八年、エディンバラを本拠とする船会社ブリティッシュ&アフリカン・スティーム・ナヴィゲーション社（BASN）が設立され、グラスゴーから、リヴァプール（主要積み降ろし港）を経由してアフリカに向かう航路を開設した。リヴァプールでの運航代理業（注：現在の意味の〈代理店〉でなく、船主の代わり運航業務を行なったと考えられる）であるが、その地にはフレッチャー&パー（ASS代理店）しかなかった。
　経緯は分からないが、ジョン・デンプスターが親友アレキサンダー・エルダーを誘ってASSを辞め、一八六八年にエルダー・デンプスター社（EDC）を設立してBASNの代理業に乗りだす。当然ながらASSとBASN間で競争が繰り広げられるが、両社に郵便運送補助が与えられ、一八七三年から二週間に一便を提供することとなる。
　それから六年後の一八七九年、アルフレッド・ジョーンズ（一八四五〜一九〇九）がフレッチャー&パーから飛び出して独立、リヴァプールに居をかまえて持ち船の配船を始めるが、昔馴染みのデンプスターとエルダーに誘われてEDCに合流する。詳細は省くが、これらの人物はクライド河やレーヴェン河畔の造船業者と深くかかわっていた。

黄金海岸（Gold Coast）の呼び名がのこるギニア湾一帯は一四九二年にポルトガルが地歩を降ろし、この地域で内陸にある諸王国に銃、ラム酒、ナイフなどを持ちこんで奴隷や金と交換していた。このことが欧州諸国に知れわたり、イギリス、デンマーク、スウェーデン、ドイツの交易者が砦を築いて金の採掘を始める。

イギリスは一八六三年から一八九六年の四次にわたるアシャンティ戦争のすえ勝利をおさめ、オランダなどの先進国から権益を取得して、この地を完全に支配する。これで金のほかにダイヤモンド、象牙、胡椒、木材などがイギリスへ積み出され、イギリスからは鉄道設備や入植者用のインフラ材料が送られた。これらの夥しい物流と人の流れを担ったのがASSとBASNの船であった。

アルフレッド・ジョーンズの時代

ASSとBASNは新船建造を競っていたが、アルフレッドが加わってからのEDCは一皮むけたように代理業から船舶保有に乗りだす。その二年後にヴィクトリア女王の勅許を得た商社・王立ニジェール会社が発足すると、西アフリカに対するイギリス政府の関与の度が深化してゆく。

この環境はASSとBASNの将来を利する以外の何ものでもなかった。アルフレッドはこの状況を見逃さず、一八八七年、自己資金でリヴァプール船主から貨物船「クレア」（二〇三四トン）を購入、これをEDCに運航させる。その後アルフレッドもEDCも保有船舶をふやし、EDCの船腹は一八九〇年の時点で一一隻、二万八〇〇〇トンになっていた。

水を得た魚のごとく、アルフレッドの活躍がつづく。一八九一年、EDCはASSとの株式／船舶交換により、アルフレッドがASSの経営権を手にする。一八九四年には現地に英国西アフリカ銀行を設立、荷主への信用供与をはかる。

アルフレッド最大の功績といえるのは、一八九五年、西アフリカ航路を配船する船社間の運賃同盟で運賃割引制度を考案、実施したことである。この制度は最近まで欧州／極東同盟でも実施されていた同盟メンバーの自衛手段である。

一八九六年にはアフリカ沿岸航路（フィーダー船）を本国からの遠洋航路と結合するハブ&スポーク・システムを作りあげた。これで本国からは大型船を配船することで、輸送の合理化が実現できた。今でもこのシステムは大型コンテナ船とフィーダー・コンテナ船でなされている。

EDCはアフリカ航路のほかに一八八七年からリヴァプール～ケベック～モントリオール航路の経営にも乗り出す。「レイク・オンタリオ」型客船（四三〇〇トン）二隻が最初であるが、一九〇〇年の「レイク・エリー」（七五五〇トン）から本格的客船サービスが開設された。しかし一九〇三年にカナディアン・パシフィック・ラインが創業すると、所有客船一四隻を売却して航路から手を引いているが、これはイギリス政府の差し金によるものと推測できる。

一九〇九年、会社中興の祖サー・アルフレッド・ジョーンズが没する。この企業家は倉庫業、給炭業、ホテル業、セメント業、造船業、綿花貿易、銀行、鉱山保有など枚挙できぬほどの果実を残していた。不思議なことに、アルフレッドが残した遺産の複雑な業態運営の将来を考慮した遺言執行人は、全財産をサー・オーウェン・フィリップス（後のキルサント卿）とウィリアム・ピリー卿（ASS会長、ハーランド&ウルフ造船所会長）に原価で譲渡していたことである。

オーウェン・フィリップス時代

オーウェン・フィリップス（一八六三～一九三七）は業績が悪化していたロイヤル・メール株の取得で頭角をあらわし、一九〇三年に同社会長の座についていた。一九〇九年、アルフレッド・ジョーンズ亡きあとのＥＤＣの舵取りを任されると、ＥＤＣ所有船に加えてＡＳＳ、ＢＡＳＮなど六社の船腹（一〇九隻、三〇万トン）を傘下に置いた持株会社としてＥＤＣを発足させた。

この時期、オーウェン・フィリップスはウィリアム・ピリー卿との親交関係を利して、ハーランド＆ウルフ造船所に続々と新船を発注していた。この手法はＥＤＣの船腹整備でも執られるが、ハーランド＆ウルフは貨物船や小型船はとらず、主要な客船だけを受注していた。これら客船はＥＤＣの西アフリカ航路経営に威力を発揮していた。この期間にハーランド＆ウルフが手がけたＥＤＣ客船は表のとおりである。

ハーランド＆ウルフ造船所が建造したEDC客船

1912年	2隻	Darro、Drima	11,500トン
	3隻	Abosso, Apam, Apapa	7,800トン
1913年	1隻	Egba	4,900トン
1914年	1隻	Egori	4,990トン
1915年	1隻	Montezuma	7,200トン
1922年	1隻	Adda	7,800トン
1926～27年	2隻	Accra　Apapa	9,300トン
1931年	1隻	Achimota	9,800トン

オーウェン・フィリップスの経営手法は数多の船社をＭ＆Ａで傘下に置くことにより、規模の利点で有効な航路経営をするものであった。晩年には劇的な凋落で幕を閉じたが、不思議なことにその独裁的な経営判断の真相は伝わっていない。

極めて独裁的な手段に終始したこと、他社買収と新船投資のための資金調達は社債発行と傘下会社からの資金融通に頼っていたと伝えられている。オーウェン・フィリップス支配下に入ったＥＤＣの経営も手堅いものから派手な手法にかかわったことも考えられる。

第一次世界大戦

一九一一～一九一二年のあいだは貿易が活発に推移していたが、一九一四年六月、一発の銃声で第一次世界大戦が勃発、同年八月、イギリスが参戦するや商船の徴用が始まり、ＥＤＣ船にも戦禍がおよぶ。

北ドイツ・ロイド社の客船「カイザー・ヴィルヘルム・デア・グローセ」。第一次世界大戦中は、仮装巡洋艦として活動した

最初の犠牲は貨物船「ニヤンガ」（三〇〇〇トン）が一九一四年八月、カナリア群島近辺でドイツの仮装巡洋艦（北大西洋客船「カイザー・ヴィルヘルム・デア・グローセ」）の餌食になったことである。

さらに一九一五年には客船「ファラバ」（四八〇六トン）、一九一七年に七〇〇〇トン型姉妹客船「アボッソ」、「アパパ」がUボートの犠牲となる。大戦を通じてEDC船の犠牲は二一隻にのぼった。

戦後の一九二〇年には客船「アバ」（七九三七トン）を、一九二六～二七年には姉妹客船「アクラ」、「アパパ」（共に九三〇〇トン）をハーランド&ウルフ造船所で建造している。一九二三年、オーウェン・フィリップスは大戦中の功績によりキルサント卿の称号をうけている。

第一次世界大戦が終わると敗戦国ドイツと戦場となったフランスが疲弊、ハイパーインフレに悩まされるが、「荷客の海上交通は遠からず回復する」と確信していたキルサント卿はホワイト・スター・ラインの買収など、強気の経営に終始していた。

事実、ドイツに課せられた天文学的巨額の賠償がインフレ進行とアメリカからのドル還流で欧州の経済状態が次第に平静になると、アメリカ社会では経済がバブル化する。この状態が続けばキルサント卿の強気経営スタンスが的を射ることになる筈であった。ところが一九二九年一〇月、ニューヨーク株式市場での暴落が引き金となり金融バブルが弾けて不況の波が世界中に波及する。

それでもキルサント卿は「海運の景気は遅からず回復するだろう」と楽観していた。キルサント卿の首を絞めたのはロイヤル・メール・グループ（ＥＤＣも含まれる）の増資目論見書の偽造が糾弾されたこととされている。一九三〇年に有罪とされ、禁固後に釈放されて辞任に追い込まれた。キルサント卿は将来を見越して配下の海運会社に過剰な船舶を発注させたものの、建造資金調達が追いつかず、破産に導いたものである。

このような具合だから、建造を引きうけたハーランド&ウルフ造船所も相当の損失をこうむった筈だが、当のロイヤル・メール・ラインは破産に追い込まれ、一九三一年にはＥＤＣも破産管財人の管理下におかれた。これからＥＤＣは負債完済まで一一年もかかるものの、一九三二年から一九四三年まではアルフレッド・ホルト（ブルー・ファンネル・ライン会長）がＥＤＣの大株主となって経営を立て直す。

第二次世界大戦

第二次世界大戦が勃発した一九三九年九月現在、ＥＤＣ船腹は客船五隻、貨物船三六隻で二三万トンを数えていた。ＥＤＣの西アフリカ航路では、戦時中にも拘わらずイギリス潜水艦に護衛されて客船サービスを継続していた。これはアフリカに対してイギリスが有する利害関係の大きさを示していた。

しかし開戦翌年には早くも客船二隻が犠牲になる。「アクラ」（九三三七トン）はアフリカ向け三〇隻の船団で航行中の七月二六日、アイルランドの西方沖でＵボートの雷撃により沈没、乗客三三三名のうち一一名が犠牲となった。さらに、姉妹船「アパパ」はパームオイルを積載してフリータウンからリヴァプールに向けて航行中の六月、北アイルランド沖でドイツ爆撃機によって撃沈され、乗員二六一名中二四名が犠牲となった。

EDCの客船「アクラ」。1940年７月26日、アフリカ向け船団で航行中にUボートの雷撃で沈没

1942年10月29日、時化の中を航行中にUボートに撃沈されたEDCの客船「アボッソ」

1951年に竣工したEDC最大の客船「オリオール」（１万4083トン）。リヴァプール～ラゴスに就航

一九四一年は社船が一〇隻も撃沈されるという、ＥＤＣ最悪の年となった。翌年には客船「アボッソ」（一万一三三〇トン）が一〇月二九日に時化のなかを航行中、Ｕボートからの雷撃で沈没、乗員一一八二名のうち二五一名が犠牲となる惨事が起こった。

大戦中に戦没した社船の補償金によって、戦後のＥＤＣはいち早くイギリス～西アフリカ間の客船サービスを復活させる。一九四七年と一九四八年には「アパパ」と「アクラ」（共に一万一六〇〇トン）で懐かしい名前が復活、一九五一年になるとＥＤＣ最大の客船「オリオール」（一万四〇八三トン）が竣工、リヴァプール～ラゴス定期（三隻で週二便）を続けた。しかし一九五七年にガーナ、一九六〇年にナイジェリアが独立すると客船サービスを続ける環境が変わってしまう。

一九六七～一九六八年には「アパパ」、「アクラ」が引退する。残った「オリオール」はサウサンプトン起点の西アフリカ航路に就航するが、渡航客は新興の商業航空にシフトするから、一九七四年一〇月に係船、売却され、一八九九年に開設された本格的客船サービスは終焉をむかえた。

エルダー・デンプスターの終焉

三分の四世紀にわたり客船サービスを続けたエルダー・デンプスター社の終末に触れたい。一九六五年、EDCはパーム・ライン、ナイジェリア国営海運会社とともにブルー・ファンネル・ライン傘下に入り、コンテナ輸送に転向する。しかし一九八三年に西、南アフリカ航路から撤退したのちの一九八九年、フランスの海運会社（SNCDV）へ売却されてエルダー・デンプスターの名称と西アフリカ渡航者に親しまれたイエロー・ファンネルは消えてしまった。

大英帝国はヴィクトリア朝時代に植民地を世界に伸ばしたが、アフリカ進出の尖兵として挺身していた人物は一八四〇年代に東南アフリカを探検したデイヴィッド・リヴィングストン（一八一三～一八七三）、ヘンリー・スタンレー（一八四一～一九〇四）、セシル・ローズ（一八五三～一九〇二）などが知られている。しかし一八三〇年に「最暗黒地域」と言える西アフリカで、マラリアの脅威に悩まされながらニジェール河を探検遡航して内陸の地形を明らかにしたリチャード・ランダー兄弟の功績も記憶されるべきであろう。

イギリスはアシャンティ王国を滅亡させて西アフリカを支配、金、ダイヤ、象牙、胡椒、木材などの物産を手に入れて、帝国の資源にした。二〇世紀半ば各地で民族独立の風潮が起こり、ガーナやナイジェリアが独立するが、今のようにギニア湾で、後年に世界屈指の埋蔵量を誇る石油が湧出することが分かっておれば、イギリスは絶対に独立を許さなかったであろう。とまれ、本章でとりあげたエルダー・デンプスター・ラインズはマックグレゴー・レアード（三一年間）、アルフレッド・ジョーンズ（四一年間）とオーウェン・フィリップス（一一年間）が会社を伸長させて大英帝国の植民地経営の尖兵となったものである。

ドイツ船社の進出

手もとの記録によるとアフリカとの貿易（交通）を始めたのはドイツで、一八四九年に設立されたC・ヴェルマン社が最初であり、イギリスのユニオン・ラインが創業したのはその四年後である。

主人公カール・ヴェルマン（一八一三〜一八八〇）はハンブルクで綿製品販売を営むヴェルマン社オーナーの子として生まれた。販売先は西インド諸島と豪州であったが、その後アフリカに注目する。リベリアに裕福な上流社会が出来つつあったことに気付いたカールは、一八四九年に自家保有の帆船に欧州で製造された産品を積んでリベリアに赴いて販売し、現地で椰子油や象牙を買い付けて帰港した。

この試みが成功したので、アフリカ航路に最適となるように設計された帆船を購入して配船を続けた。この交易増加により、リベリア共和国政府はハンザ都市（ハンブルク、ブレーメン、リューベック）と通商協定を結ぶまでにいたった。

クリミア戦争が終結して海上輸送が不振になると、カールは事業をアフリカ一本に絞る。そしてガボン、カメルーンなどに商売の拠点を置くようになるのは一八六〇年後半である。

一八八〇年六月にカールは死去、次男のアドルフ・ヴェルマン（一八四七〜一九一一）が後継者となるが、当時のヴェルマン社は帆船一二隻、蒸気船一隻を保有して、アフリカ貿易の縮図といえるほどドイツ社会で有名になっていた。

アドルフが経営者になったとき、ヴェルマン社での海運業シェアは微々たるものであったが、アドルフは海運業を輸出入業から分離する。たまたまこの時期、帆船は海上輸送の主役の座を蒸気船に譲りつつあったので、アドルフの決断で帆船を売却、汽船への代替を始めるが、これと時期を同じくした一八八五年に、ヴェルマン・ラインを設立する。それでも純粋の海運業でなく、ナイジェリアへの往航にブランデー、武器弾薬を売却、復航では椰子油、弾性ゴムを購入してドイツ国内で売り捌いていた。

一八八八年になると、ドイツ政府は毎年九〇万マルクを補助する条件で東アフリカ植民地への航路開設を要請してきた。そうするうち、ドイツの銀行と商社などがコンソーシアムを結成してジャーマン・イースト・アフリカ・ライン（DOAL）が設立される。出資者のなかで海運に通暁するはヴェルマン・ラインだけであったので、アドルフが会長に推される。こうしてアドルフはヴェルマン・ラインとDOAL両社の舵取りを行うことになる。このような事業構造であったから、その後の両社は使用船の相互融通を含めて一心同体に似た経営をたどる。

これ以降、ヴェルマン・ラインは国際化への道を踏みだす。アントワープ起点のコンゴ航路であった。一八九五年、英系の船社（Cie. Maritime Belge du Congo）と合併してベルギー海運会社Cie. Maritime Belge（CMB）が設立されたあと、ヴェルマン・ラインと共にアントワープ起点のコンゴ航路に持ち船を配船した。

ヴェルマン社の２代目
アドルフ・ヴェルマン

このルートはドイツ領南西アフリカ経略に不可欠な手段となったばかりでなく、歴史に残る大虐殺を実行したドイツ将兵の派遣にも利用されていた。一九〇四年一月、ドイツの南西アフリカ侵入によって土地を追われた先住民族（ヘレロ族とマクア族）がドイツ人に無差別攻撃をかけた。これは「ホッテントットの蜂起」として知られているが、ドイツ本国から急派された軍隊によって全人口の八割（ヘレロ族六万人）もが砂漠で餓死するという悲劇になったものである。この間にアドルフは素早く船腹増加へ手をうち、反乱発生時には六万五〇〇〇トンであったのが終結時には一三万トンになっていた。これら持ち船でヴェルマン社は兵員一万五〇〇〇名、馬匹一万一〇〇〇頭を運んでいた。

ドイツ側から見た「反乱制圧」が終わるまでには、必要な糧食、武器、資材をコンスタントに輸送せねばならなかった。ライバル船のない独占輸送であったから、ヴェルマン社は運賃を自在に決めて莫大な利益をあげた。のちにドイツ帝国議会でヴェルマン社がその過大な運賃収受が非難される。このとき、ハパック重役のアルバート・バリーンは「この種の輸送引き受けにはコストが嵩むから高運賃を要求して然るべき」とアドルフを擁護したものの、ヴェルマン社の行為は不等利得者と非難され、時の皇帝ヴィルヘルム二世は以後アドルフの謁見を拒否したという。

この紛争が終結すると荷動きが減少して、ヴェルマン社は過剰船腹に悩まされる。そのうえ、ブレーメンに本拠をおく北ドイツ・ロイド社（NDL）がハンブルク・ブレーメン・アフリカ・ライン（HBAL）を傘下に収め、ヴェルマンの縄張りに侵入を図る。思い余ったアドルフはバリーンの提案（ヴェルマンの過剰船腹の一部＝汽船八隻をハパックが引きとる代わりに、ヴェルマン、DOALが得る運賃の二五％をハパックに渡す）を受け容れた。ここに一九〇七年、ハパック、ヴェルマン、DOAL間でコンソーシアムが成立した一年後にHBALもこれに参入して事態が収まった。これによってドイツ～南西アフリカ航路の経営はアドルフの手に委ねられたのである。

アドルフが一九一一年に世を去り、エドゥアルト・ヴェルマン時代になるとヴェルマン・ラインの運命が大きく変転がする。第一次大戦で多数の所有船とアフリカにある資産が喪われてしまうと、海運業の将来に希望を失ったエドゥアルトは一九一六年にヴェルマン・ラインとDOALの全株式をハパックとNDLのコンビ（ジャーマン・アフリカ・サービスGAS）に売却してしまう。こうして一八三七年いらい八〇年近い海運業の歴史に幕が閉じられたが、南西アフリカ貿易でのヴェルマンのブランド名が知れ渡っていたので、GASから「Woermann Line」の名前は消えなかった。

GAS船はWoermann Lineの名前を冠していたが、実質的にはハパックであったから、ハパックの政策と仕様で船の建造が進められる。まず一九一四年にDOAL名義で「キゴマ」（八一五二トン）を竣工させてアフリカ一周航路に配した。この客船は第一次大戦後の賠償でイギリスの手に渡っていたが、一九二二年ハパックに買い戻され、「トレド」として原ルートに戻っている。

先進国に遅れて植民地獲得に乗りだしたドイツであるが、第一次大戦休戦後のヴェルサイユ条約の結果、ドイツの植民地は英、仏、ベルギーと（極東では日本）に没収されてしまう。しかし連合国からの再開許可がおりると、ドイツ船社は前述の客船「キゴマ」のように、没収されていた船を買い戻すなどして航路の再開に乗り出していた。ヴェルマン／DOALは南アフリカへの客船サービスを充実させるため、更に大型の客船を送り出す。これが一九二八年竣工の姉妹船「ウベナ」（DOAL名義）と「ヴァツッシ」（ヴェルマン名義）である。

「キゴマ」を含むこれら三隻の登場により、ハンブルクからアフリカ周遊航路が始まる。そのルートはハンブルクを発航してロッテルダム、サウサンプトン、マデイラを経由してラス・パルマスに至り、そこからワルビス・ベイを経由してケープ・タウンへ向かい、其処からポート・エリザベス、イースト・ロンドン、ダーバン、ロレンソ・マルケスへと向かうものだった。

一九二八年からは二〜三週間に一便のわりで在来船「ウッスクーマ」と「ワンゴーニ」に加えて新造船「ヴァツッシ」と「ウベナ」が就航した。ヴェルマン／DOAL客船が経営するルートは旅行客

第一次世界大戦後、南アフリカ線の充実を図って建造されたヴェルマン社の大型客船「ヴァツッシ」

DOALの大型客船「プレトリア」。ヒトラー政権下で建造され、豪華なインテリアを誇った

の好評を博して、差しずめ現代のクルージングの先達であった。

一九三四年にヒトラーが政権を掌握すると、ドイツ海運界に再編が指令される。その一環でハパックとNDLはヴェルマン／DOAL株式を手放し一時的に国有化される。国有化に伴って資金調達が可能になった会社は一九三五年六月、一八ノット、一万六六六二トンの大型船「プレトリア」（DOAL）、「ヴィンドフク」（ヴェルマン）を発注する。両船は一九三六～三七年、アフリカ周遊航路に就航するが、ルートはハンブルク、ロッテルダム、サウサンプトン～ラス・パルマス～ワルビス・ベイ～ケープタウン～ポート・エリザベス～イースト・ロンドン～ロレンソ・マルケスに到るもので、全航海日数は九週間に及んでいた。両船のインテリアは会社として空前に豪華なもので、ハンブルクの建築家デザインの明るいラウンジとダイニング・ルーム、キャビンには温水と冷水が備わっていた。

ドイツ客船の受難

ドイツ客船は第一次、第二次大戦中に受難の運命をたどるが、ヴェルマン／DOALの持ち船も同様の不運に逢着していた。主要な客船の（第二次大戦中の）終焉に触れたい。

◎「アドルフ・ヴェルマン」（六二五七トン、一九二二年建造）＝一九三九年一一月一六日、ポルトガル領ロビトに在港していたが、拿捕を避けるため中立国の南米へ逃避中、イギリス軽巡「ネプチューン」に拿捕、イギリスへ連行される。一年後に船長を含む捕虜船員はカナダへ移送されるため、客船「アランドラ・スター」に乗船したが、航海中にドイツ潜水艦に雷撃されて沈没、ドイツ人乗組員も全員犠牲になった

◎「ヴァツッシ」（九五五二トン）＝モザンビーク在港中に大戦勃発で大西洋方面へ避航中の一九三九年一二月二日、イギリス艦の攻撃を受け自沈

「ウサラモ」。第二次大戦中、ドイツ海軍に徴用、1944年、ボルドーで宿泊船となっていたが自沈

「ヴィンドフク」。第二次大戦勃発後、大阪商船「さんとす丸」に偽装、サントス港で避泊していた

◎「ウッスクーマ」（七八三四トン）＝一九三九年一二月六日、英巡「エイジャックス」に追い詰められ、アルゼンチンのバイア・ブランカ沖で自沈

◎「ウサラモ」（七七七五トン）＝一九三六年のスペイン内戦当時、秘密裡にスペイン政府向けのドイツ軍用機一六機をカディズに陸揚げしていた。四年後ドイツ海軍に徴用され、一九四四年ボルドーで宿泊船となっていたが

体

自沈

◎「ヴィンドフク」（一万六六六二トン）＝ハンブルク～ケープタウン航路。大戦勃発時にロビトに在泊。船体色とファンネル・マークを大阪商船「さんとす丸」に偽装、一九三九年一二月サントスで避泊していたが、二年後のブラジル参戦で拿捕され、アメリカ軍輸送船となった後、一九六六年解体

第二次大戦が深化する一九四一年になると、ヴェルマン／ＤＯＡＬは煙草製造会社の手に移り、一九四二年にはハンブルクのタンカー船主ジョン・エッセベルガーに買取られる。エッセベルガーは第一次大戦直前にイギリスからドイツに帰化、大戦中には魚雷艇長としての功績によりヒトラー政権下で「ドイツ海運のリーダー」の異名があったほどの人物であった。ヒトラーとの好関係からヴェルマン／ＤＯＡＬを引き受けたものと思われる。こうしてヴェルマン・ラインの名前は消えてしまったが、一九四五年からDeutsche Afrika-Linienの名前になり、ドイツ～南アフリカ航路に就航するコンテナ船にはヴェルマン・ライン当時のファンネル・マークが描かれている。

第11章　南米への道（一）——南米航路の熾烈な競争

ロイヤル・メールのはじまり

北米大陸とならび、巨大な南米大陸への道が拓けたのは、ローマ教皇アレキサンデル六世の仲介で、一四九四年にスペインとポルトガルのあいだで結ばれたトルデシリヤス条約の結果と見なされている。これはアフリカ大陸西端の岬の沖にあるカーボ・ヴェルデCape Verde諸島から西の子午線を境界線として、その東側はポルトガルに優先権を認め、西側の土地はスペインにするというものであった。

この条約により、スペインはアメリカ大陸全域で優先権を取得した。ただ一五〇〇年、ポルトガルの探検者カブラルがインド遠征時にブラジルにあたる土地に漂着したため、ポルトガルに与えられた。

南米大陸への蒸気船による海上交通路が出来たのは一九世紀半ばである。歴史的にスペイン、ポルトガルの植民地であったこの大陸への交通に先鞭をつけたのは海洋国イギリスで、一八三七年一八歳で即位、一九〇一年八二歳で没するまで六四年のあいだ、大英帝国を隆盛に導いたヴィクトリア女王の治世時代であった。

それ以後、第二次大戦勃発までのあいだ、イギリスのほかにフランス、ドイツ、イタリー、オランダなどの西欧諸国の船会社（別表）が脚をのばしている。極東では日本人移住者を運ぶため、二〇世

南米への配船船社

就航船社	国籍	就航期間
Royal Mail Line	イギリス	1851〜1939
MM	フランス	1860〜1912
Lamport & Holt Line	イギリス	1863〜1921
Booth Line	イギリス	1866〜1939
SGTM	フランス	1867〜1939
Pacific Steam Nav.	イギリス	1868〜1939
Hamburg-South America Line	ドイツ	1871〜1939
NDL	ドイツ	1876〜1934
La Veloce	イタリー	1884〜1915
NGI	イタリー	1884〜1932
Houlder Line	イギリス	1890〜1915
Royal Holland Lloyd	オランダ	1906〜1936
東洋汽船〜日本郵船	日本	1906〜1940
Lloyd Sabaudo	イタリー	1907〜1932
Cie. De Nav.Sud Atlantique	フランス	1912〜1940
OSK	日本	1916〜1940
Cosulich Line	イタリー	1919〜1932
Italia Line	イタリー	1932〜1940

紀初頭から南米西岸と東岸への客船サービス（復路は貨物主体）が始まっていた。

イギリスから南米への航路を拓いたのはロイヤル・メール社である。海事史をひも解けば、この会社の隆昌から衰亡にいたる足どりほど劇的なものはない。この項ではロイヤル・メール社の基盤をつくったスコットランド人と、会社を世界一のサイズにしたのち、華麗な凋落を演じた大物実業家に焦点を当てることとしたい。

スコットランド・ランカシャー生まれのジェームス・マックィーンJames MacQueen（一七七八〜一八七〇）という人物がいた。人生の大半を西インド諸島（グレナダ）で砂糖キビ農園の経営に費やしたが、その間にカリブ海の島々をめぐるのを楽しみにしていた。この時期の海上交通は帆船であったが、カリブ海の島々を結ぶ交通に蒸気船を使うことの将来性を予見しただけでなく、世界の海上交通の将来は蒸気船にあると確信していた。

一八三〇年、マックィーンがグラスゴーに帰郷したときは五二歳になっていた。人生の晩年に差しかかっていたこのスコットランド人が始めたことは、地元新聞社の経営に参画して、海上交通に関する持論を世間に広めることであった。まず彼が矢を立てたのは、イギリス本国から植民地に送られる郵便の運送である。どの国でも同様だが、郵便運送は国の仕事である。イギリスでは「ロイヤル・メール」と呼ばれ、王室認可のもとに海軍省が海運業者に運航補助を与えて契約するものであった。

その運送は永年の歴史をもつ帆船が受けもっていたが、スピードが遅いばかりか、海象により到着が不確実なのが当たりまえであった。この輸送システムの不都合さをマックィーンは紙面で訴えていた。新聞を使ってマックィーンが政府に提出した計画は壮大きわまるものだった。「大英帝国の東西にある世界の植民地への郵便運送。さらに太平洋を西航して広東とシドニーにも達する輸送計画」である。このとき、マックィーンは「近い将来には中米に（大西洋と太平洋をつなぐ）運河が出来るのも夢でない」とさえ説いていた。極めて先見性のある考えである。

カリブ海の小アンティル諸島には一八世紀に植民地化されてイギリス連邦の一員になっていた島が点在していた。まずマックィーンは、本国とカリブ海にある英領の島々を蒸気船でむすぶ航路計画を大蔵省に提出する。この提言が政府の「西インド委員会」で俎上に上り、新会社への郵便運送補助がきまる。これで経営の基盤となる運送契約が実現する。

ロイヤル・メール・ラインの社旗。
王室の紋章があしらわれている

こうして一八三九年「ロイヤル」の社名を冠したロイヤル・メール蒸気船会社Royal Mail Steam Packet Co.（通称ロイヤル・メール・ライン：ＲＭＬ）が設立される。そして同年九月、ヴィクトリア女王から王室特許状が下賜され、ＲＭＬ社旗には王室紋章が飾られた。

このときマックィーンは六一歳になっていたが、五三歳のサミュエル・キュナードが北大西洋横断の定期蒸気船を就航させる一年まえであった。ＲＭＬ設立の功労者はマックィーンだが、資金的バックになる私立金融機関（Reid, Irving社）の代表者ジョン・アーヴィング議員が会長になった。

一八四〇年、RMLは海軍省と郵便運送契約をむすぶ。その契約条件は、毎月二便、バルバドス、グレナダ、サンタ・クルズ、セント・トマス、キューバ、キングストンなどへ蒸気船を配船するものだった。この定期航路のためには蒸気船一四隻、帆船三隻（フィーダー用）、給炭と修理の設備を備える条件となっていた。

給炭地だが、往航ではコルーナ（スペイン）とマデイラ諸島（ポルトガル）、復航ではバミューダ諸島となっていた。のちにコルーナの地形が給炭作業に不適となり、往航の給炭地はマデイラ諸島に絞られる。今なお美しい観光地であるマデイラ諸島は一八五一年から始まる南米航路でも重要な給炭地となっている（注：この地で石炭が採れるのでなく、燃料炭はウェールズやニューカースルなどから帆船で運ばれていた）。ただ、往復航海の給炭ではかなりの迂回を余儀なくされていた。

イギリスからの発航地だが、一八四一年にロンドン〜サウサンプトン間の鉄道が開通していたので、RMLはロンドンでなく、少しでも距離の短いサウサンプトンを志向する（一八八〇年からロンドン発航となる）。しかし契約当事者である海軍省がファルマス発航を要求してくる。イギリス西端にあるコーンウォール（注：この水域は航海の難所として知られ、帆船時代には数多の海難が発生していた）のファルマスは以前から重要な海軍基地であったことで、海軍省には寄港を要求する根拠があった。やむなくRMLは一八四〇年、この港を発航地にして開業する。もっともRMSPの説得が奏功して一八四三年以降はサウサンプトンが起点となる。余談ながら一八〇五年、トラファルガー海戦でのイギリス艦隊の勝利とネルソン提督戦死のしらせは、スクーナー帆船「ピックル」でファルマスに上陸、駅馬車でロンドンにもたらされていた。

RMLの使用船は「クライド」（一八四一トン、一八四一年竣工）をはじめとする一八〇〇トンから二〇〇〇トンの木造外輪船一四隻である。各船が同時期にそろうよう、国内の各造船所に分けて発注され、一八四二年までに完成する。

この時期には鉄船が出現しつつあったが、海軍省は木造船による契約履行にこだわっていた。ところが処女航海でサウサンプトンを出航した「アマゾン」（二二五六トン）が一八五二年一月二日、イギリス南岸ポートランド沖の船火事で一〇〇余名の犠牲者と金貨二万ポンドをうしなう事件を起こす。「郵便船木造船主義」に固執していた海軍省も、これで漸く鉄船使用を認めることになる。こうして一八五三年に竣工した「アトラート」（三四六六トン）が最初の鉄船となる。

RML創設当時の使用船「クライド」。1841年竣工の木造外輪船

当のジェームス・マックィーンはRML開業三年後の一八四二年に六四歳で引退、九二歳まで生きている。マックィーンがRMLの創業者であることは間違いないが、その経営に参画した期間はわずか三年である。六〇歳代まで働くのが常識になっている現代人は不審を抱くかもしれないが、むかしは五〇歳で引退して、それからは悠々自適の余生を送るのが人生のパターンであった。マックィーン自身は五〇歳台に抱いた夢（カリブ海へ定期蒸気船を走らせること）が実現するまで努めるうちに六〇歳台になってしまった、というのが実態であろう。

ＲＭＬのカリブ海線は一九二〇年まで続いているが、マックィーン引退後のＲＭＬは一八四七年から一八五〇年までサウサンプトン～バミューダ～ニューオルリアンズ線、一八五二年～一八六八年のサヴァンナ～ナッソー～コロン線、一八五七年～一八五九年にはマルセーユ～マルタ～アレキサンドリア線、一九〇六年～一九〇九年にはロンドン～スエズ運河～シドニー航路も開設しているが、長続きしていない。

ロイヤル・メール・ライン主要船の乗客定員

船名	建造年	トン数	1等	2等	3等	姉妹船
Clyde	1841	1,841	100	0	0	14隻
Orinoco	1852	2,245	100	0	360	5隻
Solent	1853	2,230	100	0	350	3隻
Paramatta	1858	3,439	60	100	0	3隻
Atrato	1888	5,366	221	32	26	4隻
Nile	1893	5,855	215	36	359	2隻
Aragon	1905	9,588	306	66	632	4隻
Asturias	1907	12,105	300	140	1,200	2隻
Deseado	1911	11,475	98	38	800	5隻
Arlanza	1911	15,044	400	230	760	5隻
Asturias	1925	22,048	432	223	453	2隻
Andes	1939	26,689	403	205	0	

RML船の３等ラウンジ。経営上、３等客を集める必要から３等設備に気を配った

一八八四年、ＲＭＬの業績は開業いらい最高を記録しているが、その当時の就航船をみると、乗客定員は一等のみである。他の航路では犇《ひし》めいていた移住者でなく、本国〜植民地間を往来する高級官吏や軍人がおもな客であったからと推測される。

この時期、カリブ海での権益をかためた勢いを借りてサントス、リオデジャネイロまでの南米線を計画する。一八四二年に退いていたマックィーンが現役時代に南米まで航路延伸を考えていたかどうか分からないが、新聞社主の時代に「大英帝国から世界中の植民地への航路網をつくるべし」との意見を開陳していたことから、ＲＭＬ社内では当然そのような志向があったと考えてもよい。

南米航路は前出の「クライド」型の「テーヴィアット」（一七四四トン、一八四二年建造）を第一船として一八五二年に始まる。この時は西インド諸島から延航されたもので、サウサンプトンからリオデジャネイロまで二九日間かかる航海であった。中間寄港地はリスボン、マデイラ（給炭）、セント・ヴィンセント、レシフェ、バイア・ブランカ（アルゼンチン）であった。

乗客定員だが、一等定員一〇〇名の「クライド」型と異なり、一八五二年竣工の「オリノコ」（二二四五トン）型五隻では三等客三六〇名の設備が造られている。これはポルトガルやスペインから南米への移住客を乗せるためと考えられる。二〇世紀に入るとブラジル、アルゼンチン政府が社会資本を充実させるために積極的に移住者を受入れたから、別表のように一等、三等ともに定員を増やした大型船が就航している。

三等客を集めるのが航路経営で必須であったことから、各社とも三等設備には気を配っていた。RML船でも例外でなかったが、日本から南米への移住者が収容された三等設備とは段違いの良さであった。

キルサント卿の時代

イギリス海事史に名をのこす「キルサント卿」とは、一九〇二年にRML会長に就任したオーウェン・フィリップス（一八六三〜一九三七）が一九二三年に受けた爵位である。従って一九二三年以降はキルサント卿と呼ばれている。梟雄と呼ぶにふさわしいこの人物によってRMLは劇的な盛衰の道をたどることになる。

イングランド南部、牧師の家で五人兄弟の三男に生まれたオーウェンは一七歳でニューカッスルのデント商会で見習い修業をしたのち、二六歳で兄のジョン・フィリップスとともにキング・アルフレッド汽船会社を設立して船主となる。兄のジョンが裕福な家庭の娘と結婚したことで、その支援によりオーウェンが乗りだす仕事の基盤となった。一八八八年のフリップス社設立を手はじめに、一八九六～一八九八年にかけてロンドンで複数の海事関連の会社を所有するなど、この兄弟の持ちつ持たれつの関係が晩年までつづく。

RMSPが傘下に収めた主要船社

年度	会社名
1906	Orient-Pacific Line
1910	Pacific Steam Navigation Co.
1911	Glen Line
1911	Lamport Holt Line
1912	Elder Dempster Line
1913	Union Castle Line
1917	McGregor, Gow & Holland
1917	Argentine Navigation
1917	John Hall & Co.
1919	J.& P.Hutchinson
1919	Bullard King
1919	David MacIver
1919	Scottish Steamship
1927	White Star Line

二〇世紀を迎えるころ、ＲＭＬの業績は下降を辿っていたが、機を見るに敏なフィリップス兄弟はＲＭＬ株式を徐々に買い増していた。ＲＭＬの業績悪化に歯止めをかけるため、同社経営陣は一九〇三年に、腕利きの実業家として名をあげていた三九歳のオーウェンを役員に迎え、その三カ月後に会長に就任させる。まずオーウェンはＲＭＬ船の煙突を在来の黒一色から褐色塗装に変えて社内空気のイメージチェンジをはかる。

オーウェンの実兄ジョンが南米での鉄道事業に関わっていたことから、ＲＭＬの南米航路経営はさらに精力的に推し進められる。その間の一九〇二年、オーウェンはウェールズの富豪の娘メイ・アリスと結婚、六〇〇万坪の土地と莫大な財産を相続している。この事もオーウェンの活動を支える経済地盤となったことは間違いない。

オーウェン・フィリップスの性格だが、海運業で梟雄と見なされるほどの半生を送ってきたこともあり、自分が取り組む仕事に対しては満腔の自信をもっていたから、他の役員の意見を徴しながら事をすすめる手法はとらなかったと伝えられている。ＲＭＬはこの後に船会社のＭ＆Ａを続けて巨大になるのだが、他社買収などの重要案件も独断で決裁するという、専制的な経営に終始した。

オーウェン・フィリップスがこれほど腕を振るって、ＲＭＬを成長させたことの裏には大きな事実があった。それは北アイルランド・ベルファストにある造船所・ハーランド＆ウルフ社（Ｈ＆Ｗ）会長のウィリアム・ピリー（一八四七〜一九二四）との交友関係である。イギリス造船史に残るこの人物について説明しておきたい。

アイルランド人のウィリアム・ピリーは一一歳でベルファストの工科学校Royal Belfast Academical Institutionで教育をうけ、一五歳からＨ＆Ｗの見習い工体験を経て、二七歳で会社の共同経営者になる。ピリーが頭角を現したのは、船主が魅力を感じるほどの支払い条件を提示することを武器にしたことである。

一九〇二年にアメリカのモルガン財閥がＩＭＭ (International Mercantile Marine)をつくるとき、ウィリアム・ピリーはＪ・Ｐ・モルガンと関わっているが、この頃からオーウェン・フィリップスとの関係ができる。ピリー会長（一八九五年就任、一九〇六年男爵位、一九〇八年ナイト）は、以後のＲＭＬ船はＨ＆Ｗに発注される条件で、建造原価プラス四％の船価で契約していた。

こののち殆どのＲＭＬ船はＨ＆Ｗで建造され、オーウェンとウィリアム・ピリーの交友関係はピリーが一九二四年に死去するまでつづく。そしてピリー会長亡きあとはオーウェン・フィリップスがＨ＆Ｗ会長に就くほど、両者の関係は深化していた。

ＲＭＬが初めてＨ＆Ｗに発注したのは、一九〇五年の「アラゴン」（九五八八トン）と一九〇六年の姉妹船「アマゾン」（一万三七トン）で、後者はＲＭＬで初めて一万トンを超えた客船だった。本船で

RMLが初めてH&W造船所に発注した「アラゴン」。姉妹船「アマゾン」とともにエレガントな船容で旅行客に人気だった

採りいれられたアイランド・ブリッジ（ブリッジとハウス部分が隔離され、ウェルデッキ部分は貨物艙）は、それ以後のRML客船で踏襲される。

H&Wで生まれた客船はエレガントなスタイルで知られていたが、「アラゴン」もその例外でなく、旅行客の人気の的となった。この航路の復荷はアルゼンチンからの牛肉であった。この貨物のために、三等船室の一部も貨物艙に転用されていた。この姉妹客船は第一次大戦中にドイツUボートからの雷撃を受け一二年の短命に終わっている。

H&Wデザインの特徴はホワイト・スター・ライナー「オリンピック」、「タイタニック」でも窺われ、近くはP&Oの「キャンベラ」にもあらわれている。H&Wデザインの美しさは、クライドバンクのジョン・ブラウン造船所、タイン河畔のスワン・ハンター造船所でも真似のできないものだった。

オーウェンがRML会長に就任した二年後（一九〇四年）の社船は二七隻、八万トン（平均船齢一三年）であったが、平均船齢はP&Oより高かった。会社の体力強化のため、会長に迎えられたオーウェンが志向したのは他社を傘下において経営効率を上げることであった。RMLは〈王室特許〉を受けて航路を経営する立場にあったから、他社へ自由に手を伸ばすことができない。それで政府に働きかけ、一九〇四年、エドワード七世から他社買収認可のロイヤル・チャーターをうける。余談になるがこの翌年、日本では浅野総一郎が東洋汽船で南米西岸線を用船「グレンファーグ」で開設していた。

RMLのフリート整備は姉妹船四隻の単位でなされているが、一九一〇年代に入ると一等、三等とも定員を増やした「アーランザ」（一万五〇四四トン、一九一一年建造、一等四〇〇名、二等二三〇名、三等七六〇名）クラス四隻を就航させている。これ以降、オーウェン・フィリップスは独裁的な手法で、驚くほど多くの船社のM&Aに乗りだしている。その資金調達は主として社債株式（元金据置き、金利四%のみ支払）と傘下の会社からの資金融通に拠っていた。資金調達の要領を知った金融界では、その手法に懸念と疑念を抱くようになる。

第一次大戦が勃発するや、RMLもほとんどの船腹を軍に提供するが、一〇〇隻以上の社船が犠牲になっていた。戦時中の功績により騎士団勲章を授与されたオーウェン・フィリップスだが、喪失船腹の回復を急ぐあまり、造船所に一九一九～一九二〇年までに竣工する条件で急造発注する。この時期の造船需要は高まりの極にあったから、高船価で、しかも在来型のデザインでしか造れなかった。あと知恵になるが、もう一年も待てば船価は四分の一になり、改良されたデザインの船が出来る可能性があった。

一九一九年のこと、政府が建造中だった標準型船が一三七隻あり、船会社への払下げ要請が出される。RMLはP&Oとともにこれら船舶の引受けをきめる。船腹不足の状況からして容易に転売できるだろう、との考えがオーウェンの心にあった。ところが運賃市況の低迷から船腹需要は増加しない、結局RMLは政府ローン一五〇〇万ポンドで七〇余隻を自社が引きとることとなってしまう。その購入資金はRMLグループ会社が発行する社債のほか、イングランドと北アイルランド政府保証による銀行融資でまかなわれていた。

一九二三年には貴族に列して男爵キルサント卿Lord Kylsantと呼ばれるようになるが、大戦中もM&Aを止めなかった。一九二四年に永年の友人ピリー卿が死去して、オーウェン・フィリップスが会長としてH&W経営にも携わる重圧下にあっても、他社M&Aの野心を捨てなかった。

ディーゼル・エンジンの採用

ディーゼル・エンジンは一九一二年に航洋船「セランディア」（四九六四重量トン）が二五〇〇馬力のエンジンを搭載したのが世界最初である。日本では一九二四〜一九二五年に大阪商船が小型客船「音戸丸」クラス三隻と南米航路客船「さんとす丸」に搭載したのが嚆矢だが、当時の国内造船所では技術未熟のゆえにデンマークB＆W社から現物を購入していた。

同じ時期、H＆WはB＆W社からの技術供与をうけてディーゼル機関（Harland-B&W型）をライセンス製造する体制ができあがっていた。それで二万二〇〇〇トンの姉妹客船「アスチュリアス」、「アルカンターラ」に世界最大のディーゼル・エンジン（一万五〇〇〇馬力）が搭載され、一九二五〜一九二六年に完成する。ピリー卿は生前に内燃機関の採用に興味を抱いており、その遺志を体してキルサント卿が決心したものである。

信頼性やコスト面で問題のあった当時に、このような大出力の内燃機関を搭載する決断がなされたのは卿の面目躍如たるものがある。この姉妹船の運航実績をみてキルサント卿は内燃機関の信奉者となり、エルダー・デンプスターなどRML傘下の客船に採用する。

ディーゼル機関はレシプロ・エンジンよりも機関室スペースが少なくて済むことから、二階建てダイニング・ルームなど、広々とした客室が旅行客の評判を呼んだ。復航では冷蔵肉などを積みとったから、油圧クレーンや補機の電化も行なわれていた。これにもディーゼル機関と相俟って新機軸を採用したキルサント卿の進取的スタンスがうかがわれる。

就航時に世界最大のモーター船であった「アスチュリアス」型だが、一日の燃料油消費量七〇トンで最高一七ノットという性能が、他社船にくらべて遜色を見せるようになる。就航九年で主機換装するという痛ましい決断に迫られた。四ヵ月かけて二万馬力のギアド・タービンに替え、一九ノットで復帰する。この結果、新造時には低かった煙突から背の高い煙突となり、船容が一変する。

なお「アスチュリアス」、「アルカンターラ」は第二次大戦で徴用されたとき、ダミーの一番煙突が撤去された。前者は戦後も海軍省使用船となるが、後者は原航路に復帰したのち、一九五八年に日本の解体業者へ売却されて「海祥丸」と改名、岡田組の手で回航され堺で解体されている。

この事象は揺籃期のディーゼル船の将来に暗雲を投げかけるかと心配されていた。当時はシリンダー直径が小さかったから内燃時の圧力→馬力が出なかったのが原因であった。時代を経るにしたがい、鋳鋼技術と強度設計の進歩により、現代では問題が無くなっている。

RMLの大型客船「アスチュリアス」。世界最大のディーゼル・エンジン（1万5000馬力）を搭載した

主機をギアド・タービンに換装した「アスチュリアス」。煙突の背が高くなり船容が一変した

日本の解体業者に売却され「海祥丸」と改名した「アスチュリアス」。第1煙突が撤去されている

WSLの買収と華麗な凋落

RML歴史のなかで最も話題を呼んだのは一九二七年になされたIMM傘下のオセアニック・スティーム・ナヴィゲーション社の買収であった。買収価額は九〇〇万ポンドの巨額であったが、この動きはイギリス国内では歓迎された。というのは、ホワイト・スター・ライン（WSL）と通称されたこの有名会社は一九〇二年にイギリスからアメリカ資本下に移っていたから、それが真のイギリス籍になることを意味したからである。キルサント卿は一九二七年一月、自身が会長となって持株会社「ホワイト・スター・ライン社」を設立、買収資金の調達はわりあい容易に実施された。この買収の結果、RMLグループの船腹は世界一の二〇〇万トンに達していた。

「夢を抱いていたモーレツ経営者」と人から評価されていたが、「海上交通（荷客）は遅からず回復する、その暁にはRMLグループに隆盛が訪れるだろう」との楽観からM&Aを続けたものである。これも後知恵の類《たぐい》だが、この時期が世界一のフリートを擁したRMLで構造改革をする最後のチャンスであったとされている。

一九二九年一〇月のニューヨーク株式市場での大暴落で口火を切られた世界不況は海上交通にも波及し、多くの海運会社は苦境の波に翻弄される。当然ながらRMLグループのみならずH&W経営も打撃をうける。このときオーウェンがとった手法は、株式を持ち合ったグループ会社間で損益操作をして配当を継続することだった。

けっきょく一九三〇年の秋、RMLグループが内包していた負債は三〇〇〇万ポンドの巨額に達することが明るみに出て、キルサント卿は退陣を余儀なくされる。そして翌年には粉飾決算の疑惑で起訴され、一二ヵ月の禁固刑に処せられる。伝えられるところでは、裁判中も禁固中もキルサント卿は常に堂々と振る舞っていたという。

ＲＭＬ経営者としてのキルサント卿は保身でなくイギリス第一の海運会社への情熱が実らなかっただけだ、とその人物像に惹かれる人が多かった。だから卿が刑期を終えてウェールズの邸宅に帰ったとき、人びとは「お帰りなさい」と歓迎していた。また自身が会員となっていたクラブに提出した退会届は受理されなかったという。

一九三七年六月、オーウェン・フィリップスは七四歳で波乱の生涯を閉じた。傲慢な態度が非難されるながら、自分自身の知識と能力に頼って会社を経営したとされている。二メートル近い背丈の体躯で早朝から夜おそくまで仕事に没頭する姿には、他の役員も従わせるだけのカリスマ性があったと考えるほかない。

結局のところ、ＲＭＬは世界恐慌で受けた傷から回復することなく、一九三二年に解散の道をたどる。所有船などの資産は新たに設立されたロイヤル・メール・ライン社に受け継がれ、第二次大戦中の挺身活動を経たのち南米航路を復活させる。しかし商業航空との競争に抗しきれず、一九六〇年に定期サービスをやめてしまう。ＲＭＬ最大の社船「アンデス」（二万五六八九トン、一九三九年建造）だけがクルーズに転用されたのち、一九七一年に解体された。

それ以後のＲＭＬが辿った道は寂しいものだった。一九六五年ファーネス・ウィジー・グループ傘下に入って船隊整理がなされたのち、一九七〇年にはファーネスそのものが台湾のＣ・Ｙ・トンの手にうつる。それが間もなく、ハンブルク・スドへ身売り吸収され、ＲＭＬの残滓は冷蔵貨物船だけとなり現在に至っている。ジェームス・マックィーンが産み、オーウェン・フィリップスが一時は世界一の海運会社に築きあげた名門の終焉である。

ドイツから南米東岸への客船サービスを始めたハンブルク・南アメリカ汽船会社（HSD）が本拠地としたハンブルク港

ハンブルク・南アメリカ・ライン

ドイツから南米東岸への客船サービスを始めた船会社として知られるのはハンブルクに本拠をおくハンブルク・南アメリカ汽船会社Hamburg Sudamerikanischen Dampfschiffahrts（HSD）＝通称ハンブルク・南アメリカ・ラインである。他の客船会社と同じく、商業航空の発達により、この会社も一九六〇年代に客船サービスから撤退、貨物船サービスに特化した。

HSDは二〇〇四年からはコロンバス・ラインという通称が使われるようになった。現在ではコンテナ船の分野で有名な船社で、朱色の船体にHAMBURG SUDの白色ロゴが鮮やかに記され、ハンブルク市章といえる社旗が描かれた赤色のコンテナ・ヴァンを搭載して大洋を駆け巡っている。

一九世紀中葉の西ヨーロッパ社会ではさまざまな動揺がみなぎっていた。アイルランドの大飢饉（一八四五～一八四九）から始まり、ドイツでは共産主義同盟の発足（一八四七）、フランスでの二月革命などだった。ドイツは統一以前だったこともあり、おびただしい人々が新大陸へ脱出し続けていた。脱出先は北米についで南米だった。

この風潮に乗じて複数のイギリス業者（タイン河畔のC・ミッチェル造船所＝後のアームストロング造船所と船主ワッツ・ミルバーン社）が一八六九年、ハンブルク・ブラジル汽船会社というドイツ籍の会社を設立して、「サントス」「ブラジリアン」「リオ」という三隻の客船をハンブルク～ブラジル間に配船したのが嚆矢となる。

こうして営業を続けること三年、関係者間で協議がなされてコメルツ&ディスコント銀行を中核株主にしてＨＳＤが設立され、南米サービスの拡充が合意された。一八七一年一一月のことで、ヴィルヘルム一世のもとドイツが統一された一〇ヵ月後であった。設立に参加したのはハンブルクのシップブローカーなど一一社である。会長に選任されたハインリッヒ・アムシンクの祖父はハンブルク市長で、そのファミリーは南米と長い取引経験のある商社シューバク&ゾーネ社であった。

ＨＳＤ創業から一九三〇年代まではアムシンク父子（ハインリッヒとテオドール）が舵をとり、それから第二次世界大戦後の復興までエトカー・ファミリーが牽引した会社である。エトカー・グループは一八九一年に開業したドイツ有数のパンなどの食材製造業者であるが、小麦などの食材輸入で海上輸送を伸ばしてきたものである。

HSDの初代会長ハインリッヒ・アムシンク

ＨＳＤはハンブルク・ブラジル汽船会社の所有船を引き継ぎ、一八七二年一月からハンブルク～リオデジャネイロ～サントス航路を開設した。その間にサンダーランドのジェームズ・レイン造船所に新船を発注、これが「バイア」（一九八三トン、乗客一等四〇名、三等一六〇名）と「ブエノス・アイレス」（二四三八トン、乗客一等三〇名、三等二〇〇名）となって、ブエノスアイレスまで航路を延伸していた。この時期、ドイツの造船業は未成熟であったことから、C・ミッチェル造船所やレアード造船所（グリーノック）、R・ネイピア造船所（グラスゴー）などに発注していた。この傾向は一八九〇年まで続く。一八七三年になって初めてドイツの造船所(Reiherstieg)が「ヴァルパライソ」（二二四七トン、乗客一等三〇名、三

初めてドイツの造船所が受注したHSD船「ヴァルパライソ」。これ以前は主に英国で建造していた

「ゲルマニア」の遭難。NDL船に対抗してハパックから用船したが、就航間もなくブラジル沖で座礁、全損となった

等一五〇名）を受注しているが、この客船は同年にC・ミッチェル造船所で竣工した「モンテヴィデオ」と同一サイズと乗客定員であることから、このイギリス造船所から提供された図面をもとに建造されたものだろう。

HSDは八隻のフリートでハンブルク～南米線を開設した。ところが、ブレーメンを本拠とする北ドイツ・ロイド社（NDL）が南米航路に進出してくる。NDLはブレーメン州議会の認可を受けてニューヨーク線と西インド諸島への航路を開設していたが、そのうち南米への進出を企図する。これでNDLがHSDとライバル関係になるが、ハンブルクの船社ハンブルク・アメリカ・ライン（Hapag：ハパック）がHSDをバックアップする。

NDLはニューヨーク航路でハパックと熾烈な競合を展開したことで知られるように、極めて野心的に航路網を開拓していた。一八七〇年の普仏戦争勃発後に訪れた好景気に乗じ、NDL社はHSDの航路に割り込んでくる。その手法は、当時の南米航路では前例のないサイズの三〇〇〇トン型客船三隻（「ホーヘンツォルレン」ほか二隻）を含む五隻をイギリスで建造して投入するものであった。

これに対してHSDは手持ち船が充分なかったので、ハパックにアプローチして「ゲルマニア」（二八七六トン）と「ゲーテ」（三四〇八トン）を一八七六年から用船して就航させた。しかし就航間もなく二隻ともブラジル沖とリバープレート入口で座礁、全損になる不運に逢う。航海技能と計器が未発達の時代であったことと、北大西洋に比べて海岸の地形が複雑で岩礁の多い南米沖であったから、この種の海難は避けられなかったものであろう。

南米航路での競合

一九世紀後半になると、南米航路はどの船社にとっても魅力的なものになり、一八八五年時点では一六社が配船していた。すなわちイギリスの七社を筆頭に、フランスとイタリアが各三社、スペイン一社であった。ドイツはHSDとNDLの二社のみで、マーケットを主導したのはイギリスの二社（RMLとパシフィック・スティーム・ナヴィゲーション社）であった。そのうち激しい競争のすえ、一八九二年には六社になっていた。国家助成に浴する外国船社のなかにあって、HSDは無補助、独力で航路経営を続けていた。

ハンブルクのデ・フライタス社が一八七九年から南米航路に貨物船を配船しており、HSDと集荷競争が繰り広げられていた。いったん協調配船に落ちくものの、一八九九年になり競争が激化する。というのは、一八九八年頃から大量のコーヒ、羊毛、穀物、タバコの出荷があったからである。乗客が減少していたにも拘らず、HSD全体では好成績で、営業部門から船腹増加を求められるほどだった。HSDの株主配当も一八九七～九九年度は一〇%、一二%、一六%となっていた。一九〇〇年にハパックがデ・フライタスを傘下に収めたので、それ以後はHSD対フライタス＝二対一のシェアで貨物を分けあい、HSDはハンブルクからの客船サービスを独占することになる。

ＨＳＤは一八八一年からは、後年ドイツ最大の造船所となるブロム&フォス社に発注をはじめている。その後はドイツ造船技術の発達によって、国内発注が増加、一八九〇年からはすべて国内製になってゆく。それまでのＨＳＤ船は鉄の船体であったが、一八八六年建造の「バイア」（二二五六トン）で鉄・鋼鉄混合となり、エンジンは二連成から三連成レシプロになっていた。乗客定員だが、一等は二〇名から数一〇名の反面、航路経営の主軸であった移住者の定員が徐々に増加していた。

一九世紀の欧州にコレラが猖獗したことは知られているが、一八八二年にはハンブルクでも発生していた。このためＨＳＤ船はコレラが無くなるまでロッテルダムからの発航で凌いでいた。ブラジルでは一八七〇年以降、黄熱病があちこちに発生したので、ＨＳＤの経営は悪影響を受ける。

二〇世紀が近づくころ、欧州から南米への移住者が増加したことで、南米東岸航路を経営する欧州の船社は使用船の大型化をはじめる。ＨＳＤもこれにならい一八九五年から一八九六年に「アスンシオン」（四六六三トン）型三隻を就航させる。これら姉妹船は一等二四名のほか、三等定員が四四〇名と大幅に増えていた。主機関も在来の三連成でなく四連成往復動蒸気機関が初めて採用されていた。「アスンシオン」は第一次世界大戦の開戦後にドイツの軽巡「カールスルエ」乗組員の母艦に徴用されていた。その後ブラジル政府に接収されたのち、第二次大戦中に大西洋で独潜水艦の犠牲となった。

ＨＳＤの乗客輸送数だが、一八九五年に記録的な一万七〇〇〇名を輸送したのち、一八九九年以降は一万五〇〇〇名になっていた。

カップ・クラスの登場

ブラジルとアルゼンチンはそれぞれ一八二二年と一八二三年に宗主国ポルトガルとスペインから独立をはたす。当然のことだが、これら新興国ではインフラ整備のために西欧諸国から技術者や労働者をどん欲に移入させる。いっぽう欧州で不穏な社会情勢から新天地を求める人々が増えていた。それで南米航路を経営する船社は大型船を投入、輸送力の増加で対応していた。

欧州～南米定期でHSDはハンデを背負っていた。ひとつはライバル船社が国家助成を受けていたのに対して、独力経営であったこと。もうひとつはハンブルクから南米までの距離がイギリスや地中海諸港よりも大きかったから、燃料消費などの点で不利であった。また、石炭が出ない南米では帆船で石炭を積来していたため価格が高かった。だから帰りの燃料炭も母国で積み込んでおく必要があり、そのために貨物積載でも不利があった。

HSDとしては、これらのハンデを克服するためには、就航船のサイズと旅客設備でライバル船を凌駕するしかなかった。このために一八九九年に資本金を三七五万マルクから一一二五万マルクに増資して競争力アップに乗り出す。この資金で計画されたのが「カップ：Cap ＝ 岬」という接頭語をもつ客船で、船のグレードではプレミア・クラスといえるものであった。

最初のカップ・クラスは「カップ・フリオ」、「カップ・ロカ」（各五七〇〇トン）の姉妹船で、一九〇〇年ハンブルクのライヘルスティグ造船所で建造された。両船では三等定員が五〇〇名で、往来客用とされた一等定員は八〇名に増えていた。貨物船は別にして、プレミア・クラスの客船にはすべてこの接頭語が付けられ、煙突の色は黒から褐色に変わっていた。資料によれば、このクラスの客船が登場するや、乗客が殺到したとある。これはHSD技術陣が乗客の嗜好をうまく読んでいたことの表われといえる。

HSDは更に船質改善を進め、一九〇四年竣工の「カップ・ブランコ」（七五二三トン）、「カップ・オルテガル」（七八一八トン）の姉妹船では、三五〇名収容のスティアレジ船室（四等と表示）が初めて設けられていた。この船室はdormitoryとも呼ばれていたから、大部屋に蚕棚という劣悪なアコモデーションだったはずである。

このように適切なタイミングで投入した新船とスペイン人季節労働者（春＝南米の秋＝に収穫労働のため渡航し、シーズンが終わると帰国）により、一九〇四年の旅客輸送は一万八三五三名を記録し、この数字は以後数年間上昇の一途をたどったとある。

HSDの船隊整備を見ると、イギリスの巨大船社ロイヤル・メール・ライン（RML）を目標にして伸張したと思われるフシがある。この時期、ハンブルク出航後のHSD客船の寄港地はイギリス（ドーヴァー＝一九〇七年からサウサンプトン）～ポルトガル（リスボン）～ブラジル（リオデジャネイロ）～ウルグアイ（モンテヴィデオ）～アルゼンチン（ブエノスアイレス）の順になっていた。

一九一一年にブロム＆フォス造船所で竣工した「カップ・フィニステーレ」（一万四五〇三トン、一等二九七名、二等二二二名、三等八七〇名）はHSDでは空前の豪華船といえるものだった。この客船はブエノスアイレス終点に計画されていたから、ラプラタ河遡航のため、浅吃水型の船体になっていた。エンジンは四連成レシプロ、二軸推進であった。HSDがこのような巨船を投入したのは、ライバルのRMLが一九〇八年、アルゼンチン航路に投入していた一万二〇〇〇トン型姉妹船「アスチュリアス」、「アーケディアン」に加え、同社が発注済みの一万五〇〇〇トンの「アーランザ」型四隻に触発されたことは間違いない。複数の同型船をそろえるのが航路運営の常道であるが、HSDはRMLにくらべて財務基盤が弱かったから、目玉商品的に徐々に船隊整備をしていたものであろう。

とにかく「カップ・フィニステーレ」はサイズとサービス・スピード（一七ノット）のみならず、船客設備でも空前の豪華船と呼ぶに相応しいものだった。全員がワン・シッティングできる一等食堂は二デッキ通しのスペースで、巨大なガラス・ドームの温室ガーデン、喫煙室、体育室など、いまのクルーズ客船に劣らぬ設備だった。車椅子さえも用意されていた。とくに船客に好評だったのは上甲板の屋外プールで、熱帯水域を航行する乗客のサンルームとなっていた。

尤もこのようなプール配置は、上甲板にある七八トンもの水の重さが船の安定維持の障碍となっていた。それゆえにハンブルク発航時には燃料、バラスト・タンクの操作に細心の注意がなされていた。

「カップ・フィニステーレ」のような高コスト大型船一隻だけ運航していたのでは将来性がないと判断したHSDは、普及型ともいうべき九〇〇〇トン型客船隊を揃える方向に舵を切る。これが一九一二年建造の「バイア・ブランカ」ほか三隻の姉妹船である。移民用の三等客を二二〇〇から二五〇〇名も乗せたスペースに、復航では一万トンもの貨物を積載するという〈貨客船〉であった。この手法が成功して、一九一二年には八万二〇七二名という最高の輸送記録を達成していた。

南米航路の豪華客船カップ・クラスの温室ガーデン。大きなガラス・ドームが美しい（写真は「カップ・ポロニオ」）

大型化競争から第一次大戦へ

この時期の情勢は南米向けの移民と欧州むけ貨物の将来が無限、という希望をどの船社にも抱かせるほどのものだった。それでイギリスだけでなく、ロイヤル・ホランド・ロイドは最高速力一七・五ノット、一万四〇〇〇トン型二隻、国家助成を受けたフランスの新会社スド・アトランティク社が一万五〇〇〇トン型二隻を一九一三年に投入しようとしていた。同社の新造船は二〇ノットという南大西洋では前代未聞の高速船であった。

ハンブルクから出航する「カップ・トラファルガー」。1914年の竣工時、南米航路最大の客船（1万8710トン）だった

大型化競争がこれほど激しくなると、HSDも大型、豪華船方針に戻らざるを得ない。こうして一九一四年、当時の南米航路で最大の「カップ・トラファルガー」（一万八七一〇トン）をハンブルクのフルカン造船所で竣工させた。この客船は、三連成レシプロ・エンジンの三軸船で、中央軸は外側二軸駆動時の排気で回転させるものだった。この方式はハーランド&ウルフ造船所が一九一一年の「オリンピック」で採用していたから、フルカンがベルファストの造船所からパテントを取得していたと推測される。

一九一四年夏の時点だが、HSDは南大西洋航路の就航船腹量でトップに位置し、四一隻、二四万トンを誇り、第二次世界大戦直前には五二隻、三九万トンになった。大型客船指向はさらに続き、ブロム&フォス造船所へ二万トン型客船を発注、一九一四年三月に「カップ・ポロニオ」として進水させる。これでHSDの南米航路は豪華客船トリオによる運航体制が整うはずであったが、第一次世界大戦で目算が外れる。こののち、これら「カップ」クラス客船二隻は数奇な運命をたどるが、そのことを紹介したい。

なお、ドイツ商船ではファンネル・マーク（煙突塗装）はNDLやハパックのように、褐色が好まれており、HSDも例外でなかった。ところが、一九一一年の「カップ・フィニステーレ」が就航し

て間もなく、白い煙突に頂部が赤というカラフルなものに変わり、人の関心を惹きつける広告的効果を出していた

◎「カップ・フィニステーレ」はハンブルク～ブエノスアイレス線に就航していたが、第一次世界大戦の勃発後はハンブルクに係船。大戦終盤、連合軍に捕獲されて軍隊輸送に従事、終戦後は連合軍側へ賠償として引き渡され、一九二一年に日本政府へ移譲される。この客船は東洋汽船が政府から裸用船して「大洋丸」となり、サンフランシスコ航路に就航する。一九二六年、東洋汽船が日本郵船に合併されると日本郵船が運航、一九二九年に政府から払下げを受けて就航継続した。「大洋丸」は太平洋戦争中に東亜海運へ定期用船されていた。一九四二年五月七日、南方資源開発要員など一四四八名を乗せて門司を出航した翌日

第一次世界大戦の賠償として日本に渡され「大洋丸」となった「カップ・フィニステーレ」。サンフランシスコ航路に就航

第一次世界大戦時の英独仮装巡洋艦同士の一騎打ち。英「カーマニア」（手前）と沈没直前の独「カップ・トラファルガー」

夜、男女群島南西でアメリカ潜水艦の雷撃をうける。積荷のカーバイドに引火して全船火の海となって沈没、船長以下八一七名が殉難する悲劇に終わった。

◎「カップ・トラファルガー」は第一次世界大戦勃発時にブエノスアイレスに在港していたが、ドイツ海軍に徴用されて仮想巡洋艦となる。モンテビデオで燃料炭の補給をうけて出航、ブラジル領トリニダード島で砲艦「エバー」と会合、同艦搭載の兵装と弾薬すべてが移される。そのうえ自船のシルエットを変えるため、第三煙突が取り外された。アフリカ航路のユニオン・カースル客船に扮装するためだった。

こうして出撃した軍艦「カップ・トラファルガー」は四・一インチ砲二門、一ポンド・ポムポム砲六門で武装されていた。索敵活動一ヵ月後、ふたたびトリニダード島に帰還、ドイツから派遣された石炭補給船から燃料補給を受けている最中の九月一四日、同じく仮想巡洋艦となったキュナード客船「カーマニア」と遭遇する。激闘二時間、「カップ・トラファルガー」は沈没、「カーマニア」も被弾で大破するという歴史的な洋上決闘に幕が下りた。

第一次世界大戦後の復活

第一次世界大戦が勃発したとき、HSD船のうち一五隻はハンブルクに在港しており、一隻は連合軍の封鎖を潜って帰航中であった。その他は中立国スペイン、ポルトガル、ブラジル、アルゼンチンとチリに難を逃れていたものの、これらの国が連合軍側に立って参戦すると拿捕されてしまう。一九一九年、講和になるとハンブルク在港船はすべて連合国側へ引き渡される。これでHSDも丸裸となる。主な引き渡し先はイギリス＝一九隻、ブラジル、ウルグアイなど＝一一隻、フランス＝四隻であった。

国内の施設が戦禍壊滅した第二次世界大戦の敗戦国と異なり、第一次世界大戦では独仏国境が主戦場であったから、ドイツの国内造船所は無傷で残った。ベルサイユ講和会議が終了して一年間は造船所の工事が中断されたが、その後は建造再開と新造が許可される。戦後新造の一番船は「カップ・ノルテ」（一万三六一五トン、一等一八四名、二等三三四名、三等一三五〇名）である。この客船はHSD唯一の客船として一九二二年九月、南米航路に就航するが、その後は波乱に富む生涯を送ることになる。

第二次世界大戦の勃発と同時に南米水域から脱出、北大西洋を大きく迂回してアイスランド沖を航行中の一九三九年一〇月九日、イギリス巡洋艦「ベルファスト」に拿捕される。ドイツ海軍の伝統は、絶体絶命になったときは自沈が義務づけられており、戦時の商船にもこの指示がなされていた。だが、このときは荒天のさなかだったので船長は自沈命令を出さなかったと記録されている。

第一次世界大戦後、HSDは数千トンから一万トン台の客船七隻などを建造して再建に一歩踏み出す。一九二七年に完成した「カップ・アルコーナ」（二万七五六一トン、主機タービン、二〇ノット）は南米航路最大を誇る客船であった。ラプラタ河水深のため、吃水を九メートル以下にすること、南米で燃料補給の困難から往復の燃料をハンブルクで積み込まねばならぬなどの制約を乗りこえてトップ・クラスの客船に仕上がっていた。当然ながらグレースフルな船容と豪華なインテリアは旅行客の人気の的となっていた。本船と「カップ・ポロニオ」はHSDの看板客船として四年間、クルーズや定期航路で人気を集めた。しかし、この客船は第二次世界大戦終盤に痛ましい最期を遂げるが、それは後述する。

運航面だが、操船技術の問題あるいは海図未整備だったのか不明だが、南米大陸先端（ティエラ・デル・フエゴ）やノース・ケープへのクルーズ中の事故が目立っていた。

そのひとつに「モンテ・セルヴァンテス」事故がある。ティエラ・デル・フエゴのクルーズ最中の一九三〇年一月二二日、暗礁に乗りあげる。乗員、乗客は無事だったが、船体半分は没してしまう。第二次大戦後の一九五一年になって引き揚げ作業が始まり、三年後に浮揚して曳航される途中に沈没してしまう。

第一次世界大戦後、HSDの看板客船となった「カップ・ポロニオ」。クルーズ中の姿

「カップ・ポロニオ」船上のティータイム。美しい船容と豪華な内装で旅行客の人気を集めた

暗礁に乗り上げた「モンテ・セルヴァンデス」。1930年1月22日、南米大陸南端をクルーズ中の事故

第二次大戦とそれ以後

日本の商船は徴用船されて挺身するうちに、雷撃で喪われていた。これとは対照的に、ドイツ客船は大戦中にはキールなどに避泊するうちに連合軍機に撃沈され、残った船腹はイギリスなどに接収さ

れた。ＨＳＤもふたたび丸裸となる。このうちドイツが無条件降伏する直前に「カップ・アルコーナ」に降りかかった災厄は世界有数の悲劇である。

「カップ・アルコーナ」は一九四〇年一一月からグディニアに係留、ドイツ海軍の宿泊船になっていた。一九四五年、ドイツが敗色濃厚になると、ポーランドのグディニアからハンブルク方面への避難民輸送にかり出され、都合三航海で二万六〇〇〇人を運んでいた。ところがこのあとに最も難しい任務が待っていた。各地の捕虜収容所からリューベック湾に集められた軍事捕虜やユダヤ人五〇〇〇人を送還する仕事だった。船が出航したときには六〇〇〇人も乗船していたといわれている。一九四五年五月三日、考えられぬ程の人数を乗せて出航したとたん、イギリス空軍機のロケット弾が飛来してくる。全船火だるまになるが救助船は空爆下で近寄れない。

「カップ・アルコーナ」。第二次世界大戦末期、捕虜・ユダヤ人を移送中、英空軍機の攻撃で沈没、約5000人が犠牲となった

　岸辺からわずか数百メートルの地点で覆没、五〇〇〇人もの命が失われた。皮肉きわまりないことだが、あと数日待っておれば、連合軍に解放されるはずだった。これら夥しい人びとは、解放者になるはずのイギリス側によって犠牲になったのである。

　一九四五年に大戦が終結するが、連合軍からの新造許可がすぐに下りなかったのは日本と同じである。一九五〇年になり七〇〇〇トン、一二ノットを限度として許可

戦後のHSDを率いたルドルフ・エトカー会長

される。それで一九五一年から二年間、ＨＳＤは一万トン未満の小型客船六隻を新造、リバープレート線に配していた。

一九五〇年代になると、ＨＳＤは定期船事業にほかに不定期船、タンカー、冷蔵船などに事業を展開していた。欧州〜南米間の旅行客が海にもどる可能性に見切りをつけたＨＳＤは、手持ちの客船を一九六一年から一九六八年にかけて売却する。

事業多角化のほかにＨＳＤは他社の支配にも乗り出していた。ＨＳＤは一九三六年にドイツ有数のファミリー会社エトカー社（パンなどの食材製造）の傘下に入っているが、第二次大戦後の大胆な事業展開はルドルフ・エトカー会長の判断が大きく関わっていると考えられる。一九七一年からはコロンバス・ラインのトレード・ネームで北欧州から北米西岸と南米、大洋州、ニュージランドなどへのコンテナ船ルートを経営して現在に至っている。

第12章　南米への道（二）——日本からの移民を運んだ商船隊

初期の南米西岸移住者輸送

本章では日本人のラテン・アメリカへの移住を採りあげる。邦人の海外移住の足どりは、ハワイ王国から始まり、カリフォルニア、ラテン・アメリカと変わっていった。その後、これらの国々も移住者受け入れに枠をはめるようになると日本政府は満州国に最後の移住先をもとめ、「王道楽土」を謳った開拓民として送り出して一九四五年の敗戦を迎える。開拓民は侵入したソ連軍兵士による暴行と飢餓により二四万人が犠牲となったことを付け加えたい。

「春秋の筆法」でないが、もしコロンブスが新大陸を発見しておらねば、世界の状況は全く変わっていただろう。加えて清教徒が北アメリカに根を降ろさず、ブルボン家やロマノフ王朝などが広大な土地を支配しておればアメリカ大陸に出来た国家の性格も大分変わっていたのではないか、と思うことがある。

アメリカ合衆国で起こった西漸運動のコアは大陸横断鉄道の敷設である。肉体的に骨の折れる工事には東はアイルランド、西は中国から労働者が集まっていた。このうち、中国人労働者はパシフィック・メールなどの船社によって運ばれた。ハワイ王国では農園で働く場所を日本人が見つけていた。

南米大陸はスペインとポルトガルの植民地として発展、変性してきたものだが、宗主国から離れて創られた新興国の発展のために必要な労働力をまず宗主国の人びと、次に極東にいる勤勉な日本人を吸引したのである。

このように表現すると平面的に聞こえるが、邦人の海外移住の足跡は後世の私たちが姿勢を正したくなるほど波乱に満ちたものだった。海外移住のインセンティヴとなったのは農作物の不作と高い小作料による農村の疲弊であったといえる。この救済のため、官民あげて移住先を求める。それは一八八五年に始められたハワイ王国への官約移民から始まり、カリフォルニア、次いでラテン・アメリカと変わっていった。このように転々と変わったのは、受け容れ側の政治的、社会的理由によるものであった。これら国々に住みつく場所がなくなった一九三二年、日本の植民地の態をなした満州国に殖民先が造られたものである。

これら邦人移住者の努力と苦心は語り尽くし得ないが、別の言い方をすれば「海外に雄飛の地を求めた」ともいえる。徳川幕府の鎖国令で芽がつまれた日本人の海外雄飛スピリットが、一九世紀になり開花したとは考えられぬだろうか。

本章では極東から南米西岸、東岸に到る移住者輸送に従事した客船を述べるが、東洋汽船とその航権を引きついだ日本郵船の南米西岸線は、そのルート上にあるハワイやカリフォルニアにも途中寄港して中国人や邦人を輸送していた。

「ペルーとチリへの邦人入植は外交ルートでドアが開かれた」と言ってしまえば身も蓋もない。今や資源の国として脚光を浴びつつある南米諸国、とりわけ西海岸に面したペルーとチリは欧州から到達するには遠隔の地にあったこともあり、日本政府が将来性に早くから注目して外交努力続けてきた。当時の日本はあふれる人口に農民の貧困が加わって海外への移住や出稼ぎへの駆動力が潜在していた。

日本から移住船で渡航し、粒粒辛苦した日本人移住者たちがこれら国々の発展基盤をつくったと考えている。

船会社からすれば邦人輸送だけでは充分な収入が得られないので、中国からハワイ、カリフォルニアへの移住者も運んだ。南米向けの雑貨などはあったものの、この航路は往航には移住者を運び、復航では硝石、棉などを積みとるという形態だった。硝石は肥料、染料の原料として知られているが、それ以上に火薬原料であることから、日本から大きな需要が続いたから、これが航路のベース・カーゴとなったから経営が第二次大戦まで永続した。

南米西岸国への移住者は「契約移民」と呼ばれ、移住斡旋業者（森岡商会など）が受け入れ国と話を決め、そのつど船舶をチャーターして運ぶものだった。第一回のペルー移民は一八九九年（明治三二年）日本郵船の「佐倉丸」（二九五三トン、一八八七年建造）で七九〇名が二月二七日横浜を出発、カヤオへ四月三日に到着している。本船の航海日誌を見れば分かるが、一ヵ月余の大航海で途中寄港地なしの航路八四〇〇浬の厳しさのほかに、燃料炭補給と清水の問題にどう対応したのか、およそ現代の常識では計り知れない状況であった。

第二回のペルー移民は森岡商会が「厳島丸」（三八八二トン、一八八七年建造、前身Duke of Fyffe）で一一七五名を輸送したとある。森岡商会は大正の初年に東洋汽船の系列に入り、一九一八年には浅野総一郎の子息・良三が社長の森岡移民合資会社となっていた。

東洋汽船の進出

浅野総一郎は一八九六年に東洋汽船を設立、二年後に太平洋航路を開設していた。一九〇二年にライバルのパシフィック・メールが大型船を投入して競争条件が悪化すると、同一レベルの客船を代替

米調査に赴いた東洋汽船取締役・白石元治郎

建造する方針を立てていた。新船就航時には「日本丸」クラスの在来船三隻の配船先を探す必要があった。このため、日露戦争中に社船すべてが徴用されて営業を中止していた機会を利用して浅野社長は白石元治郎取締役を北南米に派遣、調査に当たらせた。

帰朝した白石取締役は「南米と日本の関係を深化させれば必ず日本の将来のためになる」との信念で政府の航路補助を説得した。まったく理解できないことだが、「アメリカとの国交を害する」として外務省は航路開設を歓迎しなかったとある。移民を出すのは内務省も外務省と同じく反対していたという。その理由は「多数の青年が外国に往来すると、悪い思想を日本に入れる恐れがある」とか陸軍省は「一朝事あるときには壮丁が少なくなるから困る」という、今からすれば笑い話と言われても仕方のないものだった。

とにかく白石取締役の調査で、チリ、ペルー方面が有望と判断されたので、一九〇五年用船「グレンファーグ」（三六四七トン、一八九四年建造、グレン・ライン）を使って試験的に配船する。香港仕立ての寄港地は門司（補炭）～神戸～横浜～ホノルル～マンサニーヨ（メキシコ）～サリナ・クルス（メキシコ）～カヤオ（ペルー）～イキケ（チリ）～ヴァルパライソ（チリ）～コロネル（チリ：補炭）であった。

東洋汽船が航路経営のベースに見込んだのは、往航は香港からの中国人移民とペルー砂糖農場への日本人移民がある程度見込みうること、またメキシコへの移住邦人も見込まれていたからである。往航貨物は米と雑貨である。復航はチリ硝石、砂糖、棉などであった。ハワイやメキシコへの移住者は全てでないにしても、最終的にはアメリカへの入国が目的だったから、アメリカの入国者制限政策により極東からの移住が制約される結果になるが、その時代の当事者がそこまで読んでいたかどうか疑わしい。

東洋汽船は一九〇五年、試験的に「グレンファーグGlenfarg」（三六四七トン、一八九四年建造）を用船して中国人と邦人をペルーとチリに送りだす。たまたま日露戦争で日本海軍が取得したロシア病院船「カザンKazan」（六〇一一トン、一九〇〇年建造）があったので、浅野総一郎が海軍に頼んで運航委託での使用許可を得る。「笠戸丸」と命名された客船を「グレンファーグ」とともに就航させた。

東洋汽船がペルー・チリ路線で運航した「笠戸丸」。日露戦争で日本海軍が取得した元ロシア病院船「カザン」

この配船は二ヶ月に一便という甚だ不便なものだった。東洋汽船が懸命に要請した政府補助が支給されず、加えて南米では高価な燃料炭（原産地でないから帆船などで海外から持ってきて備蓄）の補給を余儀なくされていた。それで毎航発生する損失に堪えきれず、一九〇八年には一次休止となる。

一九〇九年、遠洋航路補助法が公布されると東洋汽船の航路も対象となり、サンフランシスコ航路からドロップした「亜米利加丸」と「香港丸」にくわえ「満州丸」（五二四八トン）の三隻で航路を再開する。往航については低コストの中国（当時は清国）からの輸出貨物で船が満載になるほどだった。しかし、この当時、南米諸国では中国人排斥の動向があったうえ、ペルーでは中国人に対して入国税を課徴したほどであった。日本政府もこの頃は南米への渡航を制限していたことで、移住者が減少するという苦難の船出であった。

当時の使用船は最初からこの航路用に建造されたものでなかった。航路事情を研究して航路に適した船型と性能をもつ船の必要性に迫られた東洋汽船は、三菱長崎造船所に新船を発注する。これが一九一三年に完成する「安洋丸」（九二五七トン）である。この客船は日本最初のギアド・タービン機関を搭載した意味で海事史に記録される船舶である。一八八九年、チャールズ・パーソンズ発明になるタービン・エンジンでは、それまではタービン軸と推進軸が直結されていた。「安洋丸」の五年前に建造された太平洋航路の客船「天洋丸」では同様の構造であった。直結式ではタービン歯車（gear）の高速回転がそのまま推進軸に伝わり、プロペラの周りに生ずる空洞現象（cavitation）で推進効率が落ちる。ギアド・タービンはその中間に大きい歯車をおくことでプロペラ回転数を減速して船の推進効率を上げるものである。当然ながらこの方式は造船所がパーソンズからパテントを得て製作していた。

南米線用に東洋汽船が新造した「安洋丸」。日本で初めてギヤド・タービンを搭載

同じく一九一三年、東洋汽船はイギリスのラッセル造船所で建造中であった客船「静洋丸」（六五五〇トン）を購入、九月から南米線に就航している。「安洋丸」の同型船を揃えるかわりにイギリス製の船を購入した理由は不明だが、国内の造船所側に事情があったのかも知れない。第一次大戦中の一九一七年、日本は連合国協同作業の一環としてアメリカへの船腹提供が要請された。日本政府は国内船主と交渉、二三隻一五万重量トンを提供するが、このなかに「静洋丸」も入っていた。

ところが当時の欧州ではスペイン風邪と呼ばれたインフルエンザが猖獗を極めており、本船乗組員一一〇名のうち八〇名も罹患、一〇数人が犠牲となる事件が起こった。ニューヨーク出航直前のこと、「日本のために身命を捧げるのなら平気だが、他国のために命がけの危険を冒すのは馬鹿らしい」と船員の一人が言いだして、出航不能になろうとした。スペイン風邪だけでなく、大西洋では連合国の

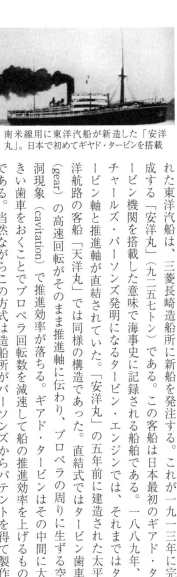

商船がUボートの餌食になっていたから船員の心情も致し方のないものだった。結局、東洋汽船のニューヨーク駐在員の誠実をこめた説得で、米兵を乗せてフランスに向かった。このとき、船員に払われた手当ては月給のほか給料六ヵ月分が特別手当として支給されていた。

第一次世界大戦が勃発すると外国船は大西洋に避退したので太平洋は船腹不足となる。欧州からアメリカにゆく旅客は太平洋を経由するようになったので東洋汽船の太平洋航路で一、二等は満員の状態となった。増加した北米への貨客を輸送するため、南米線も往復航海ともサンフランシスコに寄港するようになった。復航ではチリ硝石の需要が増加、留まるところを知らぬ状態になったと東洋汽船社史は述べている。とにかく第一次世界大戦中の南米航路は貨物は往復満載、船客は南米ゆき中国人二等客、ペルー行き邦人三等客で潤っていた。他の日本船社と同じく、東洋汽船も大戦中は大いに好況を享受していた。

イギリスで建造された「静洋丸」。第一次世界大戦では船腹提供要請によりアメリカに派遣された

第一次大戦終了直後の一九二一年、東洋汽船は南米線に客船二隻をふくむ一一隻もの大投資を敢行する。浅野系列の造船所が手がけた「銀洋丸」（八六〇〇トン）はともかく、三菱長崎で建造された「楽洋丸」（九四一九トン）は時期が時期だったから、相当な高船価であったことは間違いない。これは大戦中の好成績で蓄積した利益と強気の見通しに基づいて決定されたていた。「安洋丸」を除いて在来船が航路に不適という状況下だったから、「楽洋丸」と「銀洋丸」への投資は適当といえたが、「戦争の後には不況襲来」というジンクスが予見できなかったのだろうか。

南米東岸定期航路以前の移民輸送（『大阪商船80年史』より）

年月	取扱団体	船名	トン数	船主	移民数
1908年4月	皇国移民社	笠戸丸	6209	海軍省	781
1910年5月	竹村殖民商館	旅順丸	4806	日本郵船	909
1912年3月	竹村殖民商館	厳島丸	3882	尾城汽船	1432
1912年3月	東洋移民会社	神奈川丸	6151	日本郵船	1419
1913年3月	竹村殖民商館	第二雲海丸	3951	中村清七郎	1506
1913年3月	東洋移民会社	若狭丸	6266	日本郵船	1588
1913年8月	竹村殖民商館	帝国丸	4997	南満州汽船	1946
1913年9月	東洋移民会社	若狭丸	6266	日本郵船	1908
1914年3月	竹村殖民商館	帝国丸	4997	南満州汽船	1809
1914年3月	東洋移民会社	若狭丸	6266	日本郵船	1688

一八八五年のハワイ官約移民から始まった北米への移住は増加する移住者にストップがかかり、一八九五年の日伯修好通商条約の締結を機に、主としてブラジルへの移住が始まった。その移住は移住斡旋業者が受け入れ先の州政府と契約して移住者を送りだすもので、定期航路ではなかった。いわゆる海運用語でいうスポット配船で、一九〇八年の笠戸丸（海軍省所有、東洋汽船運航）を皮切りに一九一四年まで一〇航海がなされている。『日本郵船七十年史』によれば、一九一二年の「神奈川丸」は欧州向け航海の途中、臨時配船で南米東岸に回航したとある。このほか、一九一三年の若狭丸の二航海も同様の輸送形態だったと思われる。

大阪商船の南米航路

大阪商船は一九一〇年、「笠戸丸」を海軍省から用船して神戸～基隆線に使用していたが、二年後にこれを購入していた。この「笠戸丸」を一九一六年一二月に南米航路第一船としたのが嚆矢となっている。南米東岸への貿易は欧州と北米に依存しており、最大のシェアを有するイギリス船を中心にして米、独、仏などの船社が配船していた。ところが第一次大戦の勃発により南米では欧州製品の輸入が途絶したので、これに代わり日本製品の南米進出が増えるようになる。

とくにブラジルは各種の農産物のほか、コーヒの主産地として世界需要量の四分の三を供給する立場にあった。しかも人口が希薄で労働力はつねに不足して、他国からの移住を求めていた。第一次大戦が開戦すると欧州からの移住が途絶する。いっぽうアメリカ、カナダなどからは排日運動が盛んになりつつあった。このような事情から日本政府にとっては好都合で、ブラジル側では移住者のなかでも日本人を歓迎する気風があった。またアルゼンチンも農産物、羊毛などを豊富に産出する国であったから、日本ではこれらの国が残された最良の移住先として官民あげて移住事業を推進したのである。

大阪商船のファンネルマークをつけた「笠戸丸」。本船は大阪商船の南米航路第１船として1916年12月に就航した

大阪商船としては南米航路を開いて、これを北米西岸線とともに外航の二大トランク・ルートにしたいと早くから考えていた。そうするうちに日本郵船が定期開設を予定しているとの情報を得る。それで急きょ「笠戸丸」を台湾航路から引き抜いて開設した。この客船は台湾航路で往来する荷物を輸送するにはスペースが少なく不便を感じていた。南米航路は移民が主体だから荷物は取れなくても良いだろう、との判断があったという。ところが、荷物については日本から南米行きは大した数量でなかったが、第一次大戦の影響からか、香港とシンガポールの積荷で満船になっていた。

大阪商船は航路開設の翌年の一九一七年、北米西岸線（ピューゼット・サウンド線）からドロップした「たこま丸」型三隻で年七航海、一九二〇年には年間一〇航海としていた。ただ南米からの復航荷物の手当てが容易でなかった。それでブラジルのコーヒをアメリカへ運ぶとの思いつきでニュー・オルリンズに寄港を開始した。これが続くうちに極東向けの棉花、銑鉄、ロジン樹脂などが出るようになった。

日本郵船は一九一二年三月、第一船「神奈川丸」を欧州航路の臨時船として一航海、移民一四一六名を乗せてサントスへ輸送している（二六〇頁のリスト）。その後の一九一七年四月、若狭丸が移民一三〇〇名を乗せて神戸出帆したのが定期航路の始まりで、一九一八年には三隻による年間六航海のサービスになっている。この時期にはパナマ運河が開通していたから、復航はパナマ経由の世界一周配船であった。一九二八年には六隻による年間一二航海を実現していた。

一九二三年になると契約移民が廃止され、呼び寄せ移民のみ継続されるが、政府は運賃と乗船地の滞在費を全額負担することになったので、移住希望者が増加の一途をたどる。この頃から南米移民の最盛期が到来して、国立の移民収容所が神戸に造られる。横浜でなく神戸にこの施設が作られたことは、西日本からの移住者が多かったことを示している。

南米航路を外航のトランク・ルートにすると決めた大阪商船は、この航路事情に適した客船を研究していた。この点で特筆されるのは、主機関に内燃機関（ディーゼル・エンジン）を採用したことである。このエンジンが航洋商船に世界で初めて搭載されたのは一九一二年の「セランディアSelandia」（四九六四トン、デンマーク）であるが、大阪商船はいち早くディーゼル路線を敷いていた。

一九二四年に内航客船「音戸丸」（六八八トン）に搭載したのち、一九二五年から一九二六年にかけて「さんとす丸」（七二六七トン）型三姉妹船を南米線に就航させた。これはわが国最初の航洋大型ディーゼル客船で、旅客設備も改良された画期的移民船であった。航路経営面でも、この航路は航海日数が長いことから燃料費、機関部員数などの点でメリットが大きかった。さらに三年後に「さんとす丸」の改良拡大型といえるディーゼル客船「ぶえのすあいれす丸」、「りおでじゃねろ丸」（ともに九六〇〇トン）を就航させた。両船は一等と移住者用の三等ともに定員が増加されていた。

大阪商船は、これらディーゼル客船五隻によって、航海日数も大幅に短縮されたので年間一二航海が容易に可能であった。これに対して日本郵船は、一九二八年以降は年間一二航海のサービスであったが、使用船は欧州航路からドロップした「神奈川丸」、「鎌倉丸」、「河内丸」、「博多丸」、「若狭丸」、「備後丸」の六隻であった。

一九二九年のアメリカに端を発する世界恐慌の波が日本海運界にも及ぶと両社に協調機運がおこる。

南米航路に就航した「たこま丸」。大阪商船では本船と同型船の計３隻で当初年間７航海をこなした

日本初の航洋大型ディーゼル船「さんとす丸」。同型３船で大阪商船の南米線に就航した

ディーゼル客船「ぶえのすあいれす丸」。「さんとす丸」の改良拡大型で定員が増加されていた

一九二九年一〇月某日、郵船の各務社長は新造船「浅間丸」就航披露のため大阪に出張する。そのとき商船の堀社長を訪問して協調の趣旨を申し入れたことが事の始まりである。そのご両社で論議を重ねて一九三一年合意に達し、四月六日、郵商協調にかかわる協約書が調印された。

その協約期間は一〇年間、併行航路の整理、海陸施設の相互利用などであった。その内容で南米航路に関る事項は①日本郵船は南米東岸線を休止②大阪商船はピュージェット・サウンド線（北米西岸線）を休止する、というものであった。これで日本郵船は一九三一年四月二日横浜出帆の「神奈川丸」を最終船として南米東岸線が休止された。一九一七年に開設いらい休止までの期間に日本郵船が南米に移民を輸送したのは四万人

日本郵船と大阪商船の間で1931年４月６日、郵商協調の調印が行なわれた

に達していた。

「あるぜんちな丸」と「ぶらじる丸」

「郵商協調」が発効すると大阪商船は前記五隻に加え、ケープタウン折り返しのアフリカ線に使用中の「まにら丸」を第一船とする同型船五隻を南米東岸まで延航した。この結果、同社の南米線は月二便、年間二四航海の多きに達して独占的地位をかためた。ただ世界恐慌により海運界も不況の最高潮にあり、日本各地で係船されるものが多数出現していた。大阪商船の移住者輸送については、一九三二年から一九三四年までの三年間が全盛期で、六万人余であった。また一九二七年から一九四〇年までの一四年間には一四万三〇〇〇人を運んでいたというデータもある。一九三九年勃発の第二次欧州大戦の結果、ブラジル、アルゼンチン～欧州間の貿易が阻害されるようになると、日本からの棉花、

牛皮、羊毛の買付けが促進され、南米側も日本品の輸入を歓迎したので南米貿易は飛躍する。だが航路全体の収支は赤字（航路補助金除外と推定）で推移していたのが実態である。

「あるぜんちな丸」と「ぶらじる丸」は大阪商船のネイヴァル・アーキテクト和辻春樹博士の傑作とされた客船である。一九三六年に計画が決まり、一九三七年に三菱長崎造船所へ発注された両船は、極東～南米東岸航路で最大、最高速の豪華船と知られているが、これが計画されたのはブラジルへの移住者が一九三四年の二万二九六〇人から一九三五年以降四〇〇〇人に激減していた時期であった。和辻博士が計画したのは、一万五〇〇〇トン、航海速力一六ノットの客船であった。

ところが一九三六年四月、「優秀船建造助成施設」と「遠洋航路助成施設」が制定されると、大阪商船は助成の適用を受けるため大幅な設計変更がなされた。その変更には海軍の意向が強く反映されたので、商業目的からかけ離れた客船になってしまった。

海軍から要求された点の一部は次のとおりである。

①　五分の一積載状態で二一ノットのスピードを保障する
②　最大一〇〇〇名までの旅客設備を有し、高級船室を増設する
③　長さ一〇メートルのハッチを備える

その結果、「あるぜんちな丸」は一万二七五五トン、乗客定員は一等一〇一名、特別三等一三八名、三等六六二名、最高速力二一・五ノットというもので竣工した。

この時期、ブラジルへの日本人移住は、ブラジル政府の「移民二分制

設計技師・和辻春樹の傑作とされる「あるぜんちな丸」。政府の助成を得て海軍の意向を反映、有事徴用に適した設計になった

「あるぜんちな丸」の１等社交室。内装は日本人の一流デザイナーが手がけた

限法」（過去五〇年間の移民総数の二％に外国人移民を制限する）によって、年間三〇〇〇人程度に制限されていたから、一航海の移民数は一三〇名弱となる。だから、「あるぜんちな丸」の特別三等だけで充分だった訳である。実際には「さんとす丸」型に匹敵する八〇〇余名ものスペースを備えていた。この定員は開戦六ヵ月後のミッドウェー作戦での上陸部隊輸送に活かされた。

「『あるぜんちな丸』は和辻春樹の傑作」と評されているが、果たしてそうだったのだろうか、筆者の私見を述べてみたい。

それ以前、「さんとす丸」と「ぶえのすあいれす丸」クラスはそれなりに大阪商船の南米航路就航船としてはオプティマムな構造に造りあげられていた船でなかっただろうか。「さんとす丸」クラスの代替船として和辻が考えていた船のサイズと性能が、政府、海軍の要請で非現実的なものにせざるを得なかったことは前述したとおりである。

迫りくる戦雲のもとで、科学者としての和辻は「日本人に大和魂があるのなら、アメリカ人にもヤンキー魂がある」の言葉が象徴するように、アメリカと事を構えるべきでないと考えていたはずである。しかし「金を出すからこれだけの船を造れ」といわれた事情のもとで、「どうせそうせざるを得ないのなら、軍部の要求を容れたうえで、自分がもつデザイン・マインドを傾注した船を造ろう」と考えたのは間違いない。左様に考えなければ、「あるぜんちな丸」の外観とインテリア・デザインの細部にまであれほど凝った作品が完成した理由説明が付かない。

「あるぜんちな丸」の流麗な船容は船舶研究の泰斗であるローレンス・ダンLaurence Dunnから「譬

えようのない美しさがにじみ出た客船」と賞賛されたほどである。加えて、在来の移住船から大きく飛躍したレベルの旅客設備で、インテリアには中村順平、村野藤吾など当代一流のデザイナーが「現代日本様式」と呼ばれた和風感覚が盛りこまれていた。

南米航路の最適船でなく、国策客船というべき「あるぜんちな丸」は一九三九年五月、「ぶらじる丸」は同年一二月に竣工、西航南米線に就航した。だが同年九月に第二次欧州大戦が勃発してからは航路の危険が増加する。それで「あるぜんちな丸」はわずか四航海、「ぶらじる丸」は三航海を行なっただけで大連航路に転配船される。アフリカ航路から南米への延航便も、一九四一年五月発航の「まにら丸」を最後に打ち切られた。この年の七月から外国船のパナマ運河通航が禁止されたため、「まにら丸」の復航は南米南端のマゼラン海峡経由で帰国した。一九四〇年から往復パナマ運河経由となった東航航路の最終船「ぶえのすあいれす丸」も復航はマゼラン海峡経由で一九四一年一〇月に帰国している。

「あるぜんちな丸」を改装した航空母艦「海鷹」。別府港外で大破着底状態のまま終戦を迎えた

一九四一年一二月、太平洋戦争の開戦と同時にこれら南米移住船は軍務に徴用された。「あるぜんちな丸」は特設航空母艦「海鷹」となり、「ぶらじる丸」とともに戦火の犠牲となった。まことに《佳人薄命》の極みであった。（注：本稿の「りおでじやねろ丸」、「ぶらじる丸」の《じ》は本来は《志》に濁点であるが、便宜上《じ》と表記した）

太平洋戦争後の日本〜南米航路

太平洋戦争で大阪商船のフリートは完膚なきまで戦禍喪失し、日本

大阪商船が戦後初の外航客船として建造した「さんとす丸」（２世）。南米航路再開第１船となった

海運の再生はその都度ＧＨＱ許可のもとに行なわれることになる。戦時補償打ち切りで資金難にあえぐ日本海運の再生は、計画造船制度に沿って行われる。南米への航路はまず一九五〇年六月、食糧難に悩む日本向け小麦積取り貨物船によるスポット配船から始まった。大阪商船は同年一一月、ＧＨＱ許可のもとに一二月神戸発の貨物船「神戸丸」によって定期航路が再開された。

「神戸丸」就航時点で果たして南米への移住者がどの程度あるか不明であった。南米諸国が移民受け容れに積極的であったことから、日本政府も国策として移住を推進する気運が生じつつあった。大阪商船にとっては戦前の看板航路であったから、これに協力するのが使命という決断から本格的に移住者輸送に関ることになった。

とまれ大阪商船は、戦後最初の外航客船「さんとす丸」（八二八一トン、一九五二年第五次計画造船建造）を三菱神戸造船所に発注、一九五二年一二月にスポット的にブラジル向け移住者五四名を運んでいる。一九五三年に日本アルゼンチン通商協定が締結され、アルゼンチン向け鋼材、日本向け小麦などの大量成約がなされたのを機に、大阪商船は東航南米線を再開して南米移住者の本格輸送に乗りだす。

使用船「さんとす丸」は航路再開第一船として一九五三年五月に差し立てられた。本船だけでは船腹不足ゆえ、ニューヨーク航路に使われていた姉妹船「あめりか丸」、「あふりか丸」（ともに一九五〇年第五次計画造船建造）を一九五三年、客船に改装（一等一二名、三等五二二名）して就航させた。「さ

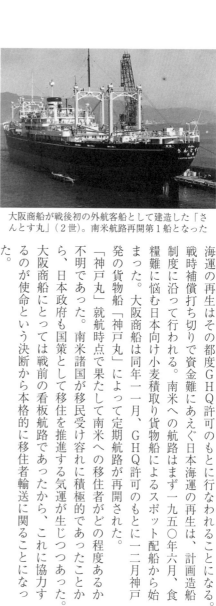

んとす丸」も一九五七年に本格的な移住者輸送船に改装され、特別三等五〇名、三等五五八名に増加させた。

悩みの「あるぜんちな丸」

大阪商船はさらに本格的移住客船としてデザインされた「ぶらじる丸」（一万一〇一トン、第九次計画造船、一等一二名、二等六八名、三等九〇二名）を完成させる。船価一七億四二〇〇万円は同一サイズ、性能の貨物船に比して五割以上も高かったが、戦後に建造された最大の客船という前評判もあり、一九五四年七月末、神戸からの処女航海はブラジル移住者六〇三名、その他乗客二九三名とほぼ満員であった。

本格的移住船となった「あるぜんちな丸」（2世）。タービン機関の採用で燃料費増加に苦しんだ

四隻では月一便の配船ができないので、「ぶらじる丸」姉妹船建造の機会を狙っていたところ、南米移住者が一九五五年以降に急減したため発注のタイミングが遅れてしまう。姉妹船「あるぜんちな丸」（一万八六四トン、第一三次計画造船）が完成したのは一九五八年になっていた。ただ「あるぜんちな丸」の発注時期が当時の船価最高時期に逢着していたため、船価は「ぶらじる丸」より三割も高い二二億四三〇〇万円になっていた。高船価負担を少しでも緩和するため、三菱神戸造船所から勧められた造船所ストックのキャンセル・タンカーのタービン機関を選んだと伝えられている。

タービン機関を搭載した「あるぜんちな丸」では静粛なエンジンが乗客に好評だったものの、あとあとまで燃料費増加に悩まされることになる。高い資本費と過大な燃料消費からくる運航費がもたらす採算上の問題は、その後の南米航路経営上の重圧となる。当時の燃料油価格は今のように高騰していなかったから、ディーゼル船との燃費の差が些少とか、機関部要員がディーゼル船より少なくて済むなどの理由でタービンになったのかも知れないが、ディーゼルに比して燃料消費が大きいことは明らかであるのに、向後の石油価格が不変のまま推移すると考えたのであろうか。そのエンジン選定が「あるぜんちな丸」自体のみならず、南米航路の命運を縮めたともいえる。

この姉妹船は和辻博士が精魂こめてデザインした同名の一世のスタイルを踏襲したいというノスタルジアから形づくられたことは明らかな船容で、ラヴェンダー・グレーの船体塗装とあいまって評判になった。これで大阪商船の南米客船サービスは五隻による年間一二航海（移住者年間輸送力八七〇〇名）となった。

後知恵のそしりは免れぬが、移民船という転用の効かない客船でも一五年間は面倒を見るのが海運業のイ、ロ、ハである。それを承知で八〇〇〇名を超える年間輸送キャパシティの客船を揃えるというコミットメントはどう解釈すればよいのだろうか。極言すれば向後一五年間もそれだけの移住者が続くと考えた上での決断であったなら大きな経営判断ミスと言わざるを得ない。

とまれ、大阪商船が戦前からManifest Destinyとしてきた南米航路を受け継ぐため、資金調達が容易でない戦後時期に新船の建造と改造に巨費を投じて国家的要請に応えようとしていたのである。

南米への移住者数は一九五七年から少し持ち直すが、日本国内の景況アップなどにより南米移住者数は減少の一途となり、「あるぜんちな丸」就航の一九五八年に六〇〇〇余名だったものが、一九六二年一八九二名、一九六三年一三九五名と激減していた。大阪商船からの懇請で、一九五九年四月から移住船運航費補助が実施されたものの、収支を償うにいたらず、南米線の経営不振が続いた。いまや移住船の扱いを問題視した運輸省の勧めで、一九六三年二月、移住船五隻を大阪商船から分離し、その保有と管理目的の日本移住船(株)を設立する。大阪商船はそれら船舶を裸用船して使用することで、資本費負担から来る経営上の不安定を除こうとした。

南米航路の終焉

日本産業見本市協会は一九五六年に「日昌丸」（六五二七トン、東京船舶）と「あとらす丸」（八二三五トン、大阪商船、第六次計画造船の貨物船）などを見本市船にして海外巡航していたが、自前の専用船を保有することとなり、一九六二年一〇月、「さくら丸」（一万二六一二トン）を建造した。当然ながら「さくら丸」は船内設備とデッキに展示された商品を見本市としてPRするものであったから、南米航路に適した船ではなかった。大阪商船が望んだのでないと思うが、運航費補助を受けている立場から、見本市巡航以外の期間は大阪商船が南米線に使用した。見本市協会は「さくら丸」を九年間保有したのち売却、一

見本市船として建造された「さくら丸」。見本市巡航以外の期間は、大阪商船が南米航路に使用した

進水する見本市船「新さくら丸」。非常にスリムな船体、大出力エンジンの採用、船内配置の問題などから、貨物船として運航するには「厄介な船」であった

九七二年、やや大型の「新さくら丸」（一万三八二一トン）を建造した。このときは大阪商船の要望を容れて貨物船的な要素を採りいれた構造になっていた。

それでも「新さくら丸」の商業運航には問題点があった。進水写真で分かるとおり、非常にスリムな船体である。如何なる尺度でこの船が設計されたのだろうか？　貨物船への流用が分かっていたのなら、このように貨物艙スペースを絞った船は設計されなかった筈である。もうひとつは、二万一六〇〇馬力という大出力のエンジンを搭載したことである。見本市巡航で日本の造機水準のPRをしたかったのかもしれないが、それにしても二〇・六ノットの速力を発揮させる必要はなかったはずである。このために定期就航時には僚船とのスケジューリングが不如意で、スピード・ダウン航行でも燃料消費で不経済だった筈である。

もうひとつは船型である。商業航海時に貨物積付けの不如意に悩まされた「さくら丸」の経験から、ホールドとハッチ配置は改良された代わりに、客室、乗組員居住区と機関室が一体になったハウスを船尾に置いたことである。このため船体をeven keelに保つためにはホールドに重量貨物を集荷する必要があった。その意味で運航者にとり、両船は「厄介な船」であったといえよう。

大阪商船の南米航路客船が貨物輸送で威力を発揮したことがある。当時は南米向け貨物がラッシュしていたため、ラ・グアイラなど荷物の取扱い能力が低い港では夥しい貨物船が沖待ち、滞船を余儀なくされていた。しかし客船だけは例外的に直ぐ着岸できたことから、客船に積まれた荷物が迅速に荷役できて荷主から喜ばれていた。

一九六四年に大阪商船と三井船舶が合併して、いまの（株）商船三井が誕生する。その翌年には「ぶらじる丸」と「あるぜんちな丸」が「太平洋客船サービス」と銘うち、日本～ホノルル～北米～南米間に就航した。このとき、乗客定員は一等一二名、ツーリスト・クラス三四八名（「ぶらじる丸」）、キャビン・クラス二三名、ツーリスト・クラス三五二名（「あるぜんちな丸」）になっていた。海外渡航の自由化によるレジャー志向の高まりを受けてとられた措置であった。一九七〇年には商船三井の客船部門を譲りうけて商船三井客船(株)となり、クルーズ事業に特化した。

一九七一年五月三日、「ぶらじる丸」が南米移住者一〇九人を乗せて神戸を出帆した。これで一九〇八年の「笠戸丸」いらいの南米移住者輸送が終焉を迎えた。大阪商船（及び商船三井）の南米航路の客船が運んだ移住者数は、戦前が一三万八〇〇〇人、戦後が五万人を数える。

大阪商船の実績に比べると僅少であるが、オランダのロイヤル・インターオーシャン・ラインズ（RIL、一九四七年アムステルダムで設立）の客船隊も日本人と中国人の移住者を南米まで運んでいた。使用船は「ボイスヴェイン」（一万四二八五トン、一九三七年建造）クラス三隻と「チチャレンカ」（一万九七二総トン、一九三九年建造）、「チサダネ」（九二二七トン、一九三一年建造）の五隻。日本〜香港〜海峡地〜アフリカ〜南米間を年一二便の運航であった。一九五二年、日本で渡航費貸付方式による南米移住が始まると、一九五三年五月から輸送に参入していた。RIL前身時代の客船は日本にまで脚を伸ばしていなかった筈だから、日本政府からの要請で不揃いの客船をもつRILが日本にまで延航、移住者輸送に参入したものであろう。このRILは一九六八年四月に移住者輸送から撤退している。

RILの客船「ボイスヴェイン」。日本・中国から南米への移住者輸送に参入した

引退後、伊勢湾でフローティング・ミュージアムとなった「ぶらじる丸」（2世）

日本船の終焉を述べたい。「あるぜんちな丸」

は一九七二年二月、「ぶらじる丸」は一九七三年九月の日本帰着をもって南米航路から撤退した。一九七三年二月一四日、「にっぽん丸」と改名された「あるぜんちな丸」が四〇〇人を超える乗客を乗せて横浜を出航し、世界一周の航海に旅立った。これが移住船の最後で、二八五名の南米移住者が乗船していた。

「ぶらじる丸」は日本～上海クルーズを最後に引退、一九七二年の翌年に商船三井が設立した鳥羽ぶらじる丸観光（株）へ移り、伊勢湾でフローティング・ミュージアムとなった。一九九六年にこれが閉鎖されたのち、中国へ売却され、現在は中国南部の湛江に係船、フローティング観光施設となっている（極東から南米への道①、②では山田廸生著『船にみる日本人移民史』に負うところが多い）。

第13章　ドイツ帝国の客船

ハンブルク・アメリカ・ラインの生成

一九世紀末から二〇世紀にかけては帝国主義の時代といえる。帝国主義を一義的に説明するのは難しいが、一八世紀に起こった機械工業の発達が引き金となって生じた過剰生産物と、余剰人口のはけ口を海外に求めるために、軍事力を背景にして植民地を建設し、他国を侵略する思想や政策といえる。

産業革命の宗主国イギリスを先頭に、フランスがこれに続いてアジアからアフリカにいたる土地の支配を進めた。自国の統一に手間どったドイツやスペイン、ポルトガルなどが少し遅れて英仏に追従していた。商船隊はこれら植民地経略の手段として大洋を往来したばかりでなく、戦争や紛争が起こったときには政府に徴用されて軍隊や軍需資材を輸送した。

アメリカ合衆国はインフラ整備と西漸運動による鉄道建設で労働力を貪欲に求めていた。このため、宇宙のブラックホールのように、ヨーロッパから無数の移住者を吸いよせていた。北大西洋航路はこれらの移住者輸送に必須の手段として生成したものである。この横断サービスはイギリスとアメリカの船会社が口火をきったものだが、この項では続いて出現し、英米の先駆者に挑んだドイツ客船の姿を紹介したい。

19世紀半ばのハンブルク港。ハパック（ハンブルク・アメリカ・ライン）が本拠を置いたドイツ２大港のひとつ

北大西洋航路に就航したドイツの海運会社で世界に知られているのはハンブルクに本拠をおくハンブルク・アメリカ・ライン（ハパック）とブレーメンの北ドイツ・ロイド社（ＮＤＬ）である。両都市はともにハンザ同盟の「自由ハンザ都市」として北海からバルト海にいたる海域での交易に長い歴史を有していた。両社が設立されたのはドイツ帝国成立（一八七一年）以前のドイツ連邦にある自由都市の時代であった。北大西洋に限らないが、ドイツ海運の生成と発展は、ハパックとＮＤＬ間の競争と協調によってなされたといって差し支えないほど、劇的な足どりで推移している。その後の一九七〇年に合併してハパックロイド社として今日に至っている。

他国の船主にくらべると、ハパックとＮＤＬの生成と転成は「これがゲルマン民族の面目か」と思わせるほど逞しく、ダイナミックな足どりがうかがえる。ドイツは先進国イギリスの後塵を拝しながら産業の近代化を進めた。そのなかでハパックとＮＤＬの拠点が東南ヨーロッパやロシアからやってくる移住者の乗船地であったから、新天地アメリカへの出口という地の利を活かして着実に成長した。

ところが一八八八年にヴィルヘルム二世が即位すると、親戚国イギリスに対して燃やした対抗心が昂じて第一次世界大戦が勃発する。この結果、商船隊のほとんどを連合国側に奪取されて裸一貫からの再出発を余儀なくされた。その四半世紀のち、ヒトラーの野望で起こされた第二次世界大戦でまたもや商船隊が壊滅、再々出発をして今日に至っているのがドイツ海運である。日本商船隊も太平洋戦争後に裸一貫で再建の道を歩んでいるが、ドイツのそれは一度ならず二度も災厄を蒙ったという意味で注目されるものである。

一九世紀中葉のドイツはプロイセンを主勢力とする領主勢力が群立しており、ナポレオン三世やオーストリアのメッテルニヒ宰相との角逐で乱世のさなかにあった。それで、故郷を捨てて新天地アメリカへ移住する人びとが後を絶たなかった。ハンブルク実業家たちの発案で産まれたハパックの創業は遠く一八四七年にさかのぼるが、その時期には七〇〇トン型帆船を使ってハンブルク〜ニューヨーク定期を経営していた。

輸出貨物の流れだが、欧州大陸を流れる長大な河川は物流に不可欠の役割を果たしており、これら河川によって内陸から運ばれてきた貨物は河口の港で積みかえられて輸出されている。ドイツの二大港ハンブルクとブレーメンはそれぞれエルベ河とヴェーザー河の終点にあるが、内陸からの物流では前者が大きなシェアを占めている。その意味でハンブルクを拠点とするハパックは貨主客従の経営に特化していったのは自然の流れである。

ブレーメンからの対米移住民の流れと、キュナード・ラインなどの汽船経営に刺激され、ハパック社内で蒸気船への切換えの是非が甲論乙駁されていた。その論議が一八五三年に決着、二〇〇〇トン型蒸気船二隻がイギリスの造船所に発注された。当時のドイツでは造船業は揺籃期にあり、国産の汽船が出現するのは半世紀を経なければならなかった。

ハパックにとって記念すべき北大西洋航路用の蒸気船の嚆矢となる二隻はクライド河畔グリナック（ジェームズ・ワット生誕地）にあるレアード社に発注された。因みにハパックおよびＮＤＬのレアー

「ハンモニア」（遠方）と反航する「ボルッシア」。この英国建造の２隻はハパックの北大西洋航路用蒸気船の嚆矢となった

ド造船所との付合いはこの時期から二〇余年も続く。

こうして蒸気船「ボルッシア」（二一三一トン）、「ハンモニア」（二〇二六トン）が産まれた。この名前は「プロシア」、「ハンブルク」のラテン語読みという洒落た船名であった。一等五四名、二等一四六名、スティアレジ三一〇名の定員で、振動機関（ピストン棒が直接クランク軸に連結されシリンダーが前後に揺動するもの＝「英和海事大辞典」）により一一ノット（最高一四〇〇馬力）で汽走したとある。

両船が完成に近づいていた一八五五年にはクリミア戦争が終盤にあり、英仏将兵を帰還させる船腹が不足していた。両国政府から示された好条件の用船オファーを受けいれたので、ハパク両船の航海は軍隊輸送で始まるという異例のスタートとなる。

「ボルッシア」は翌年六月、「ハンモニア」は七月にハンブルクからニューヨークに向けて商業航海の途につく。しかし充分な乗客がドイツから見込めなかったのか、アイルランド人移住者を当てにして、一八五七年からサウサンプトン寄港を開始している。それでニューヨーク航路が好調裡に始まったのでハパックはひとまわり大きい姉妹船「サクソニア」と「アウストリア」を発注する。一八五七年に完成したところ、ふたたび処女航海が軍隊輸送となる。イギリスによる植民地支配に反抗して起こったインド人傭兵の反乱である。「セポイの反乱」で知られる事変の鎮圧にイギリス政府は多数の軍隊を輸送しているが、これにピカピカの新造船「サクソニア」と「アウストリア」（機関故障のため途中で用船解除）が用船された。一年後に反乱は鎮定され、これでムガール帝国と東インド会社が消滅し、イギリスによるインド直接統治、ひいてはヴィクトリア女王を皇帝とするインド帝国の成立（一八七七年）に通じることになる。

ハパック新造船は一八五八年からニューヨーク航路に就航するが、北大西洋を航行中の同年九月一三日、「アウストリア」に大きな不運が降りかかる。この時期にはニューヨーク到着時の健康診断で問題とならぬよう、スティアレジ船室は航海中でも消毒が行なわれていた。その要領は容器に入れたコールタールに加熱した鎖をひたし、それで発生したガスで消毒するものだった。ところがこの作業の最中に、操作する甲板長が灼熱に耐えきれず鎖をデッキに落としてしまった。木甲板に引火、おりからの強風にあおられ、たちまち全船が炎につつまれてしまう。

ハパック船「アウストリア」の惨事を描いた絵。火災で471名が死亡、19世紀最大の海難となった

些細なミスが乗員五三八名のうち四七一名の生命を奪うという一九世紀で最悪の海難を惹きおこしてしまう。

ニューヨークに到着した移住者のうち、スティアレジは港内にある検疫所（エリス島）で検疫を受けていた。この小島に上陸した渡航客は一八〇〇万人と記録されているが、この場所での検疫でトラコーマ羅患などが見つかると、その客はただちに船会社の費用で本国へ送還されるという過酷な運命が待ちかまえていた。だから船会社のほうも「アウストリア」と同様の方法で船内消毒を行なっていたわけである。

北ドイツ・ロイド社の生成と伸長

ハパックの強力なライバルとなる北ドイツ・ロイド社（ＮＤＬ）に触れよう。一八四四年から一〇年間、アメリカへのドイツ人渡航者は一一五〇万人に達していたが、その九割はブレーメンから乗船していたという。ブレーメンの実業家や銀行から出資を受け、北ドイツ・ロイド社が設立されたのはハパック創業から遅れること一〇年の一八五七年である。

NDLの初代会長ヘルマン・マイヤー

地元の貿易商ヘルマン・マイヤーが初代会長となり、これを若い銀行家であり、海運人でもあるエドヴァルト・グリューゼマンが社長として支えるＮＤＬの基盤がつくられた。ＮＤＬ創業のころは統一ドイツ帝国が未完成で、自由ハンザ都市のままであったから、他国の船会社が政府補助をうけて開業しているのとは対照的に、独力でスタートしていた。

北ドイツ・ロイド社の名前であるが、「ロイド」はLloyd's of Londonに因み「信頼できる船主」の意味がこめられていること、またオーストリア帝国でオーストリアン・ロイド社（Lloyd Triestino社の前身）が一八三六年に創業していたことから、これと区別するために「北ドイツ・ロイド」と命名したとされている。因みにこの後に「ロイド」を社名に入れた船社が続々と出現しており、スウェーデン、イタリア、オランダ、ブラジル、ベルギー、インドネシアなど一〇社以上にのぼっている。

ブレーメンが移住民の出発地という地の利に恵まれていたから、ＮＤＬは最初から蒸気船によるブレーメン～ニューヨーク航路を志向した。「ブレーメン」、「ニューヨーク」の姉妹船（各二六七四トン、乗客定員一等六〇名、二等一一〇名、三等四〇〇名）がクライド河畔の造船所、「ハドソン」、「ヴェーザー」の姉妹船（各二一六六トン）はタイン河畔の造船所に発注された。

これら四隻は一八五八年に竣工したものの早々に海難に遭ったため、二週間に一便の定期が始まったのは一八六三年であった。航路開設の第一船となった「ブレーメン」の記録が残っている＝ブレメルハーフェンを六月一九日に出帆（乗客＝一〜二等二二名、スティアレジ九三名、貨物一五〇トン）してニューヨークに七月四日到着、約二週間停泊したのち一七日に出航、三〇日ブレマハーフェンに帰着している。この復航ではライバル船の処女航海記録の一四日間を大きく短縮する一二日間であったことから、「ブレーメンが（ドイツ〜ニューヨーク間の）最短航海記録をたてた」とのNDL広告が紙面を賑わしたという。

NDLはアイルランド人主体のイギリス乗船客の誘致をねらい、翌年三月からサウサンプトン寄港をはじめる。このときの乗客数四五〇名のうち四四名がこの中間港から乗船していたことでNDLは自信をもち、それ以後はサウサンプトンに定期寄港をはじめる。

NDLの航路開設第1船「ブレーメン」。ニューヨークからドイツへの復路を12日間で航海した

19世紀半ばのブレメルハーフェン港。ブレーメンの外港として建設された港である

一八六一年から一八六五年までの南北戦争で、アメリカへの渡航客と物流が混乱したため、キュナード・ラインのみならずハパックとNDLも収支悪化がつづく。一八六二年、これに対応するためになされた両社最初の提携は、一九三〇年代の大提携（ハパック・ロイド・ウニオン）への道筋をつくったという意味で記憶されるもの

である。提携内容はハンブルクとブレーメン発航日の調整、ニューヨークのホボーケン岸壁（ニュー・ジャージー側）の共同リースと客船ターミナルを合弁建設するものであった。

一八七〇年の普仏戦争で勝利を収め、フランスから受けとった四〇億マルクもの賠償金により、ドイツ経済は好景気に沸く。この間はドイツ人の海外移住が一段落した反面、オーストリア、ハンガリー、ロシアからの移住者が増加する。これら移住者はドイツから船出するのが便利であったので、NDLとハパックがその恩恵をうけることになる。

好機会の訪れることを見越したNDLマイヤー会長は、二五〇〇〜三〇〇〇トン型客船九隻を発注、一九七三年までにニューヨーク線に就航させた。ハパックはこの期間に三〇〇〇トン型客船を三隻しかニューヨーク航路に就航させていない。NDLのニューヨーク線よりも少なかったのは、ハパックが有するニューオルリンズ線と西インド諸島航路で船隊整備する必要があったからと思われる。

因みに、一八七一年の北大西洋における両社の輸送実績をみると、旅客では六万五五四八名のNDLに対しハパックはその六割の三万九一五〇名であり、貨物ではハパックが逆転して一五万五〇〇〇トンとNDL七万八〇〇〇トンの二倍となっている。この数字は旅客に強いNDL、貨物に強いハパックを示している。

一八七一年、プロイセン王国が中心となり、ドイツ北部の諸公国や王国が統合してドイツ帝国が成立する。一八八八年に第三代の皇位についたヴィルヘルム二世は、農業国であったドイツの工業化を強力に推進させる。これが奏功して二〇世紀初頭には工業生産額でイギリスを抜き、アメリカにつぐ世界第二の工業国となる。皇帝は「ドイツの将来は海上にあり」とのスローガンを標榜して、海軍力と海運の拡張を唱導していた。

ヴィルヘルム二世は皇太子のころから高速船にも興味をいだき、造船所や海運会社のトップと親交を重ねていた。ハパックやNDL経営者は当然ながらこの独裁者にすり寄って、政府補助を含めたバックアップを享受していた。この後に建造された両社の船に国王のみならず係累の名前を冠していることがその一端を物語っている。

一八七九年にギオン・ライン（英）が高速客船「アリゾナ」（五一四七トン）を登場させる。それまで一二ノットで一〇日半かかっていたサウサンプトン〜ニューヨーク間が、一五ノット、八日半で到達できたのである。この事実はドイツ船社にも大きな刺激を与える。この年にNDL社長となったヨハン・ローマンが到達した結論は、高速性と快適さが競争に勝ちぬくための必須要件であること、そのためにいかなる犠牲を払ってでも《最高級の船》を揃えれば利益は遅かれ早かれ約束される、と声明して社内を鼓舞していた。

キュナード・ラインのライバルとして伸長の途にあったホワイト・スター・ライン（WSL）も高速船主義に切りかえ、一八八九年と一八九〇年に「テュートニック」、「マジェスティック」（共に九九〇〇トン、一九ノット）の姉妹船を完成させていた。両船は一朝有事には仮装巡洋艦として徴用される条件で、政府補助を受けて建造された優秀船であったから、竣工直後の「テュートニック」は一八八九年のポーツマス沖観艦式では受閲艦として参加していた。

1879年、NDL社長となるヨハン・ローマン

この観艦式にプリンス・オブ・ウェールズ（後のエドワード七世）から招待されたヴィルヘルム二世が来英、WSLイズメイ社長の案内で「テュートニック」を見学している。こののち、王室ヨット「ホーヘンツォルレン」で帰国の途中、皇帝は「わが国もあのような船を持たねばならない」と侍従に語ったという。

一八九〇年代前半のNDL経営は冴えなかったが、皇帝の意向を受

リヴァプールに停泊する「テュートニック」。英WSLが政府の補助を受けて建造した高速客船

WSLのイズメイ社長（先頭）の案内で「テュートニック」を視察するヴィルヘルム２世（２人目）

NDLの精神的パトロン、ヴィルヘルム２世

NDL社長のハインリッヒ・ヴィーガント

けたこともあり、ハパックに水をあけられたニューヨーク航路で挽回を期すためにＮＤＬが実現に向けて進んだのは、前例のない大型高速船であった。これまで最大、最高速の「テュートニック」を遥かにうわまわる一万四〇〇〇トン、最高速力二三ノットの客船である。

ヴィルヘルム二世は設計段階から図面を取りよせて、ＮＤＬ社長ハインリッヒ・ヴィーガントと、いちいち細かい点まで議論した、とＮＤＬ社史にある。この客船はステッティンのフルカン造船所に発注されたが、建造契約には異例の条項が含まれていた。それは、処女航海で計画どおりのスピードが出ぬときには、船主は船の引取りを拒否できる、という厳しいものであった。

一八九七年五月四日、ヴィルヘルム二世臨席のもと、ヴィーガント社長夫人が支綱切断して「カイザー・ヴィルヘルム・デア・グローセ」（統一ドイツの初代皇帝：ＫＷＤＧと略）が進水した。その四ヵ月後に全容をオーデル河にあらわしたＫＷＤＧを眼のあたりにした観衆は、偉大としか言いようのない船容に驚嘆する。一万四三四九トン、二〇〇メートルの巨体のうえにペアで屹立した四本煙突は前代未聞であった（注：四本煙突が等間隔に並んでいなかったのは、その間に船幅一杯の一等食堂を置いたためであった）。

NDLの画期的大型高速船「カイザー・ヴィルヘルム・デア・グローセ」。北大西洋航路に就航直後、ブルーリボン記録を樹立

九月一九日、ＫＷＤＧはブレーメンからニューヨークに向けて出帆する。一八九八年五月の西航（ニードルズ〜サンディ・フック間）を五日二〇時間四〇分（平均速力二二・三ノット）で走破してブルーリボン記録を樹立した。このような高速を出すための秘密はＬ／Ｂ（長さと幅の比）係数が一〇近いという極端な細身船型にあった。これに最大出力三万一〇〇〇馬力の三連成レシプロ機関が搭載されていたから、航行中の振動が大きかったものと考えられる。ＫＷＤＧから出された乗客の便りに、本船を「Rolling Billy」（横揺れビリー：BillyはWilliamの愛称）と書いていたことから荒天下でのローリングも相当ひどかったのだろう。

ともあれＫＷＤＧの快挙によって北大西洋でのドイツ客船の人気は上昇し、渡航客が増加、ＮＤＬの経営も好転する。ＮＤＬはこの好調に乗じて使用船の大型化と高速化をさらに推進する。四年後には「クロンプリンツ・ヴィルヘルム（ヴィルヘルム皇太子）」（一万四九〇八トン、一九〇一年竣工）、六年後の「カイザー・ヴィルヘルムⅡ」（一万九三六一トン、一九〇三年竣工）および一〇年後には「クロンプリンツェシン・ツェシリー（ツェシリー皇太子妃）」（一万九三六〇トン、一九〇七年竣工）を就航させた。これら高速船四隻の竣工により、NDLが「Seven-day boat」とPRしたウィークリー・サービスが確立されることになる。

ハンブルク・アメリカ・ラインの経営と船隊

ハパックとNDLの足どりは、一八八六年に二九歳でハパック経営に携わったアルバート・バリーン（一八五七〜一九一八）と一八九二年に三七歳でNDL社長となったハインリッヒ・ヴィーガントの行動によって形づくられたといっても間違いない。バリーンはハパックを世界に航路網を張りめぐらした大組織につくりあげ、世界一の商船隊にしたのち、精神的パトロンと仰いでいた元首が起こした戦争の終盤に自裁して六一歳の生涯を閉じている。ヴィーガントは一九〇九年に五四歳で生涯を閉じるまで、ハンブルクにくらべて小さい田舎都市であったブレーメンを、単なる移民の出口から工業都市に変身するように努力しつつ、NDLの船隊整備を行なった。

ふたりの経営者が会社を担った一九世紀末から二〇世紀にかけての期間に展開された両社の熾烈な競争のなかにあって、二人の舵取りの違いが両社の建造船にもあらわれているのは興味ぶかい。

寄り道してクルーズに触れたい。いまは誰でも楽しめる意味で大衆的になっているが、一八八〇年中期にトマス・クック社などの旅行業者がP&O客船やアメリカ客船「クェーカー・シティー」などをチャーターして富裕層を対象に実施したのが嚆矢といわれているが、北大西洋の定期客船をクルーズに転用することを考えついたのはアルバート・バリーンとされている。冬季の北大西洋は気象条件が悪いから渡航客が激減する。バリーン社長はこの時期に温暖な地中海でのクルーズに使用することを思いつき、一八九一～一八九二年の冬季に定期を減便してハンブルク仕立ての地中海クルーズを試みた。八〇〇〇トンの巨船の転用を危惧する声が多かったものの、これが大成功を収める。こののち冬季の地中海クルーズは年中行事となるが、これが切っかけとなりナポリ、ジェノヴァ起点でニューヨークまでの南大西洋航路なら採算に乗ると、一八八三年からＮＤＬと共同で、地中海からの定期航路を年間通じておこなうようになった。

アルバート・バリーンがハパック経営に手腕を発揮している一八九七年、ＮＤＬの大型高速客船ＫＷＤＧが就航した。バリーン社長はこの客船に大きな関心をいだき、ＫＷＤＧが就航するや、いち早く乗船してニューヨークまで往復、船の細部にわたって観察している。乗船客のコメントと船の高速性を評価したのか分からぬが、帰国するやＫＷＤＧに匹敵する客船の建造に踏みきる。

ハパックを大組織にした中興の祖、アルバート・バリーン

こうして一九〇〇年にＫＷＤＧと同じ造船所で産まれたのが「ドイッチラント」（一万六七〇〇トン）である。ＫＷＤＧよりやや大型、主機関はＫＷＤＧの三連成レシプロ三万一〇〇〇馬力に対し、四連成レシプロ三万七八〇〇馬力を搭載していた。「ドイッチラント」は処女航海で平均速力二三ノットを出して横断、北大西洋のブルーリボン・ホルダーになる目的は達せられた。

ところが予期せざるトラブルの続出に悩まされる。その原因は、ＫＷＤＧと同じ構造の船殻に、より高出力のエンジンを搭載したことで発生した振動とエンジンの不具合であった。「予期せざる」と書いたが、ＫＷＤＧ観察航海中のバリーン社長といえども左様なデリケートな情報は入手できなかったものであろう。結局、永い目でみれば投資としては不適格、との結論に

ハパックが建造した大型高速客船「ドイッチラント」。NDLの「KWDG」に対抗して建造、処女航海でブルーリボンを獲得

なる。「ドイッチラント」で（火傷をした）バリーン社長は大型、快適な船づくりにむけて船隊整備の舵を果断に切る。

　他社が高速船や大型化で先行したとき、日を措かずこれを見習うのが、その後の海運界でも例挙に不自由しない。わが国の例では一九三〇年、大阪商船がニューヨーク航路に前例のない高速ディーゼル貨物船を投入すれば、三井物産、川崎汽船、国際汽船が我さきに同種の貨物船を建造している。これは、時代を先取りした発想が成功に導いた例である。大型または高速船の建造では、現代でも他社に遅れまいとする例が後を絶たないが、マーケットの推移や燃料コスト面でトライアル&エラーが続いている。

　一九〇四年に勃発した日露戦争はハパックに思いがけないメリットをもたらす。ニコライ二世と親密な関係にあったヴィルヘルム二世の「黄禍論」はひろく知られているが、この好関係からバルチック及び太平洋第三艦隊が極東に到着するまでのルートに必要な燃料補給基地の設営、運用をハパックが一手に請け負ったことである。この取引で手にした莫大なキャッシュフローを使い、ハーランド&ウルフ造船所とフルカン造船の両社に二万トン超の大型船を発注する。これらは「アメリカ」（二万二二二五トン）、「カイゼリン・アウグステ・ヴィクトリア」（二万四五八一トン）として一九〇五～一九〇六年に完成、ニューヨーク航路に就航した。

　話を戻して「黄禍論」に関わるエピソードにふれる。ヴィルヘルム二世がこの唱導者として知られ

2万トン超の大型船「カイゼリン・アウグステ・ヴィクトリア」。予定船名は「ヨーロッパ」だったが進水式直前に変更された

ているが、その淵源はモンゴル帝国などの東方系民族による西ヨーロッパ侵攻にあった。ロシアでは「タタールのくびき」と記憶される一二世紀のモンゴル族による蹂躙がもたらした被害体験がある。この記憶を独露の皇帝が共有していたといわれている。一九〇〇年の清国で「扶清滅洋」を掲げた義和団の乱（北清事変）が発生、居留民保護を目的に八ヵ国連合軍が派兵される。このときドイツからも派兵されるが、軍隊輸送船の出航を見送ったヴィルヘルム二世は「今度はわれわれが東方民族に鉄槌を加える番だ」と激励したと伝えられている。

因みにハパックの北大西洋客船三隻（「アウグステ・ヴィクトリア」「フルスト・ビスマルク」「コルンビア」）が一九〇四年にロシアへ売却され、これらがバルチック艦隊に随伴する輸送船や病院船となっている。

「アメリカ」と「カイゼリン・アウグステ・ヴィクトリア」について少し述べたい。ハパック船の命名要領は、渡航移民の心情を考えてアメリカの名前をつけるものがあった。これは移住者へのアピール効果を期した手法だった。イギリスで建造される船は「アメリカ」、ドイツで造られる船は「ヨーロッパ」と決まっていた。ところがヴィルヘルム二世皇妃が進水式に出席したいとの意向をうけたバリーンは、王妃に気に入られるべく、「ヨーロッパ」をやめて王妃の名前に変更、「カイゼリン・アウグステ・ヴィクトリア」（アウグステ・ヴィクトリア皇后）として完成させている。少しでも王室に気にいられようというバリーンのいじましいスタ

「カイゼリン・アウグステ・ヴィクトリア」船内の「ウィンター・ガーデン」

ンスであるが、ヴィルヘルム二世の発言権の大きさを物語る一面である。

　キュナード・ラインやホワイト・スター・ラインがイギリス本国とアイルランドからの渡航客をターゲットにしていたのに対して、ハパックとNDLは集客目標を欧州全域からの渡航者においていた。収入の太宗はスティアレジからであったが、豪華な上等級船室を備えることで、船自体のイメージアップ、ひいてはスティアレジを惹きつける効果を狙っていた。それだけに、インテリアの豪華さには追従を許さぬものがあった。ハパックはこのために、スイスのホテル王セザール・リッツが率いる会社にインテリア・デザインを依頼、あらゆる趣向の船内装飾を造りあげていた。

　一九二〇年代以降の北大西洋客船で豪華インテリアの代名詞なったラウンジに、「ウィンター・ガーデン」がある。これはハパックの「アメリカ」型客船で初めて導入されて婦人客の人気を博したアイディアである。無機質なデザインの多い船内にあり、多種類の観葉植物がおかれた室内でのひとときが上流階級婦人の心を捉えたものであろう。水槽に入れた活魚を調理してダイニング・ルームに出すなど、現今のクルーズ客船でも考えられないサービスもなされていた。

　一九世紀末に「テュートニック」を世に送って話題を巻きおこしたホワイト・スター・ライン（WSL）もスピード優先主義を快適航海に切りかえていた。一八九九年の「オセアニック」（一万七二七二トン）から始まり、二〇世紀に入ると「セルティック」、「シードリック」の二万トン型客船を北大西洋に配するなどして大型化を進めていた。この次にハーランド&ウルフ社の会長ピリー卿とＷＳＬブルース・イズメイ社長の合作ともいえる前代未聞の巨船三隻が計画されるが、これが一九一四年から始まるハパックの巨船計画に誘い水となる。

第14章　巨船時代の幕開け

タービン・エンジンとモルガン財閥

巨船の話題に入るまえに、商船の推進技術がもたらした革命と、北大西洋航路の秩序を大きく変えた出来事に触れねばならない。

一八九七年六月二六日、ポーツマス沖のスピットヘッドでヴィクトリア女王の即位六〇周年記念観艦式が挙行されていた。居並ぶ参列艦のあいだを縫い、突如一隻の小艇が驀進してきた。爆音と煙突から火柱を吐いて疾走する光景は艦上の人びとを驚愕させるに充分だった。直ちに哨戒艇が追跡したものの、30ノット以上のスピードで走りまわる小艇に追いつけぬばかりか、そのウェーキを被って沈没寸前になった、とある。この小艇は「タービニア」として後世まで遺されて記憶されるが、このときに操縦していたのが蒸気タービン産みの親・チャールズ・パーソンズ（一八五四～一九三一）であった。

蒸気圧を利用し往復運動を回転運動につなげたのがジェームズ・ワットであるが、羽根つきロータ－に蒸気を吹きつけて推進軸を回転させる方法を思いついたのがこのニューカースルの技師である。船舶工学の教育を受けていないパーソンズは、試行錯誤ののち、造船史上おそらく最大の功績として後世にまで残るタービン機関を完成させ、これを手づくりのブリキ艇「タービニア」（四四排水トン）に搭載したものである。「タービニア」そのものは現在もニューカースルのディスカヴァリー博物館に保存展示されている。

巨大なアメリカ金融資本を率い、鉄道網を握るJ・P・モルガン（一八三七〜一九一三）は北大西洋航路で独占が可能となれば鉄道ネットワークとのコンビネーションにより適正コストでの輸送が可能となり、ひいてはアメリカ経済が安定するという信念をもっていた。航路を経営する船社がひとつになれば大西洋交通の秩序が保たれるとの確信から、莫大な資金力に物言わせて吸収合併に乗りだした。

1897年6月26日、英海軍観艦式会場に現われた「タービニア」。30ノット以上で疾走する小艇に、参列艦艦上の人々は驚愕した

このためモルガン財閥は一九〇二年ホワイト・スター・ラインを買収、同年一〇月にインターナショナル・マーカンタイル・マリン社（IMM）という持株会社を設立して行動を開始した。これで一九〇二年末までにWSLのほか一〇社もの船社がIMM傘下に入った。

モルガン財閥の触手はドイツも伸びてきた。イギリス勢力に対抗心を燃やすヴィルヘルム二世はハパックとNDLにモルガン財閥の傘下に入ることを勧めたといわれる。しかし優秀な性能の均質な船隊こそが競争を勝ち抜く要件、というヴィーガント社長の信念から、NDLは独立独歩の路線を崩さなかった。結局のところ、「合併も対立も避けて住みわけ路線をとろう」

米モルガン財閥の総帥
J・P・モルガン

というバリーン会長の工作に同調する。ハパックとNDLはIMM傘下に入らぬかわりに、条件（両社は各二〇〇〇万マルクの仮想資本金をベースに会社の配当率に応じてIMMへ配当金を支払うのと交換に、IMMはドイツ船社側に六％の固定配当を支払う）付きでIMMとの協調関係を保つことになる。これでハパックとNDLの独立が保障された。

後の話であるが、IMM傘下の船隊が多種多様な持ち船の寄合所帯であったことが一三年後（一九一五年）の破産につながったというのが通説になっている。詳しい事情を示すデータがないが、モルガン財閥の傘下に入った船社の経営者メンタリティーが船隊改善を含めた経営改善への道を阻んだとも推測される。とまれ「IMMは最初から弱い病身の組織は変わらぬだろう」とヴィーガント社長が洩らしていたとおりになったのである。

当然ながらIMMの触手はキュナード・ラインにも伸びる。IMMの誘いはキュナードの経営的には「渡りに船」の意味合いはあったが、P&Oとならびイギリスの国籍船社であったから、議会で喧々囂々の議論がおこる。

キュナードの巨船

この当時のキュナード・ラインは一万三〇〇〇トンの「カンパニア」、「ルカニア」がフラッグシップであるに過ぎず、一八九八年にドイツ船（KWDG）に横断記録を破られてからドイツ勢に水をあけられていた。キュナード経営陣の賢明というか抜け目のない工作が奏功して、二六〇万ポンドの政府補助で新造船二隻の建造が具体化する。この補助の条件として、「キュナード社は二〇年間イギリス国籍を保持すること、二四～二五ノットで航行可能なこと、一旦緩急時には仮装巡洋艦として政府に供出すること」などの条項が入れられていた。

新船は全長二四〇メートル、三万一〇〇〇トンという空前の巨船となるが、問題は主機関の選定であった。在来のレシプロ式蒸気機関とするか、一八九七年のデビューで世間の耳目をひいた蒸気タービンのいずれを採るかであった。運転面では前者の信頼性は問題ない。後者ではエンジンがコンパクト（機関室スペースが少なくて済む）というメリットが期待されたものの、パフォーマンスが不明である。

キュナード・ラインの客船「カーマニア」。蒸気機関の比較試験のため本船はタービン機関を搭載してデータ収集を行なった

このジレンマを解くために行なったテストは実に壮大なものであった。たまたまキュナード・ラインが計画していた一万九〇〇〇トン型姉妹客船二隻に別々のエンジンを搭載して比較するものだった。こうして一九〇五年に完成した二隻、すなわち「カロニア」には四連成レシプロ・エンジン（二万二〇〇〇馬力、二軸）、「カーマニア」には蒸気タービン（二万一〇〇〇馬力、三軸）が搭載され、試運転時にさまざまなデータが収集された。この実験で出された結果は、同量の燃料炭消費では「カーマニア」のほうが約一ノット速い、というものであった。

こうして新船にはそれぞれ蒸気タービン四基（四軸推進）の搭載が決まる。高圧タービン二基が外側軸に直結され、低圧タービンは内側の二軸を回すものだった。当時はまだ減速ギアがなかったので高速回転のタービンはスクリュー軸に直結されて

進水する「ルーシタニア」。スコットランドの造船所で建造された

試運転中の「モーレタニア」。「ルーシタニア」の妹船に当たる本船は、イングランドで建造された

いた。

　一九〇五年一月、「ルーシタニア」がクライド河畔のジョン・ブラウン社、「モーレタニア」はタイン河畔のスワン、ハンター＆ウィガム・リチャードソン社に発注される。一九〇六年六月七日、クライド河畔に群衆が蝟集したなかでインヴァークライド卿夫人の命名で「ルーシタニア」が進水する。インヴァークライド卿（キュナード社創業者の一人ジョージ・バーンズの孫）はキュナード会長として両船の誕生まで政府との折衝に携わっていたが、尽瘁のためこの前年に急逝していた。「モーレタニア」はこれに三ヵ月遅れてタイン河に浮かぶが、このとき一〇万人もの観衆が河の両岸に集まっていた。

　スコットランドで建造された「ルーシタニア」に対して、イングランド（ニューカッスル）で産まれた船が「モーレタニア」である。どの時代でもほぼ同型の船が複数つくられる場合は同一図面に拠るのが常識である。だが、両船ではタンク・テストは別々の試験水槽で実施されていることから、両造船所が独自に図面をひいていたとの推測は外れていないと思われる。

とくにスワン、ハンター社は北大西洋客船の建造実績ではジョン・ブラウン社に劣っていたから、歴史的に存在していたスコットランド人とイングランド人の対抗心から、相当の競争心を燃やして「モーレタニア」建造にとりかかった筈である。

「ルーシタニア」は一九〇七年八月、「モーレタニア」は同年一一月に竣工する。両船はこれで世界最大の商船であるばかりでなく、北大西洋横断記録を更新して世界最速船の地位をも獲得することになる。

船台上で形作られている光景を見た当時の識者をして「人間が鉄と木を使ってこのような巨大なものを造りうるものか」と驚嘆させた「ルーシタニア」と「モーレタニア」は華々しく北大西洋に躍り出る。

しかし、姉さん格の「ルーシタニア」は僅か七年の薄命に終わり、「モーレタニア」が二八年の長寿を全うするという皮肉な対照になるとは誰も予想できなかった。不思議なことに「ルーシタニア」より「モーレタニア」のほうが旅行客に人気があり、「ルーシタニア」が妹船を超えることはなかったと伝えられている。また、フランクリン・ルーズベルト（大統領）が「モーレタニア」に乗船したときのこと。船長から「この船にはレディー然とした動きがある」と聞いたあとで大統領も「もし〝心のようなもの〟（soul）が船にあるとすればモーレタニアがそれである」と語ったという。

イズメイの巨船

ＷＳＬのことである。二〇世紀を迎えるころの北大西洋では英、独の海運勢力のあいだで集客競争が激しさの度を加えていた。この情勢下でＷＳＬ創業者のトマス・イズメイはスピード競争から手をひき、「適度な速力の大型船で居心地の良い旅行を約束する」というセールス路線に切り替えつつあった。一八九九年にトマス・イズメイが世を去ったのち、息子のジェームズ・イズメイにもこの路線は引き継がれていた。

WSLは創業時から社船の建造をベルファストにあるハーランド&ウルフ社（H&W）に託していたが、WSL伸長の動力になったのは同造船所会長のウィリアム・ピリー卿（一八四七〜一九二四）であったことは知られている。アイルランドの名門出身で基礎教育を受けたのち、一五歳でハーランド&ウルフ

H&W造船所の会長、ウィリアム・ピリー卿

社の見習いから叩きあげたのち、イギリス造船界の大立者となった人物である。一八九五年に四八歳でH&W会長になったのちWSL取締役にもなるが、これを契機にH&WとWSLの関係強化が進められた。H&Wの技術力が数々のWSL客船を産んだだけでなく、ピリー会長はキュナード・ラインとの協調策など、WSL経営面でも若いイズメイ社長に助言していた。

二〇世紀に入っても対米移住者の旺盛な流れがつづき、英独の船会社の経営は好調裡に推移したが、同様にH&Wも旺盛な受注で潤っていた。WSLが一九〇〇年からIMM傘下に入ったことで資金調達が容易になったと考えられるが、WSL客船を一手に引き受けていたH&Wもさまざまな形で手を差し伸べていたに違いない。ともあれ、これら援助のお蔭で「世紀の巨船」三隻によるサウサンプトン〜ニューヨーク間のウィークリー・サービス実現計画が具体化しようとする。

前代未聞の巨船を手がけるH&W造船所は在来の三船台を二船台に統合する大手術を行ない、第一船「オリンピック」（四万五〇〇〇トン）を一九〇八年に起工、一九一一年に完成する。巡航速力は二一ノットに抑えられていた（注：それでも一九二一年七月の東航では平均二七・八八ノットを記録）が、船内設備と装飾はイギリスのジャコビアン様式（一七世紀）の食堂、ルイ一五世様式のラウンジやヴェルサイユ宮殿を模した装飾など、富裕なアメリカ人旅行客の好みに合うような豪華なインテリアに

WSLのフラッグシップ「オリンピック」(4万5000トン)。姉妹船「タイタニック」「ブリタニック」と違い長寿を全うした

造られていた。

第二船「タイタニック」は処女航海のときナンタケット沖で氷山と接触して沈没してしまう。この平時で最大の海難を詳説する余裕はないが、大組織となった会社に有りがちな心底の驕りに帰せられるような事象が多い。なおH&W設計陣にはピリー卿の甥・トマス・アンドルーもいた。「タイタニック」の主任設計者であったアンドルー技師は処女航海で犠牲になっている。ピリー卿も乗る予定だったが病気で断念して命拾いをしている。第三船「ブリタニック」は商業航路につかぬまま第一次大戦の勃発で病院船となり戦没している。妹船《いもうとぶね》二隻が享けられなかった余命を引きついだかのように、「オリンピック」は二四年の長寿を全うした。

バリーンの巨船

「世紀の巨船」と喧伝された「オリンピック」は就航するや否や北大西洋の話題を浚う。すでに「大型、豪華インテリア」路線を進めていたハパックのバリーン会長は「オリンピック」計画を聞いたとき、この巨船が内包する将来性に注目し、これに拮抗できる大型船の計画にとりかかる。ハンブルクのフルカン社とブロム&フォス社に発注されたのは「オリンピック」をうわまわる五万トンの客船三隻であった。「インペラトール」(皇帝)、「ファーターラント」(祖国)、

ハパックが建造した大型客船「インペラトール」（5万2000トン）。「オリンピック」型に対抗して同型3隻が計画された

「ビスマーク」と名付けられる三隻への大投資が可能だったのは、既述のようにバルチック艦隊への補給事業で手にした莫大なキャッシュと、機会あるごとにバリーンが献身してきた専制君主ヴィルヘルム二世のバックアップがあったからに間違いない。

この時期には三七歳で海軍大臣に就任したウィンストン・チャーチルが率いるイギリス海軍省とヴィルヘルム二世の信任あついアルフレッド・フォン・ティルピッツ海相が進める海軍拡張計画が鋭く対立していた。このような緊張下にあってバリーン社長は王室との人脈や影響力を駆使して、軍拡競争が抑制されるよう心を砕いていた。そして「平和目的の商船隊を拡充することでドイツの国威を発揚すべし」と人びとに説いてまわっていた。世界最大の客船三隻はそのための手段であるとともに、「オリンピック」登場で劣勢におかれるドイツ海運勢力を一気に挽回しようと狙っていたのである。

第一船は「オイローパ」と名付けられるはずだったが、この巨船計画に欣喜雀躍するヴィルヘルム二世の姿をみて、進水直前になり「インペラトール」（皇帝）にかえたといわれている。一九一二年五月二三日の進水式には皇帝が提督の正装で臨席、命名台にのぼりシャンペン・ボトルを割っている。翌年四月のエルベ河には試運転にむかう五万二〇〇〇トンの巨体があった。河畔に集まった人びとの目を惹いたのは、船首の巨大なフギュアヘッド＝王冠を頂く鷲が翼をひろげて地球を摑んだ像＝であった。このフィギュアヘッドは船首材から三メートル余りも突出しており、その地球の部分には「世界はわが庭なりMein feld ist die welt」というハパックのモットーが鮮やかに刻まれていた。処女航海で迎えたニューヨークっ子もこのフィギュアヘッドに度肝を抜かれたが、この船首飾りは後に北大西洋の真ん中で遭遇した時化で破損、取り外されている。

「インペラトール」の主機関には一九〇七年の「ルーシタニア」、「モーレタニア」完成時に話題となった蒸気タービンが採用されていた。これは二年前に就航した「オリンピック」が四連成レシプロ機関であったのと対照的であった。当時のタービンは直結駆動であったから、「ルーシタニア」型、「インペラトール」型は四軸推進であった。

「インペラトール」に始まる三巨船のインテリアは現代の客船でもおよばない気宇壮大な豪華さに造られていた。船内デザインにはホテル王セザール・リッツと世界一流のデザイナーといわれたシャルル・メーヴェに委託されていた。たとえば「インペラトール」では一八世紀のフランスで流行った室内装飾の大ラウンジ、ウィンター・ガーデンのほかポンペイ風室内プールなどが話題となった。

「インペラトール」の船首の、翼を広げた巨大な鷲のフィギュアヘッド

一九一三年六月一〇日、「インペラトール」は三一〇〇名の乗客をのせてクックスハーフェンから処女航海の途につく。たまたま航海中にヴィルヘルム二世が即位二五周年を迎えたので、アルバート・バリーンは船上から皇帝に祝電を送り、処女航海の成功を報告している。ＷＳＬのイズメイ社長が「オリンピック」処女航海に乗船したときのように、バリー

ン会長も船上では無駄に時間を過ごしていなかった。船のすみずみまで検分してまわり、接客方法の改善点などをメモにしていた。そのメモは第二船の建造で活かされていた。

この時期からバリーンとヴィルヘルム二世の親交はいっそう深まり、バリーン主催の晩さん会に皇帝は二ヵ月に一度は出席するまでになっていた。しかし、ヴィクトリア皇后はティルピッツ海相をひいきする一方、バリーンには事ごとに辛く当ったといわれる。バリーンがユダヤ系だったから気にくわなかったというのは穿ちすぎだろうが、バリーンが皇帝に出した伺いにもたびたび横槍を入れたと伝えられている。

一九一三年夏のこと、渡航客の最盛期であるにも拘わらず、バリーンは新造なったばかりの「インペラトール」に皇帝一家を招待、貸切りの二日間北海クルーズをしている。自社船に皇后の名前まで——一八八九年と一九〇六年建造の「カイゼリン・アウグステ・ヴィクトリア」——付けるなどの涙ぐましい配慮がなされていたものの、関係は改善しなかったという。NDLも自社客船に「クロンプリンツ・ヴィルヘルム」(皇太子)「カイザー・ヴィルヘルム二世」「クロンプリンツェシン・チェシリー」(皇太子妃)の名前を付けて王室に気遣っていた。

このまま平和が続いておれば、ハパックは巨船三隻を筆頭にした大船隊で大西洋に覇を唱えたことは間違いない。しかし第一次大戦の勃発でバリーンの構想は水泡に帰し、バリーン自身にも一九一八年に自裁する運命が待っていたのである。

第15章　二〇世紀の太平洋

いわゆる移民船について

「移民船」と呼ばれると何となく低グレードの客船という印象があるかもしれない。一九二九年完成の「浅間丸」はハワイ、サンフランシスコ航路で豪華客船といわれた。同じ年、南米航路に就航した「ぶえのすあいれす丸」は「移民船」と呼ばれ、石川達三が著した小説のせいもあり、ワンランク低い客船とされている。しかし海事史では、このように劃然とした区別は見あたらない。

客船経営が拠ってたつ交通の大部分は、欧州からアメリカ大陸への移住者移動であり、また帝国主義の深化に及んで起こった宗主国から植民地への殖民の流れであった。だからキュナード・ライナーをはじめ、北大西洋航路に就いた数々の有名客船、欧州から南米への海路をひらいたイギリスやイタリアの客船、イギリスから南アフリカや大洋州へ航海したP＆Oやオリエント・ライナーなどは、どれも三等船室で渡航する移住客からの収入が航路経営を支えていた。その意味でこれらの客船も〈移民船〉といえる。

同様の意味で「浅間丸」は中国、日本からハワイ、カリフォルニアへの移住者運賃にたよった移民船であり、「ぶえのすあいれす丸」と本質的に変わらない。ただ、極東～北米航路では移住者以外の

主要客船の乗客定員比較

航路	北大西洋	太平洋	太平洋	欧州～豪州	欧州～南米	極東～欧州
船名	レックス	浅間丸	プレジデント・フーヴァー	ストラスネイヴァー	ネプチュニア	照国丸
国籍	イタリー	日本	アメリカ	イギリス	イタリー	日本
建造年	1931	1929	1931	1931	1932	1930
1等	604	222	307	498	175	121
2等	378	96	133			68
ツーリスト	410			668		
3等	866	504	170		709	60
スティアレジ			378			

セレブリティ客の往復も多少あったから、人の眼を惹く立派な一、二等客室を多く備えることにより、サービスのイメージアップのために「豪華客船」とPRしたものである。

世界の遠洋航路のなかでそのようなカテゴリーでないのは、欧州～極東航路ていどと考えられる。参考までに掲げると、一九二九～一九三二年の主要航路に登場した客船の乗客定員は上掲のとおりである。

パシフィック・メール・ライン

二〇世紀の太平洋横断サービスは中国、日本からのハワイ、北米むけ移民がベースとなって変転するが、北大西洋と同じく大型化、高速化をしながら推移している。

この世紀の初頭には洋の東西で戦乱が起こっていた。イギリスが南アフリカでの権益取得のために起こしたボーア戦争（一八九九～一九〇二）で、キュナード、P&Oなどの客船が多数徴用されたため、イギリス海運の勢力が一時的に停滞する。極東では北清事変（一九〇〇～一九〇一）で多くの船腹が徴用されて軍隊を清国に運んだのち、三年後に起こった日露戦争（一九〇四～一九〇五）では二六八隻もの日本船が兵員輸送に駆りだされていた。このような事由から関係国の定期航路の経営にも曲折が生じていたが、太平洋ではアメリカ船隊が悪影響の外にあったことから、パシフィック・メール・ライン（ＰＭＬ）はひとり船腹増強の途を悠々と闊歩していた。

ＰＭＬは一九〇二年に「コリア」、「サイベリア」（一万一〇〇〇トン型、最高二〇ノットの姉妹船）をサンフランシスコ～日本～香港線に投入、さらに邦船フリート（東洋汽船の「日本丸」など）が休航する日露戦争中には低速（一六ノット）ながら大型の「モンゴリア」、「マンチュリア」（ともに一万四〇〇〇トン）を建造、配船した。このような大投資ができたのは、ＰＭＬ株主で貨客を握っていたユニオン・パシフィック鉄道とサザン・パシフィック鉄道の社主であるエドワード・ハリマン（一八四八～一九〇九）のバックアップによるものであった。

PMLの高速客船「コリア」。1902年、姉妹船「サイベリア」とともにサンフランシスコ～日本～香港線に投入された

まえに触れたように、この時期（一九〇二年）の北大西洋ではモルガン財閥がＩＭＭを設立して北大西洋航路で寡占状態を実現しつつあった。その意味で二〇世紀初頭のアメリカ経済は、鉄道網を手中にしたＪ・Ｐ・モーガンとＥ・ハリマンなどの大資本家に握られていたといえる。

「天洋丸」の就航

この間、東洋汽船と日本郵船は新設航路での競争力を維持するため、航路開設いらい政府に補助金の申請を続けてきたが、一八九九年になり漸く特定航路補助が実現する。

東洋汽船の浅野総一郎社長はＰＭＬの大規模な船隊整備によって航路経営の先行きが予断を許せぬと判断して、ＰＭＬに対抗できる新船の建造を決心する。浅野の面目躍如たるものは、この大投資計画を日本がのるか反るかの日露戦争中の一九〇四年に決断していることである。計画されたのは一万二〇〇〇トン、重油焚きタービン機関、最高速力二一ノット、航海速力一八ノットの客船三隻で、ＰＭＬ客船よりも設備、性能面で格段に優れたものであった。

戦時中にもかかわらず部下を渡英させてサミュエル商会（シェル石油の前身、「日本丸」など三隻の建造仲介）から資金調達（二〇〇〇万円相当）の約束を取りつける。これに増資分（六五〇〇万円）を加えて建造資金とした。新船は「日本丸」のときのようにイギリスではなく、三菱合資会社三菱造船所（長崎）に発注される。ポーツマス条約調印の四ヵ月まえ、一九〇五年五月のことである。

三菱のほかにフェアフィールド、ヴィッカース、スワン・ハンターのイギリス造船所三社からも見積もりをとったところ、船価、納期ともに格段の差があった。イギリス側では竣工まで一八ヵ月であるのに三菱では三年（注：実際は一九〇五年六月起工、一九〇七年九月進水、一九〇八年四月竣工）かかるという。日本政府からの造船奨励金を差引いても船価はイギリス側が廉価であったという。納期の点だが、一年半をやめて三年をとるのは常識的に考えられない。浅野が永年の競争相手であった岩崎弥太郎の息がかかった三菱を選んだのは何故だろう、という疑問がわく。パトロンであった渋沢栄一（三菱贔屓《ひいき》）や安田善次郎のほか、補助金を支給する政府からの慫慂があり、また浅野の「国産振興」精神が作用したと考えるほかない。

「天洋丸」「地洋丸」二隻の建造費は合計八四四万円、これに「春洋丸」の分を加えると一二七四万円となる。ところが日露戦争後の不況で銀行融資は思うように行かない。世間は「いくら浅野が安田善次郎から可愛がられているからとて、簡単には金を貸さぬだろう」と噂する。ところが事業に太っ腹な浅野に惹かれていた安田は二つ返事で八〇〇万円の融資を承諾する。その要領は社船担保で東洋汽船が社債を発行し、これを安田銀行が一手に取り扱うものだった。

新船は「天洋丸」「地洋丸」（一九〇八年竣工）と「春洋丸」（一九一一年竣工）と命名される。浅野は名前の由来を易経の「天玄而地黄」からとるが、「玄洋」は「黒海」で面白くないとして、第三船は「春洋」にしたといわれている。

東洋汽船がPML船隊に対抗して建造した「天洋丸」。1万2000トン、最高速力21ノットの蒸気タービン船だった

破天荒な新造計画が明らかになると日本国内の誰もが驚いたが、注文をうけた三菱長崎造船所はそれ以上に驚く。建造条件は三菱が工賃だけを請け負うというもの。鋼材や主機関、インテリア製作は船主が海外で手当てして造船所に支給することでコストダウンを図っていた。これにはサミュエル商会の調達力が物をいった筈である。今の慣習からすれば異常なものだが、当時の日本造船業は揺籃期にあったから無理からぬことであった。

三菱と再三交渉のすえ、いよいよ契約調印というときに、造船所の荘田平五郎所長が浅野を訪ね、「二一ノット、一万二〇〇〇トンの船をつくるのはわが国の現状からみて余りにも進み過ぎたお考えのように考えられるからレシプロ機関で一万トンくらいに縮めてはどうか」と勧告した。

この頃、日本最大の造船所である三菱長崎が手がけた船は六〇〇〇トンの「常陸丸」（日本郵船、一八九八年建造）が最大で、蒸気タービン船の経験はなかった。浅野は「君のほうの立場からいえば喜んで注文を受けて下さるべきはずであるにも拘わらず、私の判断からいうと新興国の日本人としては、お説のところは如何にも消極的すぎると思う。それとも金の支払いについてご懸念があるのですか」と言ったところ、「いや、決してそういう訳ではありませぬ。それほどまでに仰るのなら仕方がないからご注文どおり建造しましょう」となって契約調印されたというエピソードが伝えられている。

浅野総一郎は渋沢栄一に見出されて実業家への道を登るが、同郷の先輩で安田財閥を築きあげた安田善次郎が経済面でバックアップしたから、諸事業に乗りだすことができたのは周知の事実である。東洋汽船経営の目覚ましい事業発展は安田なくしては不可能であった。

「天洋丸」に話を戻すと、一九〇八年三月の定時株主総会で浅野は新船計画について次のように説明している。「会社の見込みでは一万三〜四〇〇〇トンが適当だと思いました。『ミネソタ』(注：グレート・ノーザン・ラインが一九〇四年太平洋に投入した客船)のように二万トンでは大き過ぎる。『コレア』、『サイベリア』と違い、機械を新発明のタービンというものにしました。石炭では火力に狂いがございますから重油を焚きます。この点でもコレア、サイベリアよりも脚がはやい。また船内の装飾がよろしい。これまでの太平洋のお客がみんな来ると思います。

新発明の機械に油を焚くことにすれば、多くの火夫がいらない。油も米国から帰航のときに向こうの油を船に乗せてきて自分で製造すれば外国から買うよりよほど安くなる。日本の石炭の高いのには閉口している。油は石炭より三割安い。それから油を焚くための船の容積が半分くらい要らなくなるから、五〇〇〇トンも六〇〇〇トンも荷物が余計に積める。また油を焚くときは石炭のように掻きまわすこともなく火力が平均に保てる。それにタービン船だから振動がない。

東洋にはこういう船はまだ一艘もない。南方の太平洋にくるお客はみな桑港においでなさるようにと思い、良い機械を用いたのでございます」（東洋汽船社史『六十四年の歩み』）。

この説明に一般株主のみならず銀行や同業者も呆気にとられたが、浅野は自分の考えが決して途方もないものでないことを、大西洋の航路事情（おそらく前年の大西洋に登場していた「ルーシタニア」と「モーレタニア」のことも説明したであろう）もあわせて述べ、新船の必要性を切々と訴えた。結局、パトロン的存在の安田善次郎のバックアップを受けて特定増資による資金調達の目途がついたのである。

新船の主機関であるタービンについて述べよう。この当時の北大西洋航路では試験期をようやく脱して「ヴィクトリアン」（一九〇五年）や「ルーシタニア」（一九〇七年）に採用されていた程度であったが、浅野の判断でさらに注目されるのは、燃料を重油にしたことである。強力な馬力が得られる重油焚きタービン機関（直結タービン、三軸推進）を採用したことは、安い重油の使用による燃費や船員費のメリットに浅野が着目していたからである。

計画では、浅野商店が一八九三年から行なっていた原油の輸入精製業を利用し、それで出来た重油を焚いて一石二鳥を狙うものだった。ところが思いがけない齟齬が生ずる。この構想にたいして石炭および国内産石油販売業者が反対運動をおこしたため、新船竣工の翌年に関税が引き上げられて輸入原油が割高になってしまう。そのために新船は石炭燃焼への改造を余儀なくされるという不幸な結果に終わってしまう。

「天洋丸」は長さ（全長）一七五メートル、幅一九メートルで一万三四五四トンである。これは三二年後に登場する日本郵船の「新田丸」クラスとほぼ同一の長さと深さながら、幅は著しく細かった。現代のセンスでは考えられぬほど細長い船型だが、当時の北大西洋ではこのような船型が普通で、一定出力で最大のスピードを得ようとしていた目的がうかがわれる。

「天洋丸」搭載の蒸気タービンは当時の大西洋でもキュナード・ラインの「ルーシタニア」と「モー

出帆する「天洋丸」。高速を狙った細長い船体は、細身の貴婦人のような船容と讃えられた

壁面の扇のレリーフが印象的な「春洋丸」の１等ラウンジ。船内装飾はアールヌーボー様式で統一

レタニア」に採用されていたに過ぎず、世界でも極めて少数例だった。しかも両巨船は石炭焚きであったが、「天洋丸」では最初から重油燃焼で造られていた。しかし、この先見的アイディアがフルに活かされなかったことは前述のとおりである。

「天洋丸」のスタイルであるが、ＰＭＬの「サイベリア」クラスを下敷きにしたと考えられるほど酷似していることから、浅野がそのアイディアを造船所に伝えたものであろう。ともあれ、本船は大西洋客船とくらべても決して遜色のない、細身の貴婦人のような船容と讃えられるものだった。

ただ当時の貿易環境と東洋汽船のステイタスからして、本船の建造が的を得ていたかどうかについては別の見方ができる。サンフランシスコ線と南米西岸線にしか定期航路をもたぬ東洋汽船が、このようなスーパー・ライナーを三隻も運航するのは、「テュートニック」や「ルーシタニア」のように軍事上の特別配慮があるならともかく、企業投資としては行き過ぎだと世間は訝った。

また「天洋丸」が進水した一九〇七年には、ハーグ平和会議の閉幕直後に行なわれたルート米国務長官と青木周蔵駐米大使の会談で、邦人移民を制限する方向で協議が整いつつあった。しかし、「外国船に負けまい」という浅野の熱意がともかく新船を実現したものであり、世間の憂慮に負けて「ソコソコの船」でお茶を濁しておれば、後年の日本郵船の「浅間丸」クラスの芽はなかったかも知れない。

浅野が申し子のごとく誕生させた「天洋丸」は一九〇八年四月に竣工、横浜、神戸で披露された。このとき招待された貴族院、衆議院の議員その他の名士数千名の誰もが新設備と贅沢な装飾に賛辞を惜しまなかった。船客設備では居間、寝室、浴室のあるスィート、婦人同伴で喫煙と飲酒ができるラウンジ、二〇〇名着席の一等食堂、そしてこれら公室にはサーモタンク式暖房装置があるなど、日本船で最初の試みがなされていた。

インテリア・デザインは和室を除き当時の欧米に台頭していたアールヌーボー様式で統一されており、これらは外国デザイナーの手に拠っていたのは勿論である。壁画パネルには浅野家の家紋であり、東洋汽船の社旗でもあった扇の模様があり、ラウンジのステンドグラスには舞い鶴が描かれていた。

船内装飾が想像を絶していたのに驚いて「東洋汽船の株は売りだ」と思わず叫んだ客もいたという。三年まえに終わった日露戦争に出征した兵士の多くが、それまでは革靴を履いたことがなかった、というのが国内の実情だったから、「天洋丸」をみる人に、想像をこえたインパクトを与えたことは容易に察しがつく。ロシアから賠償金がとれず、外債返済に苦しむ当時の日本と米英の国富を比較すれば、いくらライバル船社との拮抗を目指すとはいえ、当時の日本のような経済力の国がこのような豪華船を揃えた例は海事史では稀である。

第三船「春洋丸」は三年遅れの一九一一年に就航し、これに「日本丸」（注：「亜米利加丸」と「香港丸」は大阪商船へ売却）を加えた四隻体制でサンフランシスコ線の運営がはじまる。

その後の東洋汽船

東洋汽船の足どりの結論を急ぐと、創業から三〇年で客船部門を手放さざるをえなくなっている。サンフランシスコ線の開設から二八年、「天洋丸」クラスの就航からわずか一八年である。日本郵船はナショナル・キャリアーのお墨付きを得て生まれてきたから、政府のバックアップを受けて、インド航路（一八九三年開設）から始まり、その三年後には北米（シアトル）線、欧州線、豪州線と、着々と船隊整備と航路開設を実施していた。日本実業界の梟雄といわれた浅野総一郎は日本をめぐる海運界の事情を認識したうえで海運に乗りだしたもので、単純な熱意と侠気だけで太平洋に船を浮かべたのではなかった。

アメリカの港に着いてしまえばよい、という大西洋横断航路と異なり、アメリカ西岸に到着後は、人や物も中西部や東部に送られるものであった。だから太平洋航路の運営はアメリカ内陸輸送をにぎる鉄道会社の協力なくしては成り立たなかった。しかも太平洋には一八六七年から三〇年間もＰＭＬが独占して航路を経営していたという現実があった。

日本郵船も最初はサンフランシスコ線を企図したがサザン・パシフィック鉄道（ＳＰ）の同意を得ることができず、北廻りのグレート・ノーザン鉄道からのバックアップでシアトル航路を始めていた。このように日本郵船の参入が不成功に終わったサンフランシスコ航路であるが、ＰＭＬとの協調をベースとしたサンフランシスコ線に東洋汽船が参入できたことで、日本の業界は驚嘆する。これは偏に浅野社長によるハンティントンＳＰ社長への捨身のアプローチが実をむすんだ快挙であった。

浅野はもちろんサンフランシスコ線一本で行けるとは思っていなかったから、南米西岸定期と油送船事業との三本足で東洋汽船を経営する方針を定めていた。サンフランシスコ線および貨物（復航）主体の南米西岸線は、往航では日本からハワイ、南米西岸への移住者と中国（清国）からの貨物に依存していた。ところがメインルートのサンフランシスコ線ではアメリカ政府の移住者政策の変化によって経営基盤が揺らぎ始める。それは、サンフランシスコ大地震を契機とする日本移民制限法（一九〇七年）であった。

油送船事業であるが、浅野は国内産炭が高価なことを問題視しており、アメリカ西海岸から原油を輸入して国内で精製する方針をたてていた。このために南北石油会社（アメリカからの石油輸入会社）と原油輸送契約を締結、オイル・タンカーの建造に乗りだす。結局、石油会社側の契約不履行により、タンカー事業は当初の目論見どおりにゆかなくなるが、浅野のアイディアは日本で出来た重油を船で焚いて運航採算をあげることを志向していた。これが「天洋丸」クラスの重油使用につながるが、前述したように原油輸入関税が引上げられたので、「天洋丸」クラスは石炭専焼船としての就航を余儀なくされた。

国内外で建造したオイル・タンカー四隻の自営が不可能となったので、三菱長崎造船所建造の「紀洋丸」は竣工の間際に客船へ改造され、南米西岸線に投入される。このような不幸な事情によって、浅野が描いた三本足経営は根を張ることができなかった。もしこれが順調に推移しておれば、日本郵船とならぶ第二の邦船勢力となっていた可能性はある。

東洋汽船の浮き沈み

一九一四年に勃発した第一次世界大戦は日本海運界に空前の好況をもたらす。東洋汽船もその例に洩れなかった。というのは太平洋から外国勢力（ＰＭＬ、ＣＰＬ）が姿を消したので、サンフランシスコ航路は東洋汽船の独占状態になったからである。

ただ「好事魔多し」で、「地洋丸」の遭難という不慮の災厄が降りかかる。マニラから香港へ濃霧のなかを全速航行していた一九一六年三月三一日未明、香港沖タンカン島に座礁して全損になったのである。ところが程なく代替船が入手できるという幸運に恵まれる。

ＰＭＬは大戦勃発とともに所有船七隻をすべて太平洋から撤退させ、パナマ運河以東の水域で使用していた。そして下級船員（中国人）配乗問題がおこると太平洋航路からあっさりと手をひいてしまう。余剰となった所有船四隻は他社へ投げ売りに出されていた。

1916年３月31日、濃霧の香港沖で座礁、船首が折れて全損となった「地洋丸」

この情報をつかんだ浅野は、直ちに「コリア」と「サイベリア」の購入交渉を始める。役員の多くは、一度に二隻も購入することに反対したが、精力的に説得して役員会で承認させる。交渉のすえ、一九一六年五月に購入したが、これが結果的には大成功となる。秋から船隊に加わった二隻は好況に乗って「地洋丸」の穴埋め以上の力を発揮するからである。ニューヨークで二隻が引渡されるが、「サイベリア」はウラジオストック向けの鉄条網を満載して出航している。この貨物はシベリア鉄道を経由して西部戦線へ送られるものであったらしい。「これや丸」「さいべりや丸」と改名された両船は「天洋丸」「春洋丸」に伍して、サンフランシスコ航路で無人の野を行くように「わが世の春」を謳歌することとなる。

第一次世界大戦が終わると、敗戦国ドイツの商船が賠償として連合国側へ引き渡される。このなかで日本には「カップ・フィニステーレ」（一万四五〇三トン）と「クライスト」（八九五九トン）などが交付される。後者は日本郵船が引き受け、「吉野丸」として台湾航路に使用されるが、前者については、ドイツからの回航を請負った日本郵船がその性能を検証して、自社運航は不適格と断ってしまう。「カップ・フィニステーレ」はハンブルク・スド・アメリカ社の南米航路用に建造された客船であった。ラプラタ河を遡航するために浅喫水構造であり、巨大なハウスとあいまってトップ・ヘビーなばかりか、燃料炭消費量も多い不経済船であった。日本船としてこのような大型船の運航に適したのはサンフランシスコ航路しかないが、東洋汽船では天洋、地洋、春洋、コレア、サイベリアの五隻で充分であった。

ロサンゼルスを出航する「さいべりや丸」（日本郵船当時）。PMLの「サイベリア」を購入して改名、「地洋丸」の代替船とした

　政府側も本船の処置に頭を痛めて、「病院船にしてはどうか」とか「横浜に係留して海上ホテルでは」などの話が出たが実らず、結局、「こんな豪華船を使用できるのは東洋汽船よりほかにない」との結論になる。東洋汽船社史によれば、時の高橋是清大蔵大臣と野田卯太郎逓信大臣からの依頼（政府からの運航委託）を浅野社長が快く引き受けた、とある。「国のため」という侠気が浅野の決断を促したものであろうが、会社の経営判断からすれば迷惑至極な事態でなかったろうか。「日本郵船でさえ引き受けないものを東洋汽船が引き受けるなぞ、ずいぶん無謀である」と関係先から非難されたが、いったん引き受けた以上は全力で実行に移すというバイタリティーには浅野の面目躍如たるものがあった。

　東洋汽船の社長職をついだ浅野の子息の総一郎（二代目）

の懐古談によると、浅野がこの巨船の運航を引き受けるとき、横浜停泊中の本船を訪ねたという。やおら機関室に入った浅野は（回航を担当した）郵船の機関長からエンジンのことを詳しく聞いていた。

この日から浅野の素人研究は三日間つづく。そのときの浅野の疑問――「さいべりや丸」は機関室のパイプが一三インチだが石炭は二五〇トンしか要しないのに、この船は一一インチのパイプで四〇〇トンを要すとは、どうも合点がゆかぬ。よく調べたのち、本船の燃料は一日一七五トンで充分なことが分かる。説明役の機関長は驚き、「私の会社の重役はただ一人も機関室にまで入ってきて研究した人はおりません」と感心したとのこと。その後、浅野がこぼした愚痴――「研究もせずに世の風評を真にうけて、不経済きわまる船だと断定した郵船会社の重役は、いささか決心が足りぬ」。

船が一九二一年に回航されると、三菱長崎造船所で大改装が始まる。その要領は①船底バラストの増加②ボートデッキにある大理石プールの撤去③バラストタンクのポンプ、バルブの調整などであった。浅野はさらに、つねに貨物、清水、バラスト水に注意を配り、変化が生じればGMを計算して安定性を確かめるように船長に指示していたという。

一九二一年五月一四日、「大洋丸」と改名された巨船の処女航海が近づく。だが、世間では「『大洋丸』は航海上不安定で危険」の声が消えていなかった。この噂を払拭するために浅野がとった手段はきわめて劇的なものだった。資金的パトロンである安田銀行の安田善次郎頭取と令嬢を招待、浅野自身は夫人と令嬢を伴って旅立ったのである。

航海は上海～マニラ～香港～上海～長崎（燃料補給）～神戸～横浜というルートであった。上海と香港では船上に招待した現地の知名人をまえに、安田頭取と浅野がこもごも立って演説して感銘を与えたといわれる。そのうえ、浅野は安田に同道して広州に孫文を訪ねて会談したと記録にある。この航海が無事だったことから、「大洋丸は安心して航海できる豪華船だ」と評判になり、世間の不信感を霧消するエピソードになった。

「大洋丸」は政府からの運航委託船としてサンフランシスコ航路につく。その委託料は総トンあたり一〇銭という破格のレベルだったから運航採算の悪化は免れた。因みに本船と「天洋丸」は一九二四年になって、ようやく重油専焼に改造され、太平洋を往復しつづけるのである。

一九二〇年代に入ると東洋汽船の経営は重大な岐路に立たされる。第一次世界大戦が終わると、戦時中にアメリカで大量建造された船舶院型（プレジデント型）と呼ばれる標準設計の客船が太平洋マーケットにも進出してくる。これらがアメリカから極東への一般客と極東からハワイ、アメリカ本土への移住客を浚ってゆくようになる。

「大洋丸」となった「カップ・フェニステーレ」（写真は日本郵船当時）。第一次世界大戦の賠償としてドイツから引き渡された

加えてCPLの新造客船「エンプレス・オブ・カナダ」（二万一五一七トン）と「エンプレス・オブ・オーストラリア」（二万一八六一トン、ドイツ賠償船）が就航（一九二二年）するに及び、老境に入った客船しか持たぬ東洋汽船の劣勢が目立ってくる。

弱り目の東洋汽船に鉄槌が下されるかのように一九二一年九月、安田善次郎が暴漢に暗殺されてしまう。「ケチの安田」といわれるほど投資に厳しかった安田を知る人が異様に思うほど、一〇歳若い同郷の浅野総一郎の事業を徹底的に応援してきた。だから東洋汽船がここまで伸びてきたものだが、この事件によって東洋汽船の設備投資に掣肘が加えられること

第一次大戦中に大量生産された船舶院型（プレジデント型）の「プレジデント・ルーズベルト」

になる。

旅客輸送だが、アメリカ政府の割当移民法（一九二一年）により日本、中国からの移住者が制限された。さらに一九二四年には、「排日移民法」と俗称される法律が制定される。アメリカ本土とハワイへの邦人移住に大きい制約が課せられたので移住客が激減する。この二つの要因が東洋汽船に大打撃をあたえることになる。（注：「排日移民法」の結果、日本は余剰人口の捌け口を他の地域に求めざるを得なくなり、これが満州進出の一因ともなったといわれる。「昭和天皇独白録」で天皇は「一九二四年の移民法施行で日本は痛撃された」とも語っている）。

大戦中は高収益に湧いた東洋汽船であるが、戦後には一割五分、一割と配当率が低下して、一九二二年には無配に転落してしまう。浅野はこの年の株主総会で自社のおかれた実情を次のように訴えている。

「桑港線を第一に申しますと、例の青く塗ったプレジデント型が五艘航海していて、天洋、春洋などと競争しています。相手は一日早く出帆して客を浚っていく、或いは当社の船より二日、三日早く入港する。こういう訳で入港してみると積みとる客も貨物もなく、船室および容積の半分にも満たずに出帆する有様です。向こうの船は大きくて新しく、こっちより三ノットも速いので、太平洋を三日も四日も早く渡れる。天洋などではとても太平洋の航路を維持できませぬ。シアトルの如きは、郵船は一番先に香取丸のような大きい船は引揚げています。商船（大阪商船）も客船の大きいものを引揚げて貨物船だけ、いわば申し訳的に損をしながらやっている。桑港のほうは当社が飲まず食わずに働いなものです。少しばかりの政府補助ではどうにもならず、私どもとしては日本の政府がこの苦しい状態をこのまま傍観するとは思っておりませぬ。政府の力で二万五〇〇〇トンまたは三万トンの船をシアトル、タコマへ三隻、桑港へ三隻回して頂きたいと思っています」

社長としてのなりふりを捨てたこの演説が浅野の苦衷の深さをよく表しているとおり、東洋汽船の劣勢は覆い難いものになっていた。

浅野が自社の窮状を訴えたこの総会ののち、アメリカ海事委員会（一九二〇年設立の海運政策審議機関）はサンフランシスコ線に二万トン以上、二〇ノット以上の客船四隻の建造を提言した。これにはワシントン軍縮条約で主力艦建造が休止されたのち、客船を補助艦として使いたいという海軍の意向が働いていたと見られている。日本郵船も太平洋航路の将来を座視できず、政府援助で外国勢に対抗できる新造船の建造を建白していた。「このままでは東洋汽船の存立が危ぶまれる」として、政府も新造船問題をこれ以上に引き延ばすことができなくなる。

太平洋で日本船の勢力を挽回するには、より高性能の新船建造が必要と浅野は考えていたが、東洋汽船の業績は次第に低下して今や誰の目にも同社が独力で新船を運航する力がないことは明らかであった。

日本財界では渋沢栄一などの財界重鎮が唱導して、東洋汽船を日本郵船へ合併させて新船を建造させる方針を立てるが、この最中の一九二三年に発生した関東大震災のため、問題は棚上げとなってしまう。一九二五年秋には政府も新造船問題をこれ以上引き延ばすことができなくなり予算措置がとられる。本来ならば新船の所有と運航は東洋汽船で行なうのが筋であった。しかし、浅野と肝胆あい照らした安田善次郎はこの世になく、東洋汽船には資金調達の途が閉ざされていた。それで渋沢栄一、郷誠之助、井上準之助の財界巨頭が動き、東洋汽船を日本郵船に合併させる案がつくられる。

合併作業が始まったものの、東洋汽船の資産と営業権の評価が意外に大きく、日本郵船側には不満な内容になっていた。「もし郵船が断れば話はライバルの大阪商船に持ち込まれるだろう。商船と東洋汽船が合併すれば郵、商二社の地位が逆転して郵船の沽券にかかわる」と恐れた郵船側が譲歩、ようやく合意に達したとされている。

合併作業の時点でも浅野は自分の手で新船を造りたい希望を捨てきれず、たびたび井上を訪ね、財産を全部提供して借金するから、と建造資金の斡旋を依頼していた。井上は浅野の高齢を指摘して、「国家の航路に忠勤されるのは感謝に耐えないが、子孫のことも考えてはどうです」と親身になって諫めた。すると浅野は辞去したのち、暫くしてまた井上を訪ね、「いま三浦博士に診察してもらったところ、血圧は一二〇台で四〇代といわれました。私の寿命は大丈夫、と三浦博士が保証してくれました。どうか心配せずに造船資金を貸してくれたまえ」と、再び井上にすがった。井上も浅野の心情にほだされ涙を流したという。

東洋汽船と日本郵船の合併記念写真（左端が浅野総一郎）。外国の船会社に対抗するため必要だった

無理もない、日本郵船もできなかったサンフランシスコ航路に進出して三〇年、日の丸客船を海外に知らしめてきた浅野総一郎にとり、自分の分身として喜びと苦しみを共にしてきた東洋汽船との離別をどれほど哀惜していたかをこのエピソードが語っている。

東洋汽船・日本郵船の合併が実現されたあと、浅野は秘書に次のようにしんみりと心情を吐露して

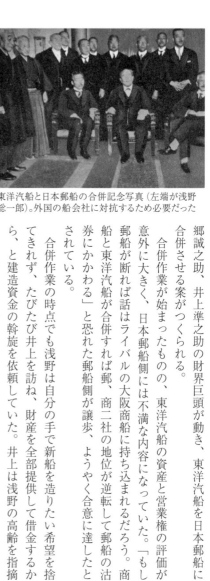

いた。「優秀船三隻を造らなければアメリカには勝てない。今のままでは貨物も客もアメリカ船に取られてしまう。安田さんが亡くなったので俺の力ではその金ができない。俺の財産全部を抵当に入れるからと、井上さんに頼んだが駄目だった。郵船なら金があるから三隻でも四隻でも造れるというから、長い間世話してきた桑港航路だけれど、俺のわがままでこのままにしておいては国家に申しわけない。航路は国家のもので、ただ俺が預かっているだけなんだから、俺の力で維持できなければ、郵船にでも代わって維持して貰うよりほかはない。そんなことでこんど郵船に渡すことにした。しかし最後にあの大洋丸を動かし、これを一枚看板にしてアメリカの優秀船に対抗してやったのはせめてもの俺の慰めだ」

その後の浅野総一郎

一九二六年六月、「天洋丸」を含む東洋汽船の資産と営業権は日本郵船に移り、合併の所産として「浅間丸」型客船三隻が誕生するのはそれから三年後のことである。一八九六年に東洋汽船を興して「日本丸」「天洋丸」という客船などを北米と南米に配して先進の外国勢力に伍して航権を伸ばした英傑・浅野総一郎は一九三〇年一一月、八一歳で世を去っていた。浅野が、入港するたびに出迎え、また愛嬢の結婚で余った衣裳を船内演芸用にと寄付した相手の「天洋丸」もこの年の六月に引退し、生まれ故郷の長崎に係船されていた。

その前年にはウォール街株式が暴落、世界に不安が満ちようとしていた。日本では濱口内閣の蔵相・井上準之助が一九三〇年に行なった金輸出解禁で日本国内の不況が一足さきに深刻になりつつあった。浅野が自分で手がけたいと切望していた「浅間丸」型三隻が登場する太平洋には、世界不況のもとでの競争という荒波が待ち受けていたのである。

第16章　戦争と客船——第一次世界大戦

Uボートと仮装巡洋艦による通商破壊戦

二〇世紀には世界戦争が二度も起こっていることから、二一世紀になってから「戦争の二〇世紀」と回顧されている。戦争や紛争が勃発すると、戦場への兵員輸送は商船に頼らざるを得ない。古くはクリミア戦争（一八五三年）から一八九九年に起こった北清事変やボーア戦争でその例がみられる。第一次、第二次世界大戦はスケールの大きさゆえに、多数の船舶が輸送船として徴用された揚句、海没して数多の犠牲者を出した意味で特筆される。

両次大戦で多くの船舶が犠牲になった要因は潜水艦の出現に帰せられる。敵性船舶を攻撃する場合でも、非戦闘員は攻撃の対象にしないのが暗黙のルールであったが、世界大戦では戦闘、非戦闘員を区別せずに攻撃するという非情な現象が横行するようになったのである。

第一次世界大戦では主戦場が欧州大陸（フランス、バルカン半島など）であった。イギリス政府はANZAC（豪州、新西蘭）やインドから多数の部隊を戦線へ送り込んだ。これら増援軍の輸送には主としてP&Oとオリエント・ラインの客船が、徴用や非徴用の形で使用された。輸送船が往来したインド洋には「エムデン」など、ドイツの通商破壊艦の脅威が存在するだけであったから、客船が被害

ドイツ仮装巡洋艦の戦果（WWI）

船名（船主）	行動期間	撃沈隻数（トン数）	終焉
K. W. der Grosse（北ドイツ・ロイド）	1914/8－1914/8	3（10,683）	撃沈
P.E.Friedrich（ハンブルク・アメリカン）	1914/8－1915/5	11（33,423）	米国接収
Kronprinz Wilhelm（北ドイツ・ロイド）	1914/8－1915/4	15（60,522）	米国接収
Leiptig（北ドイツ・ロイド）	1914/8－1914/12	4（15,299）	撃沈
Karlsruhe（北ドイツ・ロイド）	1914/8－1914/11	16（72,805）	解体
Dresden（北ドイツ・ロイド）	1914/8－1914/12	4（12,927）	撃沈

に遭った例は多くない。しかし大西洋では輸送船の損害が一変して増加していた。

開戦となるや連合軍は北海からバルト海への水域の交通を封鎖して、ドイツ戦力の経済的破壊を企図した。これに対してドイツ側は、多数のUボートをイギリス周辺の水域に展開するとともに、軽巡洋艦と仮装巡洋艦（客船）を出撃させて海上交通路の破壊作戦を行なった。

一九一五年一月から一九一八年一一月までの期間で、五〇〇〇トン以上の客船に限ると、全喪失客船一三二隻のうちUボートの餌食となったものが一一一隻（喪失イギリス客船では一〇〇隻中八六％）で、八五％という大きな被害率を示している。

被害のなかには「ルーシタニア」（三万一五五〇トン、一九一五年五月）や「タイタニック」遭難者救助で知られた「カーペイシア」（一万三六〇三トン、一九一八年七月）も含まれている。航空機が未発達の当時、海上の戦闘を決したのはUボートといえるほど、連合軍船舶に甚大な損害を与えている。

仮装巡洋艦による通商破壊には北大西洋航路の客船もあったが、大型ゆえに必要燃料が多量ゆえに燃料補給の問題があったので活躍の場は少なかった。これら客船は上掲のような戦果をあげている。

北大西洋のブルーリボン・ホルダーとして名を馳せた「カイザー・ヴィルヘルム・デア・グローセ」（一万四三四九トン、北ドイツ・ロイド）は一九一四年八月から仮装巡洋艦となって出撃、三隻を撃沈する戦果をあげた。しかし同年八月二六日、アフリカ沖で燃料炭の補給中にイギリス巡洋艦「ハイフライヤー」に発見される。交戦一時間半、拿捕を避けるため自沈した。

同じく仮装巡洋艦となった「クロンプリンツ・ヴィルヘルム」は最大の活躍をしている。無寄港のまま二五一日間も航海、三万七〇〇〇マイルの航程で一五隻も沈める戦果をあげた。そののち食糧補給と修理のため一九一五年四月一〇日ニューポート・ニューズに寄港するが、アメリカ参戦と同時に拿捕されてしまう。

完成してわずか半年で生命を絶った客船もある。定期航海中だった「カップ・トラファルガー」（一万八八〇五トン、ハンブルグ・サウス・アメリカン・ライン）は大戦勃発とともに徴用命令を受ける。南大西洋上でドイツ艦から大砲が移設され、急きょ仮装巡洋艦となる。一九一四年九月、トリニダードで燃料炭補給中に、これも仮装巡洋艦となったキュナード・ライナー「カーマニア」と遭遇、激闘のすえ撃沈されている。客船同志の一騎打ちは後世の語り草となっている。

客船の被害

戦難に遭ったドイツ客船はわずかであったが、敗戦後に戦勝国へ引渡された賠償船を含めると、ドイツが喪失した商船は一二五〇隻（約四八〇万トン）で、開戦時保有量の八八％に達していた。

連合軍側の客船被害は一六二隻で、圧倒的にイギリスが多かった。その被害で最も劇的なものは、キュナード・ライナー「ルーシタニア」であろう。このブルーリボン・ホルダー客船は一朝有事に仮装巡洋艦に使用されるように計画されたものの、サイズと燃料消費が大きすぎることから、開戦後は徴用を免れていた。

一九五九名の乗員、乗客を乗せて、戦闘水域と化した北大西洋を単独でリヴァプールに向けて航行していた。一九一五年五月七日のことである。アイルランド南岸（Old Head of Kinsale）沖にきたとき、待ち受けたドイツ潜水艦U20の雷撃を受けて沈没、一一九八名が犠牲になる。

1915年5月7日、独潜U-20の雷撃を受ける「ルーシタニア」。乗員・乗客1959名のうち1198名が犠牲となった

ニューヨーク出航時にドイツ海軍省から攻撃予告を受けておりながら、帰航する「ルーシタニア」に護衛艦を出さなかったこと、燃料節約のためとはいえ二一ノットの低速（沈没地点付近では濃霧のため一五ノットに減速）で航行していたことなど、この事件については理解不能な点が明らかになったが、戦時中のこととて不問に付されている。犠牲者のなかにアメリカ人もいたことから、アメリカ国内では反独感情が高まった。

連合国（主としてイギリス）客船の被害は開戦年に四隻、一九一五年は一九隻であったのが一九一六年には二九隻に増加する。そして一九一七年二月、ドイツ海軍省が相手かまわぬ「無制限潜水艦作戦」を宣言すると、商船の被害は一挙に七一隻と最悪の年になる。

休航した外国客船の穴を埋めるため、日本郵船だけは危険をおかして欧州定期を続けていた。しかし、四隻の客船が戦

第一次世界大戦開戦時建造中だった「ブリタニック」は病院船として完成した。わずか１年後、機雷原で触雷して沈没

禍に遭ってしまう。それらは「八阪丸」（一万九三二トン、一九一五年一二月ポートサイド付近）、「宮崎丸」（八五〇〇トン、一九一七年五月イギリス海峡）、「常陸丸」（六七一六トン、一九一七年九月印度洋）、「平野丸」（八五二〇トン、一九一八年一〇月アイルランド南方沖）である。

「タイタニック」型の第三船「ブリタニック」は開戦時に建造中であったから、イギリス海軍省はこれを病院船として完成を命令、一九一五年一二月に完成する。「ブリタニック」に与えられた使命はダーダネルス作戦（オスマン帝国首都イスタンブール占領を目指して実施されたガリポリ半島への上陸作戦）で生じた傷病兵輸送であった。この作戦には僚船「オリンピック」、キュナード客船「モーレタニア」も軍隊輸送と傷病兵輸送に従事していた。

一九一六年一一月二一日、ダーダネルス海峡を抜けたマルマラ海を航行中のこと、ドイツ潜水艦が敷設した機雷原で触雷して沈没する。この巨船は平和の海を知らぬまま一年の生涯を閉じてしまった。

膠着状態に陥った西部戦線の局面打開のために敢行されたこの上陸作戦は、豪州、ニュージーランドからの派兵軍団も加わる大作戦であったが、ドイツ軍人に指導されたオスマン軍の反撃に遭遇して六ヵ月で撤退してしまう。この失敗でアスキス首相が辞任、フィッシャー提督の反対にもかかわらず作戦を立案、強行したチャーチル海相は「ガリポリの屠殺屋」と嘲られて辞任している。いまなおダーダネルス海峡南岸の丘にはオスマン帝国の勝利を誇示するように「一九一五」と大きく書かれた白い数字の看板が立っている。

米軍隊輸送船「フォン・ステユーベン」となった「クロンプリンツ・ヴィルヘルム」。船腹に軍艦のシルエットが描かれている

大戦後のドイツ客船の運命

一九一八年九月のこと、ハパック会長アルバート・バリーンはヴィルヘルム二世に招かれて参内、戦局への対応について長時間協議する。これが数週間続くが、ドイツ軍敗勢の実相を知らされていなかった皇帝は、戦局の推移を楽観していた。意気消沈したバリーンはハンブルク船主組合の会合で突然、「私はわれわれを救うことのできる一人の人物を知っている。しかしその人物は今や生存していない。ここにその人がいる」と言って机からハインリッヒ・ヴィーガント（NDL前社長）の肖像を出して見せたという。そして二ヵ月後の一一月九日（休戦の二日前）に多量の睡眠薬を服用して世を去った。自分が世界一の海運会社に築きあげたハパックを含めたドイツ海運が無に帰してしまうことを儚《はかな》むあまりの自裁であった。

　一九一九年に講和が成立するとドイツには過大な賠償金が課せられる。ドイツ商船について決められた条件は、

（一）一〇〇〇トン以上の全船舶、一〇〇〇トン未満の船舶の半分および平和条約締結日までに起工されていた船の引き渡し

（二）向こう五年間、ドイツは毎年二〇万トンの船舶を建造して連合国に提供

キュナードの客船「マジェスティック」。艤装中に終戦を迎えたハパックの「ビスマーク」を接収、英国船として再生された

（三）ドイツ在外資産の放棄（ＮＤＬではニューヨークのホボーケン埠頭）などであった。

その一環として連合国側へ引渡されたドイツの有名客船は次のとおりである。

【ＮＤＬ】

◎「クロンプリンツ・ヴィルヘルム」（一万四九〇八トン、一九〇一年建造）＝ニューポート・ニューズに避難、一九一七年接収され軍隊輸送船「フォン・ステューベン」となる

◎「カイザー・ヴィルヘルム二世」（一万九三六一トン、一九〇三年建造）＝ニューヨークに避難、一九一七年接収され軍隊輸送船「アガメムノン」となる

◎「クロンプリンツェシン・チェシリー」（一万九三六〇トン、一九〇七年建造）＝ニューヨークに避難、一九一七年接収され軍隊輸送船「マウント・ヴァーノン」となる

【ハパック】

◎「インペラトール」（五万二一一七トン、一九一三年建造）＝ハンブルクに係船、戦後キュナード社の「ベレンゲイリア」となる

◎「ファーターラント」（五万四二八二トン、一九一四年建造）＝ニューヨークに避難、一九一七年接収されて軍隊輸送船となり、戦後アメリカ客船「リヴァイアサン」となる

◎「ビスマーク」（五万六五五一トン、一九二二年完成）＝艤装中に終戦。戦後イギリス（ＷＳＬ）客船「マジェスティック」に再生

このように大型客船はすべて賠償で接収され、残されたのは小型船（平均トン数六〇〇トン）のみという惨状であった。

第17章　大戦間の太平洋

カナディアン・パシフィック

二〇世紀は戦争で始まり戦争で終わったといわれる。第一次と第二次世界大戦のあいだはあらゆる意味で起伏に富んだ二〇年間であった。日本と欧州諸国は戦後の反動不況を体験し、ひとりアメリカ合衆国のみ好況を謳歌した。そののちに到来したバブル破裂によって世界中が不況に陥った。

アメリカの移民制限策で出口を失った日本は満州に進出して、太平洋戦争への下地を生みだしたすえ、太平洋は戦いの海となってしまう。この間の太平洋では、日英米がこぞって優秀客船を投入したものの、世界不況の荒波をまともに受けながらの航海を余儀なくされた。これが大戦間の太平洋の様相であった。

太平洋客船サービスは大西洋のように、旅客がめいめいに港に出てきて乗船するのでなく、海陸一貫輸送＝アメリカ大陸横断鉄道と船のコンビネーションによる通し輸送であった。言わば船会社にとっては鉄道会社がクライアントであったから、鉄道会社との提携を求めて航路を開設していたのである。

東洋汽船がサザン・パシフィック鉄道経営のパシフィック・メール・ラインと協調してサンフランシスコ定期に乗りだし、日本郵船はグレート・ノーザン鉄道と提携してシアトル定期航路を開設していた。カナダ大陸の横断鉄道を一八八七年に貫通させたカナダ太平洋鉄道（ＣＰＲ）は、一八八七年にヴァンクーヴァーから香港までの航路を開設していたことはすでに触れたとおりである。

太平洋横断ルートに二〇世紀になって大型船の口火を切ったのはＣＰＲである。ＣＰＲは他のイギリス船社から船腹を取得し、二〇世紀初頭から北大西洋航路に乗りだしていた。これは一八八〇年代に貫通したＣＰＲの大陸横断鉄道とイギリス本国を結ぶものであったが、さらに太平洋横断航路を開設することにより、イギリス本国からの世界一周ルートを実現するという遠大な計画を立てたのである。極東からは香港接続のＰ＆Ｏラインで本国に帰ることでＣＰＲのサービスは「オールレッドルートAll red route」（全区間を赤い英国商船旗の船で結ぶ意味）と呼ばれた。なお香港接続のほかに、日本経由のシベリヤ鉄道によって欧州にいたる便宜もつくられていた。

パシフィック・メールや東洋汽船の太平洋横断航路はハワイに寄港するから、大圏コースがとれなかった。しかし、ヴァンクーヴァーからのＣＰＲは大圏だから、ハワイ経由よりも横浜まで二日半も早着できるメリットがあった。そのいっぽう、海象がきびしいから乗客の快適さを考えれば大型船が望ましい。

こうして計画されたのが「エンプレス・オブ・ラッシア」（シベリヤ鉄道とのタイアップによる旅客輸送の可能性があったことを、この船名が示している）と「エンプレス・エイジア」の姉妹船である。

全長一八〇メートル、一万六八一〇トンの客船は、北大西洋航路に就

CPRが太平洋航路用に新造した「エンプレス・オブ・ラッシア」。20ノットの快速と船内設備の良さで好評を博した

航していたＣＰＲ船でカナダに渡航、太平洋を横断する旅客のことを考えてグレード・アップされた船内設備になっていた。またＣＰＲ技術陣の保守性を示すかのように、直結型蒸気タービンが搭載されていた。

一九一三年の太平洋にデビューした両船は二〇ノットの快速で航海して、ヴァンクーヴァー〜横浜間を九日内外で結んだことから、船内設備の良さと相まってイギリス本国からの旅客に好評を博す。この高速性によって、両船はマニラまで脚を伸ばしたこともあったといわれる。

第一次大戦中の一九一七年にＣＰＲとアラン・ラインが形式的に合同して、カナディアン・パシフィック・オーシャン・サービシズが運航管理者となる。ＣＰＲは太平洋航路の充実をはかるために大戦直後の一九二二年、さらに大型の客船「エンプレス・オブ・カナダ」（二万一五一七トン）を新造して投入する。ＣＰＲの船隊構成は小型の「エンプレス・オブ・ジャパン」及び大型船三隻といういびつな状態であった。戦後に建造したのが「エンプレス・オブ・カナダ」だけだったのは、建造費の高騰も理由だが、大戦後にイギリス政府がドイツから取得した賠償船「ティルピッツ」がＣＰＬへ払い下げられるのを当てにしていたのかもしれない。果たして本船は一九二一年七月にＣＰＬへ引渡された。そして「エンプレス・オブ・オーストラリア」と改名されて太平洋航路に就くことになる。これで一九二二年夏には「ラッシアア」、「エイジア」、「カナダ」、

CPRが第一次世界大戦後、太平洋航路の充実を図って建造した２万1517トンの大型客船「エンプレス・オブ・カナダ」

「オーストラリア」の四隻が揃うことになる。

大戦でドイツ勝利の暁にはヴィルヘルム二世がイギリス降伏時のお召し船となるはずであったといわれるだけに、「エンプレス・オブ・オーストラリア」の船内設備は「世界一豪華なインテリアを備えた客船のひとつ」と報道されたほどであった。

しかしながら、エンジン・トラブルに悩まされたうえ、フルカン・ギアで回転数を減速する方式が充分な効果を発揮せず、所要スピードが出ないという重大な欠陥があった。このままでは放置できず、一九二六年になり主機関をタービンに換装する大手術をほどこす。工事が完了すると、本船は太平洋でなく北大西洋に移り、第二次大戦で徴用されるまでのあいだ、国王のカナダ訪問のお召し船などに使われていた。

「エンプレス・オブ・オーストラリア」。ドイツの賠償船「ティルピッツ」の払い下げを受けたもの

世界一豪華なインテリアの客船と言われた「エンプレス・オブ・オーストラリア」の１等食堂

「エンプレス・オブ・オーストラリア」の北大西洋シフトが決まったのち、CPLは太平洋航路用の新船計画に着手する。在来船よりひとまわり大きい客船「エンプレス・オブ・ジャパン」（二万六〇三二トン）となり、世界恐慌の波が荒れ狂う最中の一九三〇年に船出することになる。

「エンプレス・オブ・ジャパン」は最初の太平洋横断で平均速力二一・〇四ノット、一九三一年四月には二

世界恐慌下に誕生した「エンプレス・オブ・ジャパン」。高速と大きな船体、豪華なインテリアに「太平洋の女王」と呼ばれた

二・二七ノットを記録してスピード記録保持船となったばかりか、サイズと豪華なインテリアによって「太平洋の女王」の名声をほしいままにした。この客船は第二次大戦勃発後には兵員輸送船として活躍するが、一九四一年一二月、日本が連合国に宣戦すると、敵性国の名前は好ましくないとして、「エンプレス・オブ・スコットランド」と改名された。この客船は大戦中に兵員輸送船として六〇万マイルも航走して連合軍の勝利に貢献している。

日本郵船の大投資

日本郵船（以下「郵船」）は政府の手あつい保護のもと、一八九六年から北米、欧州、豪州方面への定期航路に乗りだしていた。当初の目論見では北米航路はサンフランシスコ線であったが、既存の船社（パシフィック・メールＰＭＬ）があったことなどの理由から踏みきれなかった。それで、一八九三年にミネアポリス起点のグレート・ノーザン鉄道がシアトルまで延伸していた機会に、この鉄道とタイアップしてシアトル航路を開設していた。その後には「加賀丸」（六三〇一トン）をはじめとする六〜七〇〇〇トン型客船を就航させ、欧州航路からも大型船を転用して航路経営をしていたが、東洋汽船フリートの継承という大問題に逢着することになる。

こうして一九二六年、東洋汽船のサンフランシスコ線と南米西岸線が郵船に合併された。合併後まもなく、郵船は先ずサンフランシスコ線用の客船計画に乗りだすが、同時期にシアトル線（三隻）、欧州線（二隻）、南米西岸線（一隻）をふくめて九隻一二万トンのために、八〇〇〇万円という空前の大投資を実行する。当時（昭和二年度）の郵船の年間売上げが約七〇〇〇万円だったことを考えれば、この投資の巨大さが容易に理解できる。

ただ、これほどの大投資ゆえに、郵船は貨物船の面で大きな立ち遅れを強いられることとなる。それはニューヨーク航路の高速化であった。大阪商船が一九三〇年に口火をきる高速貨物船の計画を察知した郵船営業部は、トップに対して同様の対応を進言していた。だが、客船への膨大な投資で資金調達力が枯渇していたのですぐには実現しなかった。国際汽船、川崎汽船、三井物産が一九三一年から高速貨物船を揃えたのちの一九三四年になり、第一次船舶改善助成施設（船価の三五％補助）の適用をうけて漸くニューヨーク急行線に高速ディーゼル貨物船六隻を就航させることができた。

このとき、郵船内部では客船部門、貨物船部門の何れを優先するかで論議が交わされたが、当時の船客部門の一担当者が述べた次の見解に、日本の代表船社としての矜持と悩みが現われていた。

「船舶ハ国土ノ延長ナリトノ言葉ハ客船ニ於テ其意義一層深ク且ツ明カナリト言ハザルヲ得ズ。世界各国ノ老若男女ガ日章旗ト、二引ノ旗ノ下ニ安ジテ其生命財産ヲ託シ、其航海ヲ享楽スルノ事実ハ、即チ我社ノ信用ト名声トヲ愈世界的ナラシムルト共ニ、延イテ我国威ヲ四海ニ宣揚シ、我国力ヲ欧米人ニ端的ニ認識セシメ、我国民ニ対スル彼等ノ偏見ヲ緩和シテ国際親善ノ助長ニ貢献スルモノナリ。（中略）我社ガ一個ノNational Institutionトシテノ国家的使命ハ、客船経営ニヨリテ愈重キヲ加フルモノトイフベシ。（中略）之ヲ英国汽船青筒会社（注：ブルー・ファンネル・ライン）ガ其歴史、其規模、其優秀ナル貨物船ヲ以テシテ、ナホ名声遥ニ我社ニ及バザルニ想到スル時、想半バニ過グルモノアルベシ（後略）」（『日本郵船株式会社百年史』より引用）

ディーゼル・エンジンの採用

郵船が非常な決断で投資を敢行した客船九隻は一九二九〜一九三〇年に竣工するが、その第一船が「浅間丸」である。ディーゼル・エンジンの大型化が揺籃期にあった時期において、これらの九隻がいずれもディーゼル・エンジン採用に踏みきった点は注目される。

史上初の外航ディーゼル客船「グリップスホルム」（一万七九九三トン）は一九二五年一一月に完成していた。また大阪商船が本邦最初の外航ディーゼル客船「さんとす丸」を一九二五年一二月に竣工させていた。奇しくも「浅間丸」型は四年前の北大西洋に登場していた「グリップスホルム」と似通ったディメンションになっていたのも興味がある。

サンフランシスコ線用の三隻は郵船にとり空前の大型船であったから検討に時間がかかり、第一船が起工されたのは合併から一年半後の一九二七年九月であった。「浅間丸」と命名されて進水するのが一九二八年一〇月、一九二九年九月に竣工する。第二船「秩父丸」、第三船「龍田丸」がこれに続くことになる。

これら三隻はほぼ同一図面で造られたが、「秩父丸」は一本、他の二隻は二本煙突と、異なる外観になっていた。興味あるこの差の理由は搭載エンジンの違いにあった。「秩父丸」では複動四サイクル・エンジンの気筒が、「浅間丸」、「龍田丸」の単動二サイクル・エンジンの気筒よりもサイズ（内径、ストローク）で上まわり、気筒あたりの出力が大きかった。このため、「浅間丸」、「龍田丸」では八気筒四基（四軸）であったのが、「秩父丸」では八気筒二基（二軸）であった。だから「秩父丸」では主機と補機の排気管を一本の煙突にまとめることができたわけである。

「浅間丸」と「龍田丸」は関係の深い三菱長崎へ発注され、「秩父丸」は郵船から欧州航路の客船受注実績のあった川崎造船所に決まっていた。ところが、川崎造船所が金融恐慌で整理状態に陥ったので、郵船は急きょ自社傍系の横浜船渠（今の三菱重工横浜工場）で建造させることとなった。

筆者の推測を交えてこの辺りの事情を述べると、Ｂ＆Ｗディーゼル機関の総代理店である三井物産が日本郵船にＢ＆Ｗエンジンの採用を働きかけていた。日本郵船は大荷主である物産の要請を容れて「秩父丸」主機に購入を決めていた。ところが川崎の整理問題がおこったので三菱長崎へ「秩父丸」の建造引き受けを打診したところ、三菱はライセンスを受けていたズルッァー型エンジンを希望し、「Ｂ＆Ｗなら引受寧ロ好マシカラズ」と回答してきたという。物産へコミット済みだった郵船は致しかたなく、大型船建造実績のない横浜に決めたものである。無論そのためには、長崎から図面の提供だけでなく技術指導で最大級の協力がなされていた筈である。また物産側もエンジン納入価格を大胆に割引して協力したとされている。「浅間丸」には輸入されたズルッァー型が搭載されたが、「龍田丸」

日本郵船の「浅間丸」。同社が空前の大投資を敢行して建造した９隻のディーゼル機関搭載外航客船の第１船

「浅間丸」型の第２船「秩父丸」。本船は１本煙突、「浅間丸」「龍田丸」は２本煙突。写真は「鎌倉丸」に改名後

には三菱がライセンス製造したものが使われていた。「浅間丸」クラスのディーゼル採用は技術、営業の両面から検討されて決まったものだが、一万六〇〇〇馬力が精一杯のレベルだったようである。というのは、当時のディーゼル・エンジン一気筒あたりの出力は小さかった（注：ズルツァーで五〇〇馬力、B&Wで一〇〇〇馬力）から、タービン・エンジン船なみの大馬力にしようとすれば、機関室スペースが異常に膨らみ、貨物スペースが少なくなってしまうからである。

「秩父丸」のほか、シアトル航路の「平安丸」（大阪鉄工所）、「氷川丸」と「日枝丸」（ともに横浜船渠）および南米西岸線の「平洋丸」（大阪鉄工所、当初「福洋丸」として起工）の四隻にもB&Wが搭載されたから、三井物産にとっては大きな取引となった訳である。

国産の船体に船来の設備

「浅間丸」型三隻のクォリティとデザインは北大西洋に出しても遜色のないほどのものに仕上げられていた。機関構造や艤装はロイドの最高船級（一〇〇A一）を取得し、居住区や衛生設備はイギリス商務院とアメリカの旅客移民規定によって造られていた。だから、それら船内設備もすべて舶来であったといわれる。船客の三分の一を外国人と見込んで船室設計がなされたとされるが、一等船客定員が全体の三分の一弱になっているのは、この見込みと関連しているのかもしれない。

のちに郵船の新造船設計顧問となる岸田日出刀東大教授（注：国際汽船の高速貨物船「金華丸」などの設計者といわれる）が言っているように「客船は国際的な性格をもつものだから、インテリアもその国柄に拘らない方が良い」というスタンスから、「浅間丸」、「龍田丸」の一等公室の内装はイギリス古典様式、「秩父丸」ではフランス近代様式で統一されていた。これらインテリアの製作技術も国内で育っていなかったので、現地の指定工場で製作したものを調度品とともに輸入して据えつけていた。自前で作ったのは日本間だけであったという。

「秩父丸」披露パーティに出たある日本人実業家が、本船の設備がいかに優秀なものかの効能書きを主催者から聞かされて、「これが国産の優秀船と言えますかね」と皮肉ったと伝えられている。その意味では、これら三隻は厳密にいえば、「国産の船体に船来の設備を取りつけた船」というのが適当であろう。

当時の日本では船殻製作技術はあったものの、船内装飾のノウハウ、設備や機器の国産能力は高くなかった。郵船としては、あらゆる点でプレミアム・クラスのものを海外から入手して品質本位に徹することにより、英米の客船と対等に競争する意気込みだった。とまれ、スタイリッシュな「浅間丸」型三隻は国際水準のインテリアと日本船特有のサービスにより欧米の貴顕紳士に好評を博していた。

「秩父丸」の１等ラウンジ。同船の１等公室内装はフランス近代様式で統一され設備は舶来だった

「浅間丸」は一九二九年一〇月、「龍田丸」と「秩父丸」は翌年に処女航海の途に就いた。定員七割余の乗客、生糸五五一三俵、缶詰七三六九ケース、マグロ五八九九尾、雑貨八五〇トンを搭載した「浅間丸」は一二日半ののちにホノルル経由でサンフランシスコに到着した。

金融恐慌と二つの事件

新船三隻が就航まもなく、アメリカ起源の恐慌の波が日本にも襲来するまえの一九二七年、日本では金融恐慌が起こっていた。一九三〇年になると、日本政府は金本位制に復帰する。これにより輸出減退、ひいては国内不況が深刻化する。このため「天洋丸」が係船され、一九三二年には「春洋丸」が係船された。そして郵船の太平洋定期は新船三隻と「大洋丸」による二週間一便となっていた。

「浅間丸」などの新造船にとって、一九三〇年と一九三一年はとりわけ苦しい時期であった。それでも日本海運の看板船ということで、多くの名士が乗船して新聞紙上を賑わしていた。就航早々に不況の波をかぶったのは太平洋の客船のみならず、大西洋に登場していた「ブレーメン」、「オイローパ」も同様であった。

日本の海運界は欧米諸国よりも早く、一九三四年頃から景気が回復する。これは一九三一年の金輸出再禁止で為替が安定する一方、アジア圏内での貿易が増加したからである。また、日本では重化学工業化が加速されたので、アメリカからの輸入品が客船にも積載されるなどで好調であった。一九三四年一〇月からの一年間の一隻平均の客室稼働率と国籍別乗客輸送数は別表の通りであった（竹野弘之『豪華客船の悲劇』）。

平均客室稼働率

	1等	2等	3等	平均
日本郵船	45%	70%	58%	57%
ダラー汽船	56%	71%	34%	43%
CPR	33%	44%	23%	27%

国籍別乗客輸送数

	日本郵船	ダラー汽船	CPR
アメリカ人	3,195	7,023	3,713
イギリス人	696	681	2,886
日本人	15,293	1,299	1,046
中国人	56	6,066	6,725
その他	1,092	2,927	1,518
合計	20,332	17,996	14,888

郵船の業績が尻上がりに上昇しているとき、好調ムードに冷水を浴びせるような事件がおこる。「浅間丸」の擱座事件である。一九七三年九月、香港で定期検査を受けていたとき、台風の直撃をうけて流され、海岸に大きく乗り上げてしまった。人命に被害はなかったが、離礁まで半年、再就航ま

で一年もかかってしまった。

一九三八年九月、「浅間丸」は座礁から丸二年後に航路に復帰するが、その翌年九月、再びトラブルに巻き込まれて国際関係に緊張を生じさせる。いわゆる「浅間丸事件」である。イギリス巡洋艦が敵性ドイツ人（船員）二一名を日本近海の公海上で「浅間丸」から拉致していったものである。反英感情が燃えあがる国内で、日英政府間の外交交渉によって事件は幕を閉じることが出来た。

なお「秩父丸」は一九三九年一月に「鎌倉丸」と改名されている。これは、一九三八年に日本ではローマ字表記をヘボン式から表音式の日本式ローマ字に変更されたことに由来する。「秩父丸」は元来ＣＨＩＣＨＩＢＵ　ＭＡＲＵであったが、日本式のＴＩＴＩＢＵ　ＭＡＲＵでは、卑猥な連想を呼ぶtit（米俗：乳首）では具合が悪いとの郵船社内の判断で変更された。

1937年９月、香港で座礁した「浅間丸」。定期検査中に台風の直撃を受けて流されたもの

アメリカ船勢力の台頭

第一次世界大戦中の特需によって国が潤ったアメリカ合衆国は、戦時中に必須のロジスティクスとしてイギリス商船隊が活躍したさまを見て、商船隊の重要性を痛感、潤った国富を自国商船隊の建設にも充てることとなる。一九二〇～一九二一年、政府は船舶院型と呼ばれる標準設計の客船二三隻の建造を開始した。船体の長さを基準に五〇二（フィート）型と五三五型に分けられるが、これらを低い用船料で民間船主（ＰＭＬとアドミラル・オリエント・ライン）に貸与した。

船舶院型客船の理念は、自国輸出入貨物の積み取り比率の向上と、

アメリカの船舶院型客船。敵潜からの識別を困難にするため、船首と船尾が似た形状にされている

ダラー・ラインの「プレジデント・フーヴァー」。米政府から建造費の75パーセントが融資された

有事の軍用使用にあった。これらが一九二二年からサンフランシスコとシアトル起点の極東航路や世界一周航路に就航していた。Uボートからの識別を困難にするため、船首と船尾が類似したスタイルで造られたという特異なスタイルの客船は最高一九ノットで太平洋を一〇日内外で横断するものであった。

　アメリカ政府はこの時期にも客船隊の整備を目的とする大胆な補助策（建造と運航）を打ち出しており、一九三〇年代に入りそれが実を結ぶ。ダラー・ラインは「プレジデント・フーヴァー」、「プレジデント・クーリッジ」（ともに二万四〇〇〇トン、ターボ電気推進）によって、一九三一年からサンフランシスコから～極東への配船を開始した。太平洋を往復する上等級の旅客にはアメリカ人が多かったから、これら本格的なアメリカ客船には他船よりも圧倒的に多くのアメリカ人が乗船したのは当然の成り行きであった。なお、この姉妹船には政府から建造費の七五％が融資されるという好条件であったという。

　この結果、太平洋には日、英、米巨船の揃い踏みが実現した。その後の一九三七年には「浅間丸」の座礁事故と「プレジデント・フーヴァー」の座礁全損事故（台湾火焼島）が起こったものの、客船は一九三九年までその名のごとく平和な海を往来することが出来たのである。

その後の新造船

日、英、米の太平洋横断サービスでは必要船舶が充足したというのか、一九三二年以降に新造された客船は見られない。ただ日本だけは事情が異なっていた。英、仏、独などの先進海運国に追いつくため、他国と同様に海運、造船に補助政策を実施してきた。日本が日中戦争を始めたころの一九三七年になると、特段の意味をもった助成策が制定される。それは「優秀船舶建造助成施設」と呼ばれ、国防強化を念頭においたもので、船価の約三分の一を助成するものであった。一九三九年になると助成がさらに強化され、二万六〇〇〇トン以上の船に対して、建造費の六〇％を補助するという手厚いものになった。

欧州航路用に計画された「新田丸」の竣工披露。第２次大戦勃発で、船腹に日章旗が描かれている

「橿原丸」の完成予想図。建造中に海軍が買い上げて改造、特設空母「隼鷹」として完成した

一九三七年の助成策は大阪商船の「あるぜんちな丸」と「ぶらじる丸」（共に一九三九年）、日本郵船の「新田丸」、「八幡丸」（共に一九四〇年）と「春日丸」（一九四〇年進水）に適用される。一九三九年のものは日本郵船がサンフランシスコ線に計画中の巨船二隻を対象にしていた。この二隻は一九三九年三月に「橿原丸」として三菱長崎造船所で、一一月には川崎重工業で「出雲丸」として起工されるが、建造

中に海軍が買い上げて、それぞれ特設空母「隼鷹」、「飛鷹」として完成する。「あるぜんちな丸」、「ぶらじる丸」は西回り南米経由の世界一周航路で太平洋を航行した客船である。両船は一九二九〜一九三〇年に郵船が就航させた九隻いらい、一〇年ぶりに建造された大型客船であった。

第二次世界大戦が勃発すると、安全を図るため前者は一九四〇年一一月から、後者は一九四一年一月以降、大連航路に避退する。しかし一九四一年九月、海軍に徴用されて兵員輸送任務についた。「新田丸」クラス三隻は欧州航路用に計画されていたが、戦火を避けるためサンフランシスコ線に転じたのち、「新田丸」は一九四一年九月、「八幡丸」は同一一月海軍に徴用されたのち買い上げられ、それぞれ特設空母「沖鷹」、「雲鷹」となった。「春日丸」は船台上で未完成のまま海軍に買い上げられ、進水後に佐世保工廠で制式空母「大鷹」として完成している。「優秀船舶建造助成施設」の適用をうけて建造されたこれら優秀船は、建造計画段階から軍事転用が念頭におかれていたので、経済速力をうわまわるスピードが要求されたり、必要以上の乗客定員を備えるよう、海軍から要求されていた。

これら客船は空母へ改装のため帰航中に雷撃を受けて戦没した「ぶらじる丸」を除いて、すべて空母に改装されたものの、「隼鷹」、「飛鷹」を除いて航空機輸送や船団護衛で運用されるのみで、次々と戦没していった。連合軍側では、客船はもっぱら部隊輸送に使われ、貨物船は軍需資材の輸送や軽空母に改装されていた。日本軍と連合軍でみられたロジスティクス意識の違いをまざまざと見せつけられる。

第18章　ブルーリボン・ホルダーの時代

「ブレーメン」と「オイローパ」——ドイツ

NDLの巨船建造計画

一九二九年から一九三六年までは、ドイツ、イタリー、フランス、イギリスの順にブルーリボン・ホルダーとなる豪華巨船が出現して妍を競った時代である。

太平洋にも「浅間丸」（一万六九四七トン）型三隻、「エンプレス・オブ・ジャパン」（二万六〇三二トン）、「プレジデント・フーヴァー」（二万一九三六トン）型二隻が登場する。しかし皮肉なことに、世界不況時期と重なったため極めて「悩ましい」スタートになる。

ベルサイユ条約ではドイツに一三二〇億マルクという天文学的数字の賠償金が課せられたが、返済負担がドイツ経済に及ぼす悪影響が懸念されたので、一九二九年のヤング法案により賠償金額が三六〇億マルクに軽減された。

また、ドイツが起債した公債（ドーズ公債）はアメリカが引き受けたことで、膨大な資金がドイツに還流して賠償金支払いが容易となり、ドイツ経済が復興の緒につく。一九二四年の財政措置によってハイパーインフレが収まるとドイツ社会は安定する。インフレ終息を見越したドイツの海運会社はその年の前後から新造船への投資を開始していた。ハパックとＮＤＬはドイツの二大海運会社として、戦前から北大西洋航路などで競争してきたが、戦後の復興期にあたり協調の必要性を感じた両者トップのあいだで一九二六年三月、両社が船隊の有効活動をはかるための経営協定が結ばれる。ところがアメリカからこの協定がアンチトラスト法抵触のクレームが提起され、協定は実を結ばずにおわる。つづいて起こったハパックとコスモス・ライン（ハンブルク〜北南米西岸航路）合併の報に接したＮＤＬは、ハパックとの格差がこれ以上拡大するのを懸念して、空前の巨船建造への舵を切ることとなる。

一九二六年一〇月に決定された新船計画は四万一〇〇〇トン型、二七ノットの高速船二隻で、建造資金はメインバンク（シュレーダー銀行）とアメリカ金融機関からの融資（飛行船「ツェッペリン」のニューヨーク訪問もあり、当時のアメリカではドイツへの関心と同情が高まっていた）に頼っていた。船名は「ブレーメン」、「オイローパ」と決定され、両船がブレーメンとニューヨークから毎週金曜日に出帆するウィークリー・サービスのスケジュールが組まれていた。

それまでの北大西洋サービスは四隻で週一便サービスを行なうのが普通であった。それが二隻で済めば投下資本その他の面でメリットが出る。ＮＤＬが狙ったのはそのような点であったはずである。ところが「コルンブス」（三万二三五四トン、一九二四年からニューヨーク航路に就航）が一九二九年末に主機関をタービンに換装、増速させており、最終的には一九三〇年から「コルンブス」を加えた三隻による週一便配船となった。高速船二隻だけの週一便によるスケジュール維持には少し無理があると判断したのであろう。

新船は一九二八年夏に進水し、一九二九年の旅行シーズン早々に就航、という計画であった。そして「ブレーメン」はブレーメンのデシマーク社に、「オイローパ」はハンブルクのブロム&フォス社へ発注される。ところが両船の進水を控えた一九二八年三月になり、ハパックからＮＤＬに対して再び申入れが行なわれる。それは両社競争条件の平等性を保つためとして、「アルバート・バリーン」（二〇八一五トン、一九二三年建造）型客船四隻と交換に「オイローパ」の譲渡を希望するものだった。

ニューヨーク航路での旅客輸送にはもはや充分な収益性が期待できない、と考えていたＮＤＬシュテミング社長は、ハパック提案の受理を役員会へ諮る。この提案は、一旦は同意されるが、一ヵ月後の監査役会で否決されてしまう。その理由には推測の余地があるが、現状のままでもＮＤＬを超える実績を示しているハパックに対するＮＤＬの対抗心がその一端と考えれば不自然でない。こうして、ＮＤＬは大きな賭けに乗りだすことになる。

1928年８月16日、「ブレーメン」の進水式で命名するドイツ大統領ヒンデンブルク

ヴェザー川に進水した「ブレーメン」。NDLがブレーメンのデシマーク社で建造した

そのような過程をへて「オイローパ」は一九二八年八月一五日に進水する。翌一六日の「ブレーメン」進水式に招かれたヒンデンブルク大統領は次の言葉で命名している。

「この船が、他国と平和裡に共存したいというドイツの意思の表われとなり、ドイツ国民の誰もが心をひとつに合わせればドイツが再生でき、生き続けられることを思い起こさせる機縁になるものと期待する」。

当時のドイツは巨額の戦時賠償金に喘いでおり、二年まえに国際連盟に席を許されたばかりであった。当時の事情を考えると、この言葉は泉下のアルバート・バリーンも発したと思われるほど悲痛な願意をあらわしている。

ウルトラ・モダンな船容

NDLの期待を背負った「ブレーメン」（五万一六五六トン）は一九二九年六月に竣工、七月一六日にブレメルハーフェンから鹿島立ちする。この処女航海でシェルブール（途中寄港地）とニューヨーク港外のアンブローズ灯船標間を四日一八時間弱、平均速力二七・八ノットで走破、「モーレタニア」が握っていたブルーリボン・ホルダーの栄誉が二一年ぶりにドイツ船に戻った。一方、「オイローパ」は艤装中の火災事故のため、予定より一〇ヵ月遅れの一九三〇年二月に完成、海象不良の三月であったが、同一区間を平均速力二九・九ノットで航走して記録をさらに短縮していた。

一九二九年七月二一日、「ブレーメン」がニューヨークに姿を現わしたとき、集まったニューヨークっ子は商船設計の概念を破るウルトラ・モダンな船容に息をのんだ。全長二八六メートル、幅三一メートルのスリムな船体は、わずかに傾斜したファッション・プレート船首とクルーザー型船尾で包まれていた。しかも前面が緩やかなカーブに包まれたハウスは、プロムナード・デッキに整然と連なる角窓の美しいラインを軸にして構成されていた。そして何よりも人びとを驚かせたのは異常に太くて短い煙突であった。

それまでの商船スタイルは、直立船首、楕円形船尾という船体に箱を積み重ねたようなハウス、これに長い煙突が屹立するものであった。「ブレーメン」、「オイローパ」では、ハウスに初めて曲面を採りいれた手法など、商船設計の既成様式をことごとく打破していた。余談ながら日本のネイヴァル・アーキテクト和辻春樹はOSK別府航路の客船「こがね丸」に同様の手法を採り入れて一九三六年に完成させているが、和辻が「ブレーメン」からヒントを得ていたことは間違いない。

外観の斬新さのほかに、造船工学面でもっとも注目されたのは球状船首の採用と、船体外板の張り方が従来とは逆（後重ね方式→前重ね方式）だったことである。現代では外板は溶接されるから、重ね方式の問題はなくなっている。かたや、球状船首が今から八八年まえに初めてこの巨船に採りいれられたことは意義ぶかい。

端正なプロフィールを見せる「ブレーメン」。それまでの商船設計の概念をことごとく打破した船容は、見る人を驚かせた

北太平洋を疾駆する「オイローパ」。「ブレーメン」を上回る速力を発揮し、ブルーリボン賞を獲得した

戦前からニュージャージー側（ホボーケン）にあったドイツ客船埠頭はブルックリンに移っていた。今はキュナード・ラインが使用するこの埠頭はマンハッタン埠頭よりもニューヨーク港口に近かったから、NDLは「船はヨーロッパに近い場所から出帆します」とPRしていた。「ブレーメン」、「オイローパ」はニューヨークを真夜中に出帆していたから、「NDL

ニュージャージーからニューヨーク港口に近いブルックリンに移ったNDL埠頭に並ぶドイツ客船

「オイローパ」のデッキに設置されたカタパルトから発進する郵便運送用の水上機

のミッドナイト・セイリング」と喧伝されていた。見送り人の歓声と楽隊が奏でるメロディーに包まれ、煌々とライトアップして出てゆく両船の姿はニューヨークっ子の語り草になっていた。特にニューヨーク近辺に住むドイツ系アメリカ人にとり、この光景は母国再生の象徴と映じていた。

ＮＤＬがとった奇策がある。郵便運送用の水上機を搭載し、目的地到着の四〇時間まえにカタパルトから射出するものだった。この当時、郵便物は船で運ばれていたから、このような海空連絡なら二日早く郵便が到着した。この手法は新聞で大々的に報道されて話題になるが、コスト高から六年で中止されている。

モダンな外観の両船であったが、煙突の設計では実用面でやや勇み足となっていた。というのは、あまりにも煙突を短くしたため、煤塵が後部デッキに落下して問題となり、のちに四・六メートル長くなる（前頁の「オイローパ」）。煙突がこれほど短くつくられたのはデザイナーがイメージした外観バランスがそうさせたものと思われる。

以前のＮＤＬニューヨーク線は「コルンブス」、「ストゥトガルト」、「ドレスデン」、「ベルリン」の四隻による週一便サービスであった。「ブレーメン」と「オイローパ」が就航すると、既述のように「コルンブス」を大改装、三隻の最高速力を二三ノットに抑えて、一九三〇年からトリオによる週一便のニューヨーク急行線となった。この航海での所要時間はブレマハーフェンからニューヨークまで一週間、途中寄港のシェルブール、サウサンプトンから六日間であった。航海速力は二〇ノット強にセットされていたから「ブレーメン」、「オイローパ」がいつも二七ノットで走っていたわけでない。

ＮＤＬの窮状

「ブレーメン」と「オイローパ」は予想以上の旅客吸引力を発揮して、計画消席率（六〇％）をうわ廻る七五％を記録し、北大西洋航路でのＮＤＬシェアは八％から一五％に上昇したと記録されている。しかし一九三〇年から世界に伝播した経済恐慌の波をうけ、各国客船の輸送成績が悪化した。「ブレーメン」と「オイローパ」も移住者と旅行客の減少が重なり、その例外でなかった。

創業いらい競争と協調を繰返してきたＮＤＬとハパックが、一九三〇年に不況対策として行なったのは、「ハパック＝ロイド・ユニオン」と称する準経営統合であった。これは両社が形式的独立を保ちながら実質的には対等合併と同じ効果をもつ五〇年間の企業連合であった（もっともこの連合は五年しか続かず、一九三五年からは共同配船を含めたゆるやかな提携にかかわっていた）。

一九三二年までは「ブレーメン」など三隻の健闘にも拘わらず、ＮＤＬ自体の赤字が最大となる。その主因はイギリスの金本位制離脱（一九三一年）によるポンド急落と、アメリカのドル切下げであった。ＮＤＬの窮状を救うには北大西洋航路を手放すしかないことがＮＤＬ社内でようやく認識される。とはいえ、この期に及んで左様な措置をとるのはＮＤＬのみならず、ドイツの威信が許さぬとして、ヒトラー政権による国家管理（ＮＤＬの七四％株式保有）の途がとられる。

この結果、「ブレーメン」、「オイローパ」など四隻は、一九三三年にＮＤＬ、ハパックが設立した「北大西洋共同配船機構」の手で配船されるが、表面的には何の変更もなかったので、一般市民はそのような重大な変化に気付かぬまま第二次大戦を迎えることになる。

「ブレーメン人の不屈の伝統が創業いらい数々の困難を乗り越えてきた」と『北独ロイド、ブレーメン船主の歴史』は語っている（注：現在、ブレーメンはベルリンとともにドイツで特別市の扱いを受けており、市民にはその伝統への誇りが残っているという）。

後知恵のそしりを受けるかも知れないが、一九二四年以降、アメリカの移民受入れ制限の強化によりヨーロッパからの移住者数が漸減しつつあった一九二六年に、何ゆえ巨船二隻の建造を決断したのだろうか。

もともと定期客船の存在意義は経済性の追求よりも国威発揚と貨物船を含めた自社フリートのＰＲにあるものであった。それにしてもハパックに水をあけられていたＮＤＬが乾坤一擲の決断で「ブレーメン」、「オイローパ」を建造した理由のなかにあったのは、「空前の高速豪華船を大西洋に浮かべることで、キュナード、ＷＳＬやフランス勢力などが抑えていた旅客を奪いとれるだろう、より多数の客を確保できればコストダウンにより収支悪化は防ぎ得るだろう」という判断でなかったか、と思われる。

結果的には「オイローパ」就航の二年後にはイタリア客船「レックス」が登場し、数年後にはフランスとイギリスが超大型船を北大西洋に送り出すことになる。このような大型化競争は収益分岐点低下の隠れ蓑をまとって二一世紀のクルーズ事業やコンテナ輸送にも続いている。

「レックス」と「コンテ・ディ・サヴォイア」――イタリア

「ブレーメン」を凌駕すべし

ジェノヴァとナポリはイタリアからの客船発航地であるが、北ヨーロッパからのルート（北緯四五度以北）にくらべると、ニューヨークまでの距離は五〇〇浬も長い。それだけに、航海日数ではハンディキャップがあるものの、荒天の多い北大西洋と異なり、陽光燦々とした地中海から大西洋へゆく航路であった。

イタリアからは北米、南米への移住者が多かったばかりでなく、中東からの移住者もイタリアに出て新天地に向かっていた。この事情ゆえにイタリア客船に活躍の場があたえられていた。

第一次大戦直後のイタリアではインフレによる物価高騰が国民生活を直撃して、都市ではストが頻発する。不安定な情勢のもと、資本家、地主階級にバックアップされてファシスト党が生みだされ、これが左翼分子や騒擾をおこす農民を弾圧する。党員が黒いシャツを着ていたことから「黒シャツ党」の異名を持つこのグループを率いるムッソリーニが一九二二年に政権をとった。時のサヴォイ王朝エマヌエーレ三世は国力回復の旗手としてムッソリーニに期待をかけるとともに、首相の座についたムッソリーニの側にも国王の名声に拠って統治する構図が生まれる。

サヴォイ王朝最後の国王・エマヌエーレ３世

一九二〇年代のイタリアは国王とムッソリーニの結びつきが大きく機能しながら近代化への道を進めた、といえる。その意味で、ここに紹介するイタリア客船「レックス」と「コンテ・ディ・サヴォイア」はムッソリーニとサヴォイ朝の合作と言っても差支えない。

イタリア船社をこの客船の建造に踏みきらせた要因のひとつは、一九二九年から登場したドイツの「ブレーメン」と「オイローパ」であった。他面、より重要な意味ながら、別の理由もあった。かつて文明の中心であったイタリア（ローマ帝国）の国威を発揚して、英、独、仏と肩を並べようとするエマニュエーレ三世とムッソリーニ首相の意気込みがあったからである。

イタリア発の北米、南米への大西洋航路を経営するイタリア船社はNGI社（Navigazione Generale Italiana＝NGI）、ロイド・サバウド社（Lloyd Sabaudo＝LS）、コスリッチ・ラインであった。一九三〇年に入ると三社は世界不況の波をうけて経営が悪化する。これを憂えたムッソリーニの命令をうけた一九三二年一月、三社は再編されて「イタリア・ライン」が誕生していた。NGIとLSの新船建造が定まったのは「ブレーメン」が登場した一九二九年であるが、これらが完成したときには新会社（イタリア・ライン）になっていたから、煙突には、赤、白、緑のイタリア国旗の色が描かれていた。

定期航路の船隊を揃えるときには複数の同型船を建造するのが、建造コストと配船上で好都合であることは常識となっている。ところが一九三二年に完成したNGIとLSの新船は、それぞれ「目玉商品」的に一隻だけを造って世間の耳目を集めようとするものであった。NGIの新船は「ブレーメン」を凌駕するスピードに加えて、イタリア工芸の粋をつくしたインテリア装飾を実現することで、旅客の注目を集めるものであった。LSの新船もほぼ同様の仕様で計画されていた。

新造船の建造は造船所の雇用対策にもなることから、ムッソリーニは建造補助と運航補助を与えて実現を容易にさせた。このために海事金融専門の機構（Instituto per il Credito Navale）を設立して融資を行なわせる。

一九二九年一二月にはNGIからアンサルド造船所へ発注される。この客船は「ブレーメン」とほぼ同一サイズの五万一〇〇〇トンであった。ムッソリーニから、「『ブレーメン』を凌駕すべし」との負託を受けていたから、最高出力が「ブレーメン」の一三万五〇〇〇馬力を上まわる一四万二〇〇〇馬力のエンジンを搭載するものであった。

この新船はイタリアの無線電信発明者を讃えて「グリエルモ・マルコーニ」と命名される筈であったが、ムッソリーニの指示で「レックス」(王)と変えられる。一九三一年八月の進水式にはエマニュエーレ三世が臨席、エレーナ王妃が命名するのを満足げに見守っていた。

公試運転中の「レックス」。「ブレーメン」を凌駕するスピードと豪華なインテリアを誇り、ブルーリボン賞を獲得した

処女航海での事故

一九三二年九月二七日は「レックス」(五万一〇六二トン)が処女航海に鹿島立つ日であった。出航の数時間まえ、ムッソリーニ首相は船内を視察、ランチョン・パーティで杯をあげている。その夕刻「レックス」は歓呼の声に送られてゼノアを解纜する。満員の乗客リストのなかにはウォーカー・ニューヨーク市長の名もあった。

めでたい航海に乗りだした「レックス」であるが、スペインのマラガ沖に差しかかったとき、発電機が故障して船内が停電する。乗客には軽度の故障と発表されていたが、調べるうちに深刻なトラブルと分かる。ラウンジでは「発電機の不調が飲料水タンクに穴をあけて海水が混入したらしい」との噂でもちきりとなる。結局、ジブラルタルで修理することになるが、悪いことにこの英領は飲料水の不足に悩む土地であった。修理部品が僚船「ヴルカニア」で到着するまでの二日間、乗客の上機嫌はヒステリーにかわる。

困惑の極におかれた船主がとったのは、「何も説明せぬ」ことだった。フロントデスクは閉められ、船長も姿を隠してしまう。一四〇〇名弱の乗船客のうち七五名が待ちきれず下船、ウォーカー市長もシェルブールへ急行して、ドイツ客船「オイローパ」で帰航してしまう。

それから一年後の八月、「レックス」は遂にブルーリボンを手にする。ジブラルタル〜ニューヨーク（アンブローズ灯船標）間を四日一三時間五八分（平均速力二九・九二ノット）で航走、「ブレーメン」の記録を塗りかえることができた。いっぽうLSの新船は「レックス」のような高速は狙わず、イタリア芸術の粋を凝らしたインテリアを揃えることで特色を出していた。一九三〇年一〇月にトリエステの造船所で起工され、進水が近づいたとき、ムッソリーニから式を一九三一年一〇月二八日にするよう指示される。この日は「ローマ進軍」で知られるファシスト党員によるクーデター決行日の九周年にあたっていたからである。命名はピエモント王女が行なったが、これもムッソリーニからの横槍で名前が変更されていた。「コンテ・ディ・アズーロ」から「デュクス」、最終的には「コンテ・ディ・サヴォイア」となる。

「コンテ・ディ・サヴォイア」（四万八五〇二トン）は一九三三年一一月三〇日、ジェノヴァからニューヨークに向けて処女航海の途につく。ところがこの船も不運に見舞われる。アンブローズ灯船標から九〇〇浬沖に来たときのこと、故障した排水バルブからの圧力で左舷外板に穴があき、発電機室に浸水がはじまる。船長はバラストを右舷に集めて左舷側を露出させたのち、船員が身を挺して木材で開口を覆ったので重大事にはならなかった。もし手際が悪ければ数時間で沈没する程の事故であった。

両船が就航早々に事故を起こしたのは、早期完成をムッソリーニが要求して、造船所に突貫工事を強いたからとされている。起工から竣工まで考えられぬほどの短期間（「レックス」一年五ヵ月、「コンテ・ディ・サヴォイア」二年一ヵ月）であったことがそれを裏付けている。

ジャイロ式動揺防止装置

「コンテ・ディ・サヴォイア」が海事史に記録を残しているのは、ジャイロ式動揺防止装置を備えていたことである。これはアメリカの発明者エルマー・スペリーが発明したもので、巨大なジャイロ安定儀（独楽《こま》の原理を用いた回転儀）を船首寄りホールド内（喫水線レベル）に三基装着し、ローター（一基重量一〇〇トン）の回転力で船体の動揺を止める工夫であった。装置はイギリスのスペリー社で製作され、その値段は船価の一五分の一（一〇〇万ドル）に相当するほど高いものであった。この装置は世間で評判となり、ポスターには「揺れない船Roll-less ship」と宣伝される。「コンテ・ディ・サヴォイア」の航海がわりあいに正確だったことから、人びとはそれをスタビライザーのおかげと考えていた。一九三五年になり、効果について国際会議でテーブルされたが、船主側から明快な説明はなされなかったという。

後で明らかになったことは、航海中にスタビライザーを作動させると、ジャイロ設置個所（船首よりの船底）を軸にして船体がふれる現象（ヨーイングYawingの一種？）が起こったという。僭越な推測だが、ジャイロ安定儀を船の縦揺れ支点（船尾寄り）付近に設置しておれば、そのような片揺れは起こらなかったのではなかろうか。また、向かい風が多い西航で作動させると船体の傾斜が大きくなるので、作動させなかったとも伝えられている。その後の船にこの装置が採用されていないことから、この試みは成功といえなかったのかもしれない。発明者のスペリー自身は一九三〇年に物故していたから、

公試運転中の「コンテ・ディ・サヴォイア」。イタリア芸術の粋を凝らしたインテリアにジャイロ式動揺防止装置を備えていた

「コンテ・ディ・サヴォイア」の運航実績を知るよしもなかった。

この装置は日本でも一九二二年就役の小型空母「鳳翔」、「龍驤」にも搭載されており、「当初は乗員が整備と使用法に不慣れなため、その能力発揮に至らなかったが、習熟度が増すと片舷一五度以内の動揺を三度以内に抑えられるようになった」（『世界の艦船』誌七三六号・阿部安雄氏解説）とある。勝手な推測だが「コンテ・ディ・サヴォイア」では、最初はスペリー社社員が乗船して操作していたものの、それ以降の乗組員による操作習熟が伴わなかったのかもしれない。

世界一ハンサムな客船

フラッグシップとなる新船二隻は就航早々に味噌をつけてスタートしたが、イタリア・ラインがとったPR作戦は他社に真似のできないユニークなものであった。それは「陽光の南ルートSunny Southern Route」を標榜して、サンデッキにプール（商船で初めての屋外プール）を作ったことである。プールサイドに砂を敷きつめたリドデッキ（この呼称も初めて使われた）には、色とりどりのパラソルが立っていた。この光景は「浮かぶリビエラ海岸」と話題になったほどである。北欧やイギリスからの北大西洋客船では外気温度が低いから、プールはインドアに限られていた。

船主側の巧妙なPRもさることながら、讃嘆の的になったのは「レックス」と「コンテ・ディ・サヴォイア」のスタイルである。見る人には「ブレーメン」、「オイローパ」を雄のシェパードとすれば、「レックス」はファンシーなスタイルの雌のシェパードに映ったはずである。

「コンテ・ディ・サヴォイア」のしっとりとした外観には「世界一ハンサムな客船」との賛辞を惜しむ人はいなかった。両船のインテリアはイタリアの著名デザイナーのコッペーデ兄弟が手がけていた。ラウンジは宮殿と見まがうほどのロマネスク様式、ダイニング・ルームはアールデコ・デザインで纏められていた。内外ともに美意識が込められていたので、「さすがルネッサンス発祥国の船」と旅客は魅了されていた。

世界不況の波は欧州に波及していたが、一九三三年はイタリア・ラインにとって最高の年となる。一一三航海で八〇〇〇名という輸送実績（一船平均七〇七名）をあげたが、このうち「コンテ・ディ・サヴォイア」の九月西航では最多数の一七三三名（乗客定員二二〇〇の七九％）を記録したとある。この時期、イタリア・ラインのニューヨーク線は「レックス」、「コンテ・ディ・サヴォイア」、「ローマ」（三万二五八三トン、一九二六年建造）、「アウグスッス」（三万二六五〇トン、一九二七年建造）の四隻がウィークリー・サービスを行なっていた。

一九三九年九月、ドイツのポーランド侵攻で第二次世界大戦が勃発すると、欧州からの帰還者が中立国イタリアの客船に押しかける。この月にゼノアを出航する「レックス」と「コンテ・ディ・サヴォイア」にもアメリカ人が殺到、二三日ゼノア発の「コンテ・ディ・サヴォイア」乗船客二一五六名のうち、一三五七名がアメリカ人であったと記録されている。

一九四〇年六月初旬、イギリス軍のダンケルク敗戦が明らかになると、イタリアは英、仏に宣戦布告する。イタリア商船は本国に避退して、「レックス」はアドリア海岸に、「コンテ・ディ・サヴォイア」はベニス沖に投錨して戦火を避けることになる。押しよせる戦雲はいまや両船の死命を制しつつあったのである。

「ノルマンディ」――フランス

その誕生まで

クルーズ時代のいま、「ノルマンディ」の名は忘却の彼方におき去られている。フランス政府とフレンチ・ライン（CGT）が懸命の努力で国家的事業にまで格上げして完成させた造船史上の傑作と讃えられている巨船である。その規模、性能、設備の豪華さとスタイルの審美性において、世界に比類のないものであった。

「狂乱の二〇年代」と呼ばれた一九二〇年からの一〇年間は、誰もが高揚した幸福感にみちて暮らす時代であった。これがいつまでも続くだろう、との期待感から、北大西洋航路の船会社は就航船の大型化に精力を費やしていた。その最終期に着想されたマンモス客船が「ノルマンディ」と「クィーン・メリー」である。この項ではまず「ノルマンディ」から述べよう。

北大西洋客船サービスを経営する英、仏、伊の会社は建造補助のみならず、郵便運送補助の形で補助金が支給されていた。補助条件のなかには使用船の船齢とスピード維持が厳格に規定されていたので、受給者側はつねに船質を向上させねばならなかった。

第一次大戦後のフランスは、ドイツからの賠償でアルザス、ロレーヌ地方を奪還したものの、アメリカのように好景気を謳歌する状態ではなかった。だからCGTの新船がすんなりと誕生する環境は整っていなかった。

CGTは一九世紀中葉から北米への定期サービスを主体に航路を経営する会社であった。この会社がフランス工芸、技術を本格的に体現した客船を登場させたのは、一九一二年に完成した「フランス」（二万三六六六トン：二四ノットの高速で評判）、一九二一年の「パリ」（三万四五六九トン）からといわれる。

一九二五年四月にパリ万博がはじまると、フランス特有のファッションやインテリアが紹介され、大戦後の新しい文化や流行の口火が切られる。それで、「フランスは世界文化の中心」という観念がアメリカ人のあいだに芽生えつつあった。「私どもの船に乗った瞬間、あなたはフランスの土地に足を踏みだしたのです」とCGTがさかんに宣伝していたこともあり、多くのアメリカ人が何となくフランスを訪れたい気分になっていた。そこに登場したのが「イル・ド・フランス」（四万三一五三トン、一九二七年建造）である。この客船は、最近のクルーズ客船に見られる三～四階通しのエントランス・ホールを初めて導入し、一等客用入口もデッキ四段抜きであった。これに度肝をぬかれた乗客は、ファッションショウのステージよろしく配置された一等食堂への階段から降りてくる婦人たちの盛装に魅惑されていたのである。

一九二八年当時のCGTニューヨーク線は、「フランス」、「パリ」、「ド・グラース」（一万七七〇七トン、一九二四年建造）と「イル・ド・フランス」の四隻で維持されていた。なかでも「イル・ド・フランス」はフランスから六日間でニューヨークに到着していたから《6-day ship》とも呼ばれていた。

超大型船を推進したピエール・マルグレーヴ

記録によればこの年にCGT社内で新船計画が着想されたとある。フランス郵政省との協定（「フランス」就航の一九一二年締結）では、一九三二年までに新船を就航させることになっていた。それで、CGT社内では「イル・ド・フランス」なみの船が俎上にのぼっていたが、どのような経緯でマンモス客船に変身したのだろうか。ドイツやイタリアで五万トン級の客船が誕生していたとはいえ、一挙に八万トンもの巨船にふみきる判断がなされた根拠には興味をそそられる。

資料をあたるうち、超大型船を着想し実現を強力に推進したのはCGTニューヨーク駐在重役のピエール・マルグレーヴらしいと分かった。一九二六年初頭、リヴァプールのキュナード本社で、長さ一〇〇〇フィートの新造船（注：通称五三四番船。後の「クィーン・メリー」）が計画されていた。マルグレーヴがキュナード新船の完成想像図を入手して本社へ知らせたことから、CGTは新船の大型化とデザインを決めたものであろう。

どの業界でも「他社に負けまい」との意識から設備投資を行なうものだが、海運業界では商売道具である船舶の大型化で競争に拍車がかけられる。このとき、いつも冷徹なソロバン勘定に基づいて実行されるかというと、そうでない場合が多い。本章では二〇世紀前半の話をしているのだが、二一世紀のいまでもこの事情は変わっていないことは、コンテナ貨物船の大型化の足どりが示しているとおりである。

とまれ、CGTは超大型船建造に舵を切ることとなる。もっとも、アメリカ経済発展の恩恵をうけて、一九二七〜一九二八年には北大西洋横断旅客が増加していたことも、経営陣に大型船への自信を抱かせたと考えられる。マルグレーヴは余程の船好きであったらしく、新船の基本デザインまで作っていたという（実際のデザインはポール・ロマノ主任設計技師）。

T6計画

一九二八年六月、CGTの経営はオクターヴェ・オンベルグ社長に引継がれ、新船はT6計画として社内で承認される。このとき「ノルマンディ」の名前は決まっていない。

カトリックとノン・カトリックという、イギリス国教との宗教上の違いから発して、フランスとイギリスは歴史のあらゆる場面で角逐してきた。キュナード・ラインに比べると、歴史ばかりでなく船隊規模でも遜色のあるCGTがライバルを超えようと、官民挙げて取り組んだのがT6計画である。「官民挙げて」の取り組みはT6の入出港が可能なよう、ルアーヴル港の浚渫と新しい埠頭の建設が行なわれたことにも表われている。

建造を引きうけるサンナゼールの造船所（Chantiers et Ateliers de Saint Nazaire Penhoet:SNP）はロワール河畔にあるフランス最大の造船所である。これまで数々のCGT客船を産み出してきたが、全長三一四メートル、八万トンという前代未聞の客船を手がけるにあたり、ボルドー港湾局とSNPによる水路浚渫と、乾ドックへ通ずる新しいロック（閘門）が建設される。

T6はルアーヴル～ニューヨークを五日で結ぶ《5-day ship》とし、このために航海速力は二八ノットだが、荒天航海でもスローダウンせぬように三〇ノットを出せるようにする。同型船二隻ならウィークリー配船が可能だが、そうでないからT6だけは両港から二週間一便の配船になる。

定期航路では複数の同型、同性能船を使って定曜日発着のスケジュールを組むが、CGTでは各種各様の船を配していた。T6だけは五日で横断するいっぽう、他の三隻と組合せて定日出航のスケジュールを組むには相当の無駄が生じたはずである。結局は「目玉商品」を

ウラジミール・ユーケヴィッチ技師

「ノルマンディ」設計責任者ポール・ロマノ

建造中の「ノルマンディ」。ユーケヴィッチが考案した船体形状がよくわかる

掲げて会社をイメージアップする、これに伴い集客の実をあげる、というのがＣＧＴの手法でなかっただろうか。

最終決定されたＴ６の要目は全長三一四メートル、幅三六メートル、深さ二八メートル、最大喫水一一メートル（ルアーヴル、ニューヨーク両港の最大許容喫水）、肥痩係数五六・四、総トン数八万トン、主機関ターボエレクトリック、最高出力一六万馬力（四暗車）、航海速力二九ノット以上、乗客定員一等八四八名、ツーリストクラス六七〇名、三等四五四名であった。

Ｔ６がもつ特徴のひとつに喫水線下の形状（ラインズ）がある。もと帝政ロシア海軍の技師であったウラジミール・ユーケヴィッチはロシア革命で失職、ルノー自動車に勤務するあいだに独特のラインズを考案していた。これをキュナード・ラインに持ちこんだが断わられていた。そのうちＴ６計画を知り、これをＣＧＴに持ち込んだのが採用されていた。商船の船体は船首から中央部へは自然に膨らむものだが、ユーケヴィッチが考案した、痩せた船首部分が中央部で急に膨らむ形状には前例がなかった。ユーケヴィッチ理論に基づいてロマノ主任技師チームが引いたラインズでタンクテスト用モデルが製作される。このモデルを使い、世界一と名高いハンブルクの試験水槽を使って繰り返し実験された。この結果、摩擦抵抗、増波抵抗ともに少なく、同条件の在来型モデルにくらべて推進効率が三パーセント以上も向上したといわれる。

後年の話であるが、ユーケヴィッチは「ノルマンディ」と「クィーン・メリー」の航空写真を自室の壁にかけ、「ノルマンディ」のほうが航跡の少ないことを来客に自慢していたという。

「ノルマンディ」の主機関であるターボエレクトリック推進（TE）にも触れたい。この時代の商船は蒸気タービン推進が普通で、第一次大戦までは直結式、それ以後はギア減速方式になり現在にいたっている。TEはアメリカで採用された例が多く、一九一八年就役の戦艦「ニュー・メキシコ」型、客船では一九二九年建造の「カリフォルニア」や一九三二年の「プレジデント・フーヴァー」、イギリスでは一九二九年の「ヴァイスロイ・オブ・インディア」などの例がある。この方式では前後進が自在であること、静粛性などに利点がある。しかし、推進用の大出力発電機とモーターを搭載するためにコストアップになることから、商船では例がすくない。（もっとも、最近はディーゼル電気推進がクルーズ客船に採用されている）。

「ノルマンディ」にこの方式が採用された本音は明らかでないが、「世紀の豪華客船」を謳ってデビューさせるに相応しいエンジンとして、敢えてTEを選んだのであるまいか。公表された最高出力は一六万馬力だが、資料によると、搭載された発電機四基の能力は最高一六万七二七四キロワット（二二万七〇〇〇馬力）であった。これはパリ全市の発電量（一二万キロワット）を凌ぎ、フランス全土で使われる電力の四分の一に相当したという。

T6を実現に導いたアンリ・カルガンテル

産みの苦しみと竣工まで

こうしてT6は一九三〇年一〇月、契約船価七億フラン（六〇〇〇万ドル＝ほとんど政府からの補助）でSNPへ発注される。ところが、設計の最終段階にあった一九二九年一〇月、ニューヨークで株式相場が暴落、波及する不況のため乗客が減少する。このために一九三〇年度のCGTには六五〇〇万フランもの損失が生ずる。このままでは建造費の支払いさえ危ぶまれるようになり、CGT役員が総退陣する羽目になる。

「火中の栗を拾う」覚悟で社外からCGT経営者となった人物が、「ノルマンディ」完成への道を拓くことになるアルマテール・フランセ社部長のアンリ・カンガルデルであった。専務に就任したカンガルデルは会社の財務内容を精査、このままでは倒産のほかないと判断する。

結局、一九三一年六月になされた政府の資本参加と、一・六億フランの融資（CGT損失を消すための減資が行なわれたはず）が実現する。借入金の元利支払いはすべて政府が肩がわりして、CGT自身は一般管理費とT6完成後の船費と運航費だけを負担するという、有利な条件が与えられて再生に踏みだす。これでT6計画は国家事業になったのである。

とはいえ、事態がスムーズに進展した訳でない。下院（外交委員会）から起こったのは、「フランスの国威PRの手段として客船が有用だとしても、ノルマンディ建造で危機に瀕したCGTの救済に、それほど巨額の税金を費消すべきなのか」というクレームである。時を同じくして（減資で損失を蒙った）株主からも苦情があがったばかりか、「苦しい時期に何故CGTだけを救済するのか」という論議が同業者からもおこる。

これらの反対論に乗じて国内のメディアは「ノルマンディはフランスの納税者に突きつけられた最大の請求書」と論陣を張る始末になる。このように騒然とした状態下であったが、T6建造工事は途切れることなく進められていた。各界からの反対論に対しては、政府のバックアップと、CGT経営陣が必死の思いで行なったラジオ放送などによって反対ムードはようやく沈静する。

竣工なって初めて外洋に乗り出す「ノルマンディ」。試運転を兼ね、生誕地サンナゼールから母港となるルアーブルに向かった

一九三一年に起工されたT6は翌年一〇月二九日、ようやく誕生の日を迎える。ルブラン大統領夫人が「ノルマンディ」と命名すると、船体を垂直に立てるとエッフェル塔より一メートル高い巨体は、一瞬身震いして音もなくロワール河に貶かんだ。国歌「ラ・マルセーズ」が流れ、河畔に集まった二〇万人の観衆は「これこそフランスに栄光をもたらす船」と歓声をあげた。しかし竣工が近づいた一九三五年五月、世間の話題を集めた巨船が交渉のネタになると察した造船所労組が、試運転に出ようとする「ノルマンディ」のまえにピケを張り、特別ボーナスを要求する。経営陣はこれを呑むよりほかに手がなかった。

船名であるが、一度は「ポール・ドゥメPaul Doumer」と新聞報道されるが、英語の意味が不吉（ドゥーム：doom）、同年に暗殺されたフランス共和国大統領の名では験《げん》が悪いということで、カンガルデル専務の発意で「ノルマンディ」と決まる。本船の母港ルアーヴルがノルマンディ地方にあり、同名の客船（「ラ・ノルマンディ」）がCGTのニューヨーク線に就航していた（一八八一年）こと、発音が容易なことなどからこれに決まったものである。

五月五日、駆逐艦二隻に護られて「ノルマンディ」は生誕の地から初めて外海に乗りだす。試運転はサンナゼールからルアーヴルまでの航海中（ブルターニュ沖）でなされる。サンナゼールの岸壁には数多の市民が見送りに来ていた。「ノルマンディ」は生誕の地から離れたくないかのように、微速でドックを離れる。その難産ぶりを知っていたから、誰もが涙を抑えることができなかったという。世界最大の客船の試運転は世界中から注目されるなか、六日間にわたっておこなわれ、最高三二・一二五ノットを記録していた。

海峡をへだてたイギリスでは、一年早く起工されて艤装中であったキュナードの五三四番船が不況の波をうけ、一九三一年末から二年間も工事が中断されていた。だからこの巨船が「クィーン・メリー」として竣工するのは「ノルマンディ」が就航して一年も待たねばならなかった。

シップ・オブ・ライト

のちに「シップ・オブ・ライトShip of light」（光明をもたらす船）の異名で呼ばれる「ノルマンディ」のスタイルとインテリアに触れたい。八〇余年後の現在から観望しても、「これほどスタイリッシュで芸術的につくられた商船はない」と断言できるほど素晴らしい客船だと筆者は考えている。あとから伝えられたことだが、「ノルマンディ」の外観を決めるにあたり、フランスの海洋画家数人が選ばれて完成想像図のイラストを依頼されたという。それらのデッサンを参考にしてCGTのネイヴァル・アーキテクトが基本設計を行なったとも言われている。

クリッパー型船首（それ以前の船首材は直線であった）、荒天航行時の波乗りを考えて成形された船首付近の優美なフレア、タートルバック（亀甲甲板）船首から流れるラインから連なり、階段状に積みかさねた多層デッキのカーブなどは在来商船のデザインには見られないものだった。煙突だが、「ノルマンディ」では涙滴型断面のものが三本佇立しており、二本目と三本目（偽煙突：犬小屋に使用）は微妙な小振りに形成されていた。これは遠望したときの見栄えを考えたものである。この煙突レイアウトを知ったキュナードは、建造中の五三四番船の三本煙突レイアウトを「ノルマンディ」に倣うよう指示したといわれる。

クルーザー型船尾がモダンなスタイルの当時だから、「ノルマンディ」の楕円形船尾は時代遅れと批判されるが、在来船にあった単純なフォルムとは異なる味が込められていた。この形が五二年後に「ノルマンディ」と同一造船所で建造されたクルーズ客船「ソヴリン・オブ・ザ・シーズ」（七万三一九二トン）の船尾に採り入れられたのは、「ノルマンディ」に対する船主の傾倒ぶりが察せられる。「ノルマンディ」は、国家的要請にこたえる意味もあり、インテリアはフランス芸術、装飾技術の粋で満たされていた。一言でいえば「凝りに凝った船」である。これまでの船にあったアール・デ

独特のカーヴを示す「ノルマンディ」の階段状の多層デッキと涙滴型断面をもった煙突

「ノルマンディ」の第３煙突（ダミー）内部には犬小屋がつくられていた

「ノルマンディ」の楕円形船尾（左）と、同じ造船所で半世紀後に建造されたクルーズ客船「ソヴリン・オブ・ザ・シーズ」型（写真は同型２番船）の船尾形状比較

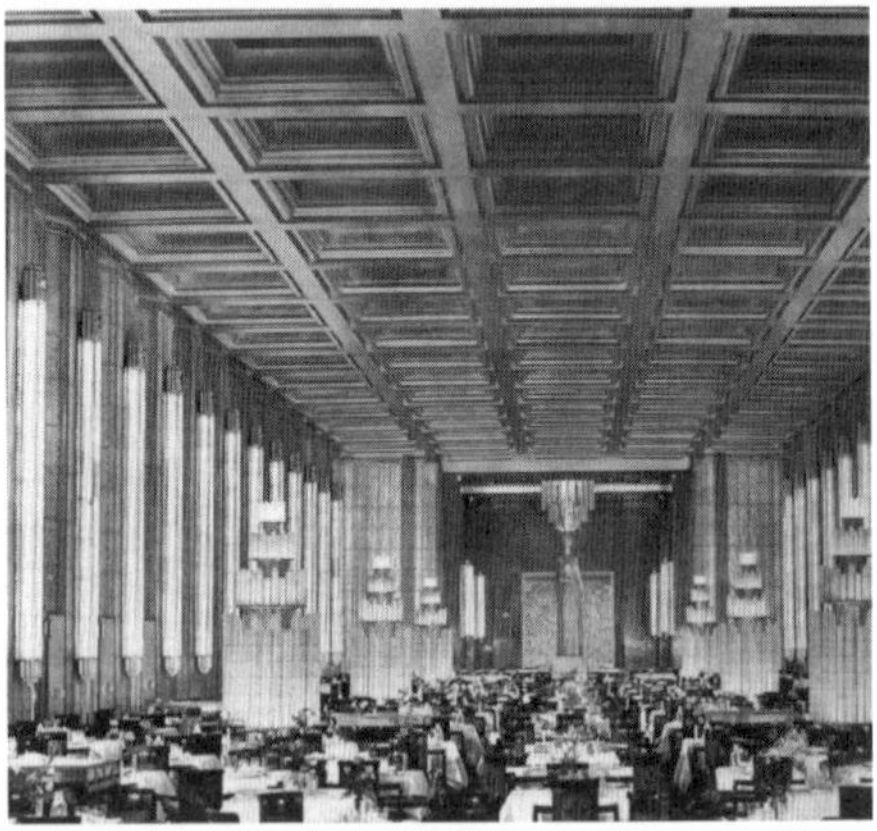

「ノルマンディ」の１等ダイニングルーム。定員700名、長さはベルサイユ宮殿「鏡の間」を凌ぐ

コ様式から脱して、単純化のなかに豪華さを加味した近代装飾様式と言えるものであった。その制作にはフランス随一の美術学校であるエコール・デ・ボザールで腕を磨いた錚々たるアーキテクト（ピエール・パトゥ、アンリ・パコン、リシャール・ボーウェンズ、ロジェール・エクスペールなど）が選ばれ、ダイニングルーム、ラウンジ、喫煙室などの内装やラッカー・パネルなどのレリーフを手がけていた。

特筆に値するのは一等ダイニングルーム（定員七〇〇名）である。長さがベルサイユ宮殿「鏡の間」を凌ぐとされた八六メートル、幅一四メートル、天井の高さは八・五メートル（デッキ三段抜き）もあった。大食堂の両壁の外側には、プライベート用の小食堂が八室もつくられていた。照明は巨大なシャンデリアのほかに、高さ五メートルの張出しライトが三八基も両方の壁に取りつけられていた。

新しいインテリアの試みとして注目されたものに、「ウィンター・ガーデンJardin de hiver」がある。プロムナード・デッキ最前部の展望サロンで、観葉植物でかこまれた室内には鳥がさえずるケージまであった。その後に登場する客船ではこの様式に倣うものが出てきたほどであった。長さ二三メートルというインドア・プールは今のクルーズ客船でも見られない。船内の装飾、レリーフや彫像などの一部は、一九四一年に軍隊輸送船へ改造されるときニューヨークに陸揚げされたので、今もニューヨークの博物館、教会、フロリダのホテルなどに安置されている。

乗客定員は一等八四八名、ツーリストクラス六七〇名、三等四五四名の合計一九七二名であった。当時の四〜五万トン客船の定員が二〇〇〇名を超えていたのをみれば「ノルマンディ」が如何ほどスペーシャスな船であったか想像できよう。

処女航海から係船へ

一九三五年五月二九日、待ちに待った処女航海の日が到来する。（注：「ノルマンディ」はもっと早く竣工していたが、夏のハイシーズン到来まで就航を遅らせていたとのこと）

一八時二五分、港頭に集まった五万人が歓呼の声で送るなか、「ノルマンディ」はルアーヴルを解纜する。搭乗客は一等八三〇名、ツーリストクラス三〇八名、三等一二三名の合計一二六一名であった。航海は順調にすすみ、六月三日ニューヨークに到着する。

大西洋横断記録を更新してニューヨークに到着した「ノルマンディ」。バッテリー公園では５万人が出迎えた

1935年６月、処女航海でニューヨーク・バッテリー公園の市民の見送りの中を出航する「ノルマンディ」。メインマストに往航でのブルーリボン記録樹立を示すペナントが翻っている

誰もが予想していたとおり、計測区間（ビショップス・ロック～アンブローズ灯船標）二九〇七マイルを四日三時間二分で走破、一九三三年に「レックス」が立てた記録を更新してブルーリボン・ホルダーの栄誉を手にしたのである。おりしも洋上にあった「レックス」から「女王の座を快く譲りわたす」との祝電が届けられる。この区間の平均速力は二九・九八ノットであった。

ニューヨークではバッテリー公園（マンハッタンの南端）に五万人が蝟集し、「ノルマンディ」にあわせて延伸されていた八八番埠頭には三色に彩られた垂れ幕が掛けられていた。岸壁上の楽隊が「ラ・マルセーズ」を吹奏し、「ノルマンディ」のスピーカーからはアメリカ国家が流れるという、華やかな交歓風景が現出する。四日間の停泊中には官民あげての大歓迎が繰りひろげられていた。乗客が下船したときには、船内から灰皿五〇〇個、スプーン三〇〇本が消えていたという。

歓迎とスピード記録樹立で幸先の良さそうなスタートを切った「ノルマンディ」であったが、世界に広がる不況の波には抗しがたかった。CGTはピカピカの巨船を四ヵ月経たぬうちにルアーヴルで係船する破目になる。処女航海が成功裡に終わったと世間に映っていたが、舞台裏では悪戦苦闘がつづいていた。北大西洋に出たとたん、ツーリストクラス船室のある船尾付近で発生した振動である。これは試運転のときに分かっていたが、原因究明と対策を講ずる時間のないまま就航していたのである。この問題にもかかわらず、航海を重ねるごとに旅客の人気は上昇していた。

「ノルマンディ」は三翼プロペラの四軸推進であるが、振動の原因は船体強度やスクリューの支えにあるのでなく、プロペラ自身と推定される。たまたま一九三五年一〇月から五ヵ月間、不況対応のための係船を控えていたので、このあいだに四翼プロペラに取り替えられる。（注：プロペラはロンドンに発注。当時は「ブレーメン」、「オイローパ」のプロペラもロンドンで製作されていた）。その試験航海では振動がみごとに軽減されたので一同ホッとする。

ところが一軸からプロペラが脱落していたことが帰航後に発見される。定期航海が再開される前日という危ないタイミングであったので、急きょ古い三翼プロペラ二セットが再び装着され、二軸三翼、二軸四翼の組み合わせで出航する。間に合わせの措置ゆえに振動が再び発生するのは不可避であった。最後の手段として、まったく別仕様の四翼プロペラ（四セット）が製作され、装着が完了したのは一九三七年三月であった。この年にはパリ万博が開かれ、また「クィーン・メリー」も登場していたから、両船のライバル競争が新聞を賑わし、その話題が一九三九年夏まで語りつづけられる。

「ノルマンディ」は第二次世界大戦の勃発により、一九三九年八月二八日にニューヨークに到着して係留状態になる。この時をもって世紀の豪華客船がその生涯を閉じると予想した者は誰もいなかった。

それまでの四年四ヵ月、「ノルマンディ」就航記録は、北大西洋横断を一三九航海、輸送した乗客数は一三万三一七〇名となっている。「佳人薄命」といわれるが、「ノルマンディ」はその最極端の例であろう。

「クィーン・メリー」——イギリス

計画実現まで

海事史で疑いなく「名船」と呼びうるのは、キュナード・ラインの「クィーン・メリー」を措いてほかにない。北大西洋航路の老舗キュナード・ラインとイギリス政府が大英帝国の誇りをかけて実現した巨船である。ドーヴァー海峡をへだてたフランスで俎上にあったCGTの「ノルマンディ」計画と時期を同じくしていたので、英、仏両社の思惑と駆けひき、そして就航後の角逐が大西洋をへだてた両大陸で話題をにぎわしたものである。

加えて、建造中に発生した世界恐慌により、両船とも非常な難産のすえに誕生することになる。イギリス側では、「クィーン・メリー」完成と引き換えに、もうひとつの名門ホワイト・スター・ラインがキュナードに合併されるという副産物を生んだ。

本論に入るまえに「クィーン・メリー」誕生前のホワイト・スター・ライン（WSL）に触れたい。この名門会社が一九〇二年にモルガン財閥のIMMの傘下に入ったことはすでに述べた。ところがIMMは余りにも多くの船社を抱えたため、経営が悪化（資金ショート）してしまう。

一九〇六年になり、オーナーのJ・P・モルガンから懇請されてWSL社長ブルース・イズメイがIMMの経営全般を任される。その翌年、北大西洋航路に参入したロシア船隊の低料金が航路競争に火をつけていた。ダンピング競争は一九〇八年に北大西洋船客同盟が発足して、いちおう終息するものの、ＩＭＭ自体は一九一三年、ブルース・イズメイ会長の退任（「タイタニック」海難の責任）もあり、経営不安のさなかにあった。

一九二六年は、キュナード社内で「クィーン・メリー」が着想されたとされる年であるが、この時期のイギリスでは、ＷＳＬを自国に取り戻そうとする動きが顕わになっていた。このなかから、キルサント卿（サー・オーウェン・フィリップス）率いるロイヤル・メール・ライン（ＲＭＬ）グループが名乗りでる。そして一九二七年一月、ＲＭＬがＷＳＬ全株式を七〇〇万ポンドで取得する。「海のナポレオン」の異名をもつイギリス海運界の大立者によるこの行動は、ＷＳＬからの利益をＲＭＬグループ会社に注入するための手段であったと、後年に噂された。

「クィーン・メリー」の絵はがき。北大西洋航路の老舗キュナード・ラインとイギリス政府が実現させた名船

一九二八年夏、長さ一〇〇〇フィート、六万トンの客船がＷＳＬからハーランド&ウルフ造船所に発注される。一九二四年に南米旅行中の船上で死去したピリー卿のあとを継いで同造船所の会長となったキルサント卿にとり、これは初の大仕事であった。新船はＷＳＬ創業時の社船から名をとって、「オセアニック」と命名されると発表されていた。新船が世間の耳目を引いたのは、ディーゼル電気推進diesel electricという、それまでにない新方式を導入するものであった。キルサント卿はかねてから内燃機関の推進者であり、乗組員がエンジン操作に習熟すれば燃料費の強みが

活かされることを認識していた。「オセアニック」では、ディーゼル発電機（六気筒、過給機つき四衝程）が四七基も搭載されるものであった。

ところが世界恐慌の波及により、一九三〇年度のWSLは二五万ポンドもの損失を計上する。これに追いうちをかけるように、キルサント社主の逮捕事件がおこる。これは一九二八年度のロイヤル・メール・グループの増資目論見書にあった虚偽記載（損失実態を会計操作で利益計上）が明らかになったからである。ロイヤル・メール傘下の所有船には郵便運送補助がなされていたが、キルサント卿は「オセアニック」についても政府から補助を確保するべく工作していた最中の不祥事であった。

「オセアニック」の起工時期を明確に示す資料は少なく、建造発表の一〇日後に始まったとか、一九二九年七月に工事が中断されたとの記述があるのみである。ともあれ、この不祥事によって、新船の建造はデッドロックに逢着していた。

誕生への道

話を一九二〇年代のキュナード・ラインにもどす。「輝きの時代Sparkling Era」と謳われた一九二〇年代さなか、ドイツ客船「ブレーメン」、「オイローパ」建造の情報を得る。またWSLの「オセアニック」計画が明るみに出るにおよんで、この老舗船社は船隊革新を決める必要に迫られていた。具体的な対応は、老齢船「モーレタニア」（一九〇七年建造）を含めた三隻によるニューヨーク定期を、新船二隻を使っての週一便サービスにするものであった。

二隻による週一便サービスのためには、二八・五ノットの航海速力が必要である。これに必要な高出力エンジン搭載のためには大型化が必要、さらに北大西洋の平均波長（六〇〇〜八〇〇フィートと推定）に基づき、長さ一〇〇〇フィート、幅一一〇フィートの船体が必要と策定された。喫水線下の形状を決めるために二三隻もの模型（長さ五メートル）が作られてタンクテストに付される。三本煙突の形と配置は風洞実験で決められたが、「ノルマンディ」とは対照的に保守的なものであった。

　新船のスタイルは「アクィターニア」（四万五六四七トン、一九一四年建造）を下敷きにして、大英帝国の栄光を具象するような堂々とした外観が目指された。インテリアは重厚でシックなものを特色としており、「ノルマンディ」のモダンな船容やインテリアと好対照をなしていた。インテリアは、これまでのキュナード客船にある保守的なデザインで統一されるものであった。その設計思想は、アメリカ人客を瞠目させるに充分で、新しい風格のあるものを目指すということで、英、米のデザイナー（B・V・モリスとアーサー・デイヴィス）を主任設計者とする国内有数のデザイナー・チームが取り組んでいた。使用される材質は英連邦からのもの、例えば一等ラウンジにはインドの月桂樹も使われていた。

「クィーン・メリー」の１等ラウンジ。同船のインテリアは重厚でシックなものであった

　新船の要目と基本設計が決まり、造船所三社に見積もりが求められる。クライド河畔のジョン・ブラウン社（「ルーシタニア」を建造）とタイン河畔にあるスワン・ハンター社（「モーレタニア」を建造）ほか一社（ヴィッカース＝アームストロングズ社と思われる）が対象となっていた。この入札で一九三〇年一二月、ジョン・ブラウン社が受注に成功、五三四番船として程なく起工される。しかし前年秋のニューヨーク株式暴落に端を発した経済恐慌が世界に広がっており、新船の前途に暗雲が漂いつつあった。

　クライド河畔で徐々に形を整えつつある五三四番船はグラ

不況で工事継続が困難となり、船台上に放置された534番船（後の「クィーン・メリー」）の巨体

スゴー市民の関心をしだいに惹きつけていた。だがその舞台裏には、渡航客の減少による業績低下で悪戦苦闘するキュナードの姿があった。それから一年、中間支払金の手当てに行き詰まってしまう。工事継続が不可能となった造船所は、工員の大部分を解雇せざるを得なくなる。こののち、船台上には無人の巨体が不気味に横たわる光景がつづくこととなる。

一九三四年が明けるとイギリス経済が不況の最悪期を脱しようとしていた。ここで五三四番船のことが議会で俎上にのぼるが、国内では不況の記憶があたらしいことから、賛否両論が渦まく。マクドナルド首相ひきいる挙国一致内閣がとった、「海運は外国とくにドイツとの経済競争の道具である。良い船を就航させて多数のアメリカ人を誘致できれば貿易外収支の改善に役立つ」という毅然としたスタンスが完成への道筋になる。とはいえ、五三四番船と「オセアニック」の二隻を救うほどの巨額出費は許されず、五三四番船だけを生かす方針になる。それは無条件でなく、キュナードとＷＳＬが合併する条件で、キュナードへの九五〇万ポンド融資が議会で承認される。融資額の内訳は、五三四番船建造費三〇〇万ポンド、運転資金一五〇万ポンド、五三四番船型二番船（一九四〇年に竣工する「クィーン・エリザベス」）用に五〇〇万ポンドであった。

このような大合同劇の舞台裏では、経営破たん状態になったロイヤル・メール・グループへの莫大な不良債権をかかえた大手銀行の救済と、造船所と下請け業者の失業対策など、頭の痛い問題を解決する必要に迫られていたのである。

これで両社の合併が調印され、一九三四年四月に新会社キュナード＝ホワイト・スター・リミテッド（CWSと略。出資比率はキュナード六二％、WSL三八％）が発足した。この出資比率が示すように、発足した新会社ではキュナードにヘゲモニーがあったと考えられる。新会社にはキュナードの持ち船すべてと、WSL所属船のうち六隻が現物出資されていた。

こうして五三四番船の工事が再開される。いっぽう、ベルファストで船台上にあった「オセアニック」の工事は停止され、これに使用される予定の鋼材は、小ぶりのディーゼル客船「ブリタニック」（二万六九四三トン、一九三〇年完成）に転用されることになる。

合併後の一九三五年まで、CWSのニューヨーク急行線には「マジェスティック」、「ベレンゲイリア」、「アクィタ－ニア」、「オリンピック」が使われる。これら四隻のうち、旧WSLの「マジェスティック」と「オリンピック」はWSL塗装のままであったばかりか、マストにはWSL社旗をキュナード社旗のうえに翻していた（キュナード客船はその逆）。旧両社のアイデンティティーを尊重するスタンスからであろうが、興味あるやりかただった。

一九三四年四月三日、クライド市民が待ちにまった日が到来する。この日は二年四ヵ月ぶりに五三四番船の工事が再開される日である。バグパイプ奏者を先頭にして、数多の工員が待ちかねたように造船所の門をくぐる。船台上にリベット音がひびくこと五ヵ月半、新船はついに誕生の日を迎えたのである。一九三四年九月二六日のことであった。グラスゴー市とジョン・ブラウン造船所は、この日の到来に備えて、クライド河筋を二マイルにわたり三〇メートルに拡幅していた。

名前の由来

五三四番船の命名をめぐっては、まことしやかなエピソードが語り伝えられている。そのひとつ、

「メリー・オブ・テク」として
知られたジョージ5世皇妃

キュナードは新船を「ヴィクトリア」と命名することにして、その許可を受けるためベイツ会長がバッキンガム宮殿に伺候する。ジョージ五世に向かい「史上もっとも輝かしい女王の名をとって命名する許可」を願いでた。王は祖母のこととは思わず、「それは素晴らしい配慮だ。私の妻は喜ぶだろう」と返答したとのこと。それでキュナード側は「ヴィクトリア」をやめて「クィーン・メリー」(QM)になった、というものである。真相は謎のままであるが、キュナード側は最初から「クィーン・メリー」を考えていたという推測がもっともらしく思われる。キュナード船は創業時からIAで終わる名前であり、ホワイト・スター・ライナーには代々ICの接尾綴りで命名されていた。進水五ヵ月まえに新会社CWSが発足していたから、旧両社社員に抵抗感なく受けいれられる名前として「クィーン・メリー」を候補にしていた、というものである。

さらに穿った推測もできる。QMはスコットランドで誕生するが、現地の人びとにとってクィーン・メリーといえば、悲劇のスコットランド女王のメリー・スチュアート(一五四二〜一五八七)しかいない。このあたりの感情に配慮して「クィーン・メリー」としたと考えても平仄が合う。

「メリー・オブ・テクMary of Tek」として知られるジョージ五世皇妃のために付け加えたい。皇后は日頃から国王へのアドバイザー役を務めたばかりでなく、いつもひかえ目に王を扶けていたこと、第一次世界大戦中には皇室資産の供出や傷病兵の慰問で国民の共感を得ていた。それだけに、ジョージ五世は皇后を熱愛していたといわれ、「輝かしいクィーン」というに相応しかった。

進水の日の名スピーチ

一九三四年九月二六日、いよいよ進水の日がくる。秋雨のそぼ降る一日であったが、メリー皇后に伴われて命名台に昇ったジョージ五世は後世にのこる名スピーチを行なう。抄訳を次に掲げる。

「海の嵐は人を圧倒してきたが、人はようやく対等に対峙できるようになった。今日は堂々とした船を送りだす嬉しい日になった。この三年間、人影のない船体は無言のまま船台に横たわってきた。その沈黙がこの港町にどれほどの悲しみを広げたか、市民がどれほどの勇気でこれに耐えてきたかを私は知っている。工事の中断が幾千人もの人々に与えた苦しみを察して、ともに悲しんだ。政府の扶けにより頭上の暗雲がとり払われ、船を完成させることができることを共に喜びたい。この船が国際貿易の復活に大きな役割を果たすことを期待しようではないか。この船を完成させることはわが国の強い意志であった。今日この日、美しさ、逞しさと力に輝く船を五三四という数字でなく、名前をつけて送り出すことができる。われわれが抱く未来への希望のしるしとして、この船を浮かべるも

1934年９月26日、「クィーン・メリー」の進水式。命名台上に国王と皇妃の姿が見える

進水する「クィーン・メリー」。白色の化粧塗装に身を包んだ船体は55秒でクライド河に浮かんだ

のである。大洋をゆくこの船が国々のあいだの友情を広げるように祈るものである」

メリー皇后は命名と同時に進水ボタンを押す。豪州ワインのボトルが船首に砕ける。造船所の思いやりで全身を白色に化粧塗装した船体は音もなく滑りはじめ、五五秒でクライド河に泛んだ。対岸に居ならぶ二〇万人の観衆からは期せずして歓呼のどよめきが起こった。こうして「クィーン・メリー」が誕生したのである。

そして船出へ

一九三六年三月二四日、クライド湾にあるアラン島沖で試運転が始まる。一連の試運転を終えるとそのままサウサンプトンに向かうのである。クライド市民にとり、この日が新船を眼にする最後の日だから、学校や商店は休みとなる。一〇〇万人もの市民がクライド河畔に駆けつけていた。ペンキも新しいQMが汽笛四声とともにクライド河を微速で下るとき、誰もが眼に涙を浮かべ、なかには「Good luck, my girl」と声高に叫ぶ人もあったという。

五月一二日、全長三一〇メートル、総トン数八万七七四トンのQMは母港サウサンプトンで船主に引き渡される。処女航海（五月二七日出航）では途中に霧中航行があり、ブルーリボン記録は樹立できず、四日二時間三二分（平均速力二九・六八ノット）での横断となる。

ニューヨークではマンハッタンの九〇番埠頭は延伸され、巨船の受け入れ態勢が完了していた。マンハッタン島には三万人が集まって出迎えていた。六月一日、QMはニューヨーク港外に姿をあらわす。互いに英語国民という親近感もあり、「ノルマンディ」のときを超える歓迎風景が展開された。唯、その四年後には、ピカピカのQMがこの港から夥しい数のGIのせて、イギリスへのシャトル輸送をするとは誰も予想しなかった。

これから三年間、QMと「ノルマンディ」のあいだでスピードと集客で熾烈な競争が展開されたことは有名である。一九三六年八月、QMが西航でブルーリボン記録をつくれば、三七年五月に「ノルマンディ」が更新、一九三八年八月にはQMが再更新していた。この年にQMが東航で樹立した横断記録（三日二〇時間四二分＝平均三一・六九ノット）は戦後まで破られなかった。

ブルーリボン記録について付言したい。目的地に早着することが集客で有利になるから、北大西洋の横断競争は一九世紀から行なわれていた。二〇世紀になり、イギリスのハロルド・ヘイルズ国会議員が純銀製のトロフィーを私費で製作、記録保持船に授与されるようになる。イタリアの「レックス」が授与第一号となった。第二号の「ノルマンディ」からQMがトロフィーを受ける番であったが、キュナードのベイツ会長は「スピード競争のために船を運航しているわけでない。将来の船のデザインのためにスピードを記録しているのだ」とトロフィーを辞退したといわれる。

アラン島付近で試運転する「クィーン・メリー」。試運転後、同船は母港サウサンプトンに向かった

竣工して造船所を出る「クィーン・メリー」。クライド河畔では100万人もの市民が見送ったという

QMに問題がなかったわけでない。構造上の低重心（高出力のボイラーとタービン機関の搭載に由来するといわれる）のため横揺れ周期

が短くなり、また激しい振動が発生して乗客に不快感を与えていた。「この船では紅茶に注いだミルクまでが飛び出す」と愚痴をこぼすセーラーもいたという。このためにキュナードは運航を中断して、船体の上部に大量の鋼材をとりつけるいっぽう、「ノルマンディ」の前例にあるように、三翼プロペラを四翼のものに取りかえる大工事をほどこしていた。

キュナード・ラインが策定したスケジュールはサウサンプトンとニューヨークを毎週水曜に出帆するものであった。ところが「クィーン・エリザベス」の竣工が遅れたので第二次世界大戦後まで左記のスケジュールは実現しなかった。

サウサンプトン出帆　水曜日正午
シェルブール出帆　水曜日一八時

処女航海を終え、初めてニューヨークに入港する「クィーン・メリー」。多数の船が出迎えている

ニューヨーク到着　月曜日一九時（在泊五〇時間）
ニューヨーク出帆　水曜日一一時
シェルブール出帆　月曜日九時
サウサンプトン到着　月曜日一五時（在泊四四時間）

北大西洋横断客は一九三〇年には一〇〇万人であったものが、世界恐慌の発生後は半分に激減していた。一九三〇年代の後半にはドイツの貪欲な外交スタンスが仇となり、「ブレーメン」、「オイローパ」から乗客が遠ざかる。「ノルマンディ」は「あまりにも豪華な船」ということで一般客に敬遠されていた。その反面、ＱＭには人気が集まり「親しみやすい豪華船」として渡航客を惹きつけていた。

イギリスからの往航は満船のことが多く、キュナード・ラインの稼ぎ頭となっていた。乗客定員だが、「ノルマンディ」の一九七二名（一等八四八名、ツーリストクラス六七〇名、三等四五四名）に比べて、ＱＭは二一三九名（キャビンクラス七七六名、ツーリストクラス七八四名、三等五七九名）であった。一九三六年から一九三九年まで、両船が輸送した乗客数は次のようになっている。

	ＱＭ	ノルマンディ
一九三六年	四万二三四一名	二万七九五〇名
一九三七年	五万六九二一名	三万七五八三名
一九三八年	五万二二八二名	三万二九五三名
一九三九年	三万三六五五名	一万八七九九名

結局、「この船はながく女王であり続けるだろう」という一乗客の言葉に代表されるように、ＱＭは商業的に成功したばかりでなく、その好成績によりＣＷＳの経営黒字化の功労者となった。

第二次世界大戦と「クィーン・メリー」

一九三九年八月三〇日、ＱＭはサウサンプトンを出航する。船上には、不穏な空気の欧州からアメリカへ避難する乗客が二三〇〇人という記録的な数になっていた。そしてＱＭが北大西洋の中ほどに来た九月三日、ネヴィル・チェンバレン首相のラジオ放送が船上に響く――イギリスとフランスがドイツに宣戦布告して第二次世界大戦が勃発したのだ。

イギリス海軍省の指示によりＱＭは中立国アメリカの港にとどまる。そして一九四〇年三月に妹船「クィーン・エリザベス」（ＱＥ）が未完成のまま入港すると、クィーン姉妹はニューヨークの埠頭に並んで係留される。「ノルマンディ」もすでに避難していたので、北大西洋の女王三隻が並ぶ空前絶

第二次世界大戦勃発後、兵員を満載して航行する「クィーン・メリー」。豪州兵輸送が初の軍務

輸送船として活躍中の「クィーン・メリー」。船体から煙突まで灰色の塗装が施されている

後の光景が現出する。

しかし三隻の揃いぶみはわずかのあいだであった。三月二一日、QMはひそかに出航する。ケープタウンで補油ののち、インド洋をわたり四月一七日シドニー着、輸送船への改装工事（二〇〇〇名定員から五五〇〇名に）を済ませた五月五日、豪州兵士五〇〇〇名を乗せる。

QMは、「アクィターニア」、「モーレタニア」（二世）、「エンプレス・オブ・ジャパン」などの北大西洋客船五隻で船団を組み、六月一五日、グーロック（クライド河畔）に到着する。エアコン設備はなかったから、酷暑のインド洋を航海する船上の兵士は、厳しい航海を余儀なくされていた。これがQM最初の「軍務」であった。

戦後の「クィーン・メリー」

キュナード・ラインの北大西洋定期は「クィーン・メリー」と「クィーン・エリザベス」の二隻で一九四七年からサウサンプトン～ニューヨーク間で復活した。八万トンを超える巨船二隻による最初のウィークリー・サービスがようやく実現できたから、大西洋の両岸で人気を博した。これに「アクィターニア」などを合わせると、一時的であったが、一九五〇年代には一二隻のキュナード客船が北大西洋横断客の三分の一を運ぶほどになっていた。

一九六〇年代にジェット旅客機が出現すると、クィーン姉妹は損失を出しはじめる。しかしキュナード幹部は「狭い空間に数時間も閉じ込められての渡航よりも、客船での航海はまだまだ魅力がある」と、事態を楽観していた。ところが会社側の思惑とは裏腹に、クィーン姉妹の出血は止まらなかった。

ロングビーチに永久係留された「クィーン・メリー」。浮かぶホテルと博物館となっている

結局「クィーン・メリー」は一九六七年に引退してロングビーチ市へ売却され、浮かぶホテルと博物館になる。妹船の「クィーン・エリザベス」は一九六八年に引退後、紆余曲折のすえ一九七〇年に香港船主（C・Y・トン）に売却される。そして洋上大学船への改装中に発生した火災により全損になってしまう。平時の運航期間が二四年（姉）に二三年（妹）と、ほぼ同じ年数であったが、悲劇的な終焉を迎えた「クィーン・エリザベス」とは対照的に、有終の美を飾ったのは「クィーン・メリー」であった。

第19章　戦争と客船——第二次世界大戦

海上戦の様相

客船といえば、とかく豪華客船とか客船上でのセレブリティ客の華やかな所作がフットライトを浴びるものである。ところが、海事史を眺めると、客船には光と影の部分がある。本章では「影」の部分を述べたい。

各国が自国経済のために海外に植民地を確保し、経略する過程でさまざまな葛藤、紛争が起こり、最後にはそれが戦争に行きついて収まる、というのが近代史に見られる様相である。その過程で植民地との交流や戦争遂行のために必要なロジスティクスでは商船の役割が欠かせない。だから数多の人員や軍隊の輸送では客船が主役となる。

クリミア戦争（一八五三～一八五六年）、インドで起こったセポイの反乱（一八五七年）、ボーア戦争（一八九九～一九〇二年）などでは、P&O、ユニオン・カースルなどのイギリス船社が数多くの商船を軍事輸送に供出していた。

日本が関与した台湾出兵（一八七四年）、日清戦争（一八九四～一八九五年）、義和団事件（一九〇〇年）さらに日露戦争（一九〇四～一九〇五年）などでは、日本郵船、大阪商船などから相当数の商船が軍隊輸送に提供されている。そして第一次と第二次の世界大戦は無数ともいえる商船がロジスティクスで役割を果たし、特に後者のときは日本商船隊は船腹のほとんどを喪失し、夥しい乗員が犠牲になっていた。

第二次世界大戦では、ドイツ海軍はさらに大量のUボートを建造した。それらを北米東岸、メキシコ湾や南米北岸の沖に展開して、連合軍の輸送船団攻撃で実績をあげている。イギリス輸送船（客船）の喪失数九二隻のうち、半分の四九隻がUボート、二一隻が空爆の犠牲となっている。相手のドイツ客船でみれば、喪失数三四隻のうち空爆によるものが一五隻であるのに比し、潜水艦による犠牲は六隻に留まっている。ドイツ客船のほとんどは港湾に停泊したままであったので、連合軍の空爆で被害を受けるだけとなった。

太平洋の戦場では第一次世界大戦中のドイツ海軍がとった手法にならい、アメリカ海軍は多数の潜水艦作戦を実施するとともに、空母機動部隊の艦載機による攻撃を実施した。この結果、日本輸送船（客船）の被害九四隻のうち六六隻がアメリカ潜水艦に撃沈され、一五隻が空爆で海没している。

イギリス客船のほとんどは大西洋水域でUボートの餌食となり、日本客船は太平洋水域で犠牲になっている。イギリス客船は一九四二年まで八四％が犠牲になっているが、その後はエニグマ暗号（Uボート専用の暗号）の解読と、船団の輪型陣航行による防御態勢による対Uボート作戦が奏功して、一九四三年以降は被害が激減している。

これとは対照的に、日本客船については①戦場水域が大西洋よりも遙かに広大な太平洋であったこと②多数のアメリカ潜水艦が広範囲に展開していたこと③アメリカ機動部隊の展開により艦載機の脅威が加わったこと③日本側の船団護衛体制が貧弱だったこと④日本船団航行に関する暗号が解読されていたことで、輸送船の被害が甚大になった。

独、伊、仏客船がたどった運命

陸戦場が欧州大陸であったから枢軸国の商船はロジスティクス任務につく必要が少なかった。だから本国の港に係留されたまま連合軍による攻撃の対象となって犠牲になったものが多い。この章ではいくつかの果敢なエピソードと悲劇を紹介する。

第二次世界大戦は一九三九年九月一日、ドイツのポーランド侵攻で勃発したが、ドイツ客船「ブレーメン」はその四日まえの八月二八日にニューヨークに在泊していた。情勢不穏を察した「ブレーメン」船長は一刻もはやく出航させようとする。しかしアメリカ当局は、弾薬積載をサーチするとの口実で、さらに二日間停船させたあと、これ以上とどめる理由がなくなり、三〇日に出港許可をくだす。

燃料を満タンにした「ブレーメン」は空船のまま三〇日深夜に解纜する。翌日に開戦の報に接すると、乗組員はただちに全船を灰色ペンキで塗装する。夜間には灯火管制のままフルスピードで疾走する。そしてイギリス艦隊の哨戒線を避けてグリーンランドとアイスランド間のデンマーク海峡を抜け、バレンツ海にあるソ連の港ムルマンスクに着いたのは九月六日であった。

北極圏の港で停泊すること三ヵ月、イギリス空軍機による攻撃が困難な冬季の悪天候と霧を利用して一二月一〇日にムルマンスクをひそかに出航、全速力で中立国ノルウェー沖を南下、一三日にブレマハーフェンに無事帰着した。この脱出行はイギリス海軍の監視網をくぐる一世一代のスリルに満ちたもので、ソ連国旗を掲げて航行したこともあったといわれている。

母港に着いたのちの「ブレーメン」は「オイローパ」とともにハンブルクに送られて迷彩塗装が施され、一万〜一万五〇〇〇名の部隊を収容できるように側面に開口がつくられた。これはヒトラーが命令する「トド作戦Operations Sea Lion」と名付けたイギリス本土上陸作戦に使用するためであった。

しかし、一九四〇年八月から始まったバトル・オブ・ブリテンBattle of Britain（英本土上空での英独機の空中戦）でのドイツ空軍勢力の限界を認めたデーニッツ提督の反対によって、作戦は中止されてしまう。そして一九四一年三月一六日、「ブレーメン」に突然の終焉がおとずれる。ブレマハーフェン係留中に一乗組員の放火がこの客船の生命を奪ってしまう。並んで停泊していた「オイローパ」は進駐してきた連合軍に拿捕されることになる。こうしてドイツは第一次世界大戦に引きつづき、大型客船を失ってしまう。

開戦直前の一九三九年八月のこと、ＮＤＬの「コルンブス」（三万二五六五トン）はカリブ海でクルーズの真っ最中であったが、情勢が逼迫したので船長は急きょ乗客をハバナに下船させ、中立国メキシコのベラクルス港に避難する。

迷彩が施された「ブレーメン」。姉妹船「オイローパ」と英本土上陸作戦での使用が計画されていた

ブレマハーフェンで係留中、火災を起こし傾斜した「ブレーメン」。乗組員の放火が原因であった

しかし開戦三ヵ月後の一二月一四日になり脱出を決断、僚船「ブレーメン」に倣い北米東岸～アイスランド沖を経由してムルマンスクを目指す。しかしハッテラス岬沖に来た一二月一九日、アメリカ巡洋艦と駆逐艦にかこまれ、アメリカ艦からの通信で急航したイギリス巡洋艦「ハイペリオン」が出現する。かねて覚悟していた「コルンブ

米東岸ハッテラス岬沖で英米の艦隊に囲まれ、炎に包まれて自沈する「コルンブス」

トリエステ南方で投錨中に英空軍機の攻撃にさらされるイタリア客船「レックス」

ス」船長は自沈命令をだす。乗組員が脱出するや、全船が炎に包まれて沈没した。生存船員は英艦に救助されたが、二隻の英艦はマストに半旗を掲げて沈みゆく「コルンブス」に弔意を表したといわれる。この頃には騎士道精神が残っていたのである。

　イタリア客船「コンテ・ディ・サヴォイア」と「レックス」も為すところなく終焉を迎えている。両船は一九四〇年春にニューヨーク航路から撤退していたが、前者はベニス近くでアメリカ軍機の攻撃をうけて炎上した。一九四三年九月一一日のことである。後者はトリエステ南方に投錨中の一九四四年九月八日、イギリス空軍のロケット弾攻撃を受けて全焼、覆没している。将兵を海上輸送する必要が少なかった枢軸国であるが、かつて名客船と謳われた客船はなすところなく短い一生を終えてしまったのである。

ハンニバル作戦

　戦争の終末期には驚くほど多くの乗客が犠牲になる悲劇が多発していた。この時期、ソ連軍の侵攻におびえる東プロシア在住のドイツ人は、ドイツ西部方面への脱出を目指していた。ドイツ本土への陸路がソ連軍の支配下にあったため、グディニアやグダンスクなどのバルト海沿岸の港町に殺到、船での脱出を目指す。この当時、北海を封鎖されて活躍の場を失ったドイツ艦船の多くが、バルト海沿岸諸港に温存されていた。すでにドイツの敗戦を予見していた海軍最高司令官カール・デーニッツ提督は、東部戦線での負傷兵の後送を口実として、すべての残存船舶と枯渇しつつある燃料の残量を総動員して二〇〇万人以上のドイツ人を避難させる「ハンニバル作戦」を発動する。この難民救出に使用された三八隻の船舶は一九四五年一月から五月まで、二〇二万余人のドイツ人男女を東プロシアからドイツ西部（リューベック、キールなど）及びデンマークに運んだ。しかし海上の危険（機雷脅威と護衛艦の不足など）によってすべての船が無事に任務を遂行できた訳でなかった。

労働者用クルーズ客船「ヴィルヘルム・グストロフ」。難民救出作戦中、ソ連潜水艦の雷撃で沈没、9343名が犠牲となった

最初のものは一九四五年一月に発生した「ヴィルヘルム・グストロフ」（二万五四八四トン）の悲劇である。一九三八年に労働者用のクルーズ客船として誕生したこの船は、一九四〇年一一月からUボート乗員の宿泊船としてグディニアに係留されていた。この客船には定員の七倍を超える一万五八二名が乗せられて出航、航行中の一九四五年一月三〇日深夜、ソ連潜水艦が発射した魚雷を受けて沈没した。戦後明らかになった犠牲者数は九三四三名と史上最高の数となっている。

ハンブルク〜南米東岸線の「カップ・アルコーナ」（二万七五六〇トン）は一九四〇年一一月からグディニアでドイツ海軍要員の宿泊船となっていたが、輸送命令が出されて三航海輸送を完了していた。一九四五年四月、リューベックから戦時捕虜

ダンケルクからの撤退作戦中、ドイツ軍急降下爆撃機の攻撃で被弾した「ランカストリア」

転覆して沈む「ランカストリア」。海面に多数の乗員が浮いている。英客船では第二次大戦初の犠牲

五〇〇〇名を含む六〇〇〇〇名を乗せて出航後の五月三日、英空軍機の攻撃の的となり、炎上して覆没、五〇〇〇名余りが犠牲となった。このほかに「シュトイベン」（一万四六九〇トン）もソ連潜水艦に攻撃されて沈没、約三〇〇〇名が水死している。「ハンニバル作戦」では前述の客船のほか、貨物船「ゴヤ」がソ連潜水艦の雷撃で沈没、六八〇〇名の犠牲者を出している。このように、ドイツ降伏直前に実施された大送還計画では二万二〇〇〇名以上の民間人が犠牲となっていた。

　連合軍側の船舶で最多の犠牲者を出したのは、一九四九年六月一七日にサン・ナゼール沖の泊地で撃沈された「ランカストリア」（一万六二四三トン、キュナード・ライン）である。ダンケルクからの第二陣撤退作戦がサン・ナゼール沖で敢行されていた。このとき、味方航空機の援護のないまま停船中の船がドイツ急降下爆撃機にやすやすと攻撃された例である。不運なことに爆弾一発が機関室に貫通して爆発したことが命とりとなった。急きょ救助船が急行したが、余りにも多数の乗船者であったため収容できず、数多の犠牲者を出したものである。その数であるが、英海軍の公式発表では乗船者五五〇〇名中、三七三三名が救助されたと、楽観的な数字であった。ところがその後に明らかになった資料から、乗船者八〇〇〇名のうち半数が死亡したとの推定に落ちついたといわれている。

英仮装巡洋艦の勇敢な行動

第一次世界大戦では連合軍、枢軸軍ともに客船を改装した仮装巡洋艦が活躍している。この手法は第二次世界大戦でも執られていたが、正規軍艦の性能や戦闘能力の進歩によって、戦場ではこれら仮装巡洋艦は多大の被害をこうむり、非力であることが証明された。しかし、そのなかで後世に残る英雄的な働きをしたものがあり、その二例を紹介する。

独巡洋戦艦２隻と遭遇した英仮装巡洋艦「ラワルピンディ」の戦いを描いた絵（Norman Wilkinson画）

「ラワルピンディ」（一万六六一九トン）は一九二五年からロンドン～極東線に就航していたP&O客船であるが、一九三九年に徴用され、仮装巡洋艦となって通商破壊作戦に乗り出していた。本船はアイスランドとファローズ諸島をむすぶ海域の担当となって単独でパトロールしていた。運命の一九三九年一一月二三日、北大西洋に夕靄が降りるころ、霧なかから突然、ドイツ戦艦「シャルンホルスト」の巨大な艦影があらわれる。「ラワルピンディ」は直ちにスパカ・フロー基地のイギリス艦隊に敵艦発見を打電、かなたに横たわる霧峰に向かって退避行動をとる。

英仮装巡洋艦「ジャーヴィス・ベイ」。船団護衛中遭遇した独艦「アドミラル・シェーア」に立ち向かった（Montague Dawson画）

ところが、その前方からもう一隻の戦艦「グナイゼナウ」がぬうーっと現われる。両戦艦に挟まれて絶体絶命となった「ラワルピンディ」艦長ケネディ大佐は、戦闘旗（イギリス海軍旗ブルーエンサイン）を両マストに掲げさせ、一五サンチ砲で応射する。激闘四〇分、ケネディ大佐など二六五名の乗組員とともに、「ラワルピンディ」は海中に没した。「ラワルピンディ」の犠牲的戦闘ののち、これらのドイツ戦艦は本国基地に踵をかえして、再び大西洋に戻らなかった。

この戦闘は大戦勃発間もない頃のイギリス国民に大きなショックと感銘を与える。チェンバレン首相はこのP&O客船の働きをたたえ、「乗組員は勝ち目のないことを知りつつ、降伏よりも弾が尽きるまで戦って死ぬことを選んだ。これにより彼らはイギリス海軍の偉大な伝統を引き継いだ」と議会で演説している。

もうひとつの例もイギリス客船で発生している。「ジャーヴィス・ベイ」（一万四一二九トン）は一九二二年に建造され、ロンドン～ブリスベン間で移民輸送に従事していた。開戦まもなく船団護衛専門の仮装巡洋艦として徴用され、一八八〇年製の一五サンチ砲七門で武装されたが、せいぜい一二ノットしか出ない老齢船では心もとなかった。しかし当時のイギリス海軍には護衛艦艇が不足していたので、これは苦肉の手段であった。

一九四〇年一〇月二八日にHX八四船団がハリファックスを出航する。「ジャーヴィス・ベイ」は三八隻で構成する船団の護衛についていた。航海八日目、北大西洋をパトロール中のドイツ巡洋艦

「アドミラル・シェーア」と遭遇する。このドイツ艦は別名ポケット戦艦と呼ばれ、一九三〇年代に建造された一万排水トン、ディーゼル機関で一万九〇〇〇マイルの航続距離を武器にして、通商破壊を目的に建造された三隻のひとつであった。

「アドミラル・シェーア」が船団を発見したのは陽が暮れなずむ一一月五日。「ジャーヴィス・ベイ」のフェイガン船長はただちに各船に散開を命令、マストに海軍旗を掲げ、羊の群れを守って狼に向かうシェパード犬のように敵艦に突進する。しかし二八サンチの近代砲六門、一五サンチ砲八門をそなえた軍艦とでは勝負は最初から明らかであった。激闘二〇分、「ジャーヴィス・ベイ」は晩秋の海に姿を没する。

フェイガン船長は交戦中に華々しい戦死を遂げ、乗組員二五四名のうち救助されたのは六五名しかなかった。この仮装巡洋艦の自己犠牲によって、船団は五隻の犠牲だけで目的地リヴァプールに安着できた。

日本の仮装巡洋艦

日本海軍では「特設巡洋艦」と呼ばれていたが、商船一四隻（うち客船六隻）が仮装巡洋艦になっている。そのうちで、連合艦隊に直属して独立した戦闘単位の第二四戦隊は通商破壊を目的として編成されていた。この戦隊で任務についていたのは、大阪商船が一九四〇年と一九四一年、アフリカ航路用に建造した高速客船「報國丸」と「愛國丸」である。両船は一九四一年八月海軍に徴用（「愛國丸」は竣工直後に徴用）、五五〇〇トン軽巡洋艦と同じ一五サンチ砲八門、八サンチ高角砲二門、駆逐艦から取り外した連装魚雷発射管二基などのほか、九四式水上偵察機一機も搭載する重装備となっていた。

一九四一年一一月三日早暁、灰色の濃淡二色迷彩を施した特設巡洋艦「報國丸」、「愛國丸」にはマ

特設巡洋艦（仮装巡洋艦）となった「報國丸」。もとは大阪商船がアフリカ航路向けに建造した高速客船（Shizuo Fukui撮影）

インド海軍掃海艇と交戦中の「報國丸」（遠方左、炎上中）と「愛國丸」（遠方右）のコンビ（Norman Wilkinson画）

ストに軍艦旗が掲揚される。在泊の連合艦隊旗艦「長門」などの見送りをうけて呉軍港から出撃した。両艦は南太平洋では東は西経二〇度、南は南緯四〇度付近まで作戦行動ののち、インド洋さらには喜望峰まで脚をのばして連合国側の海上交通の破壊に活躍して八隻を撃沈、拿捕する。

　その後両艦は潜水艦五隻を従えてモザンビーク海峡で索敵活動に従事、二週間に一二隻も撃沈する戦果をあげる。昭和一七年三月、シンガポールで潜水艦補給用の魚雷五〇本を搭載して第八潜水戦隊・先遣支隊の潜水母艦の役目も兼務することになるが、この兼務が八ヵ月後に「報國丸」の命取りになる。一一月一日、シンガポールを出撃するが、これが「報國丸」最後の航海となる。

　夜間は近接した単縦陣で航行、昼間は水平線に互いの姿が見える程度に離れて平行に進みながらインド洋で索敵を続ける。一一月一一日夜明け間もなく、オランダのタンカー「オンディーナ」と護衛のインド海軍掃海艇「ベンゴール」を発見、火ぶたが切られる。しかし交戦中に掃海艇からの一弾が「報國丸」の煙突付近に命中、破片が満タンの搭載機にあたって爆発、ついで二弾目が艙内の弾薬と補給用の魚雷に誘爆して艦上は火の海となる。救援に駆けつけた「愛國丸」の面前であっけなく沈没してしまう。場所はココス島南西五〇〇浬の地点であった。

両艦は仮装巡洋艦としては最も強力な武装と性能を有していた。本来の任務一本に絞っておれば、このような呆気ない最期は遂げなかったであろうが、物の少ない日本軍では、洋上補給や兵員、物資輸送のほか、潜水艦に補給する魚雷まで積むという、いじましい対応を余儀なくされていた。

大戦が深化して連合軍側の船団護衛力が強化されるようになると、特設巡洋艦は本来の役目での出番がなくなり、輸送任務に従事するうち次々に撃沈されてしまう。

「ノルマンディ」後日譚

第二次大戦中に終焉を迎えた客船で最大のものは「ノルマンディ」である。スタイリッシュな外観と豪華なインテリアであれほど称えられたこのブルーリボン・ホルダーには四年の歳月しか与えられなかった。これは戦火のためとは言うものの、まことに皮肉な運命であった。

一九三九年八月二三日、「ノルマンディ」は一四一七名の乗客を乗せてルアーヴルを解纜したが、このとき港で見送った人びとのなかには、これが「ノルマンディ」の見納めになると感じた人は一人もいなかった。最後の北大西洋横断となるこの航海中に同じくアメリカに向かう「アクィターニア」と「ブレーメン」を追いこす。そのころ、独仏間には微妙な空気が漂っていたから、このドイツ客船が「ノルマンディ」の行動をUボートへ連絡するのを懸念した「ノルマンディ」船長は速力を三〇ノットに増速するよう指示する。

マンハッタン埠頭で炎上する「ノルマンディ」。アメリカに接収され軍隊輸送船に改造中の事故

引き揚げ後、解体場へ曳航される「ノルマンディ」改め「ラファイエット」の巨体

無線封鎖のままジグザグ航行を続ける。ライトの明るさを抑えたラウンジや喫煙室にはカーテンが引かれた。盛夏なので平穏な北大西洋であったが、乗客は拘置されたような気分で五日間を過ごす。こうして「ノルマンディ」は八月二八日にマンハッタンの八八番埠頭に係留される。

「ブレーメン」もこの日に到着していた。二日間止められたのち「ブレーメン」が空船でマンハッタンを解纜するとき、「ノルマンディ」船尾の三色旗がすこし降下されていた。両船の乗組員はニューヨーク停泊中に幾度もサッカー試合に興じていたから、海の男同志の友情が発露されていたのである。「ノルマンディ」も同じく出港する予定であったが、CGTパリ本社から停泊継続するよう指示がくる。「ノルマンディ」はそれから二年四ヵ月、マンハッタンの埠頭で「冬ごもり」をすることになる。

一九三九年九月にCGTの「イル・ド・フランス」、一二月には「クィーン・メリー」と「モーレタニア」(二世、三万五七三八トン)が戦火を逃れて隣の埠頭に着岸する。さらに一九四〇年三月には「クィーン・エリザベス」が「クィーン・メリー」に並んで着岸して、マンハッタンには巨船群が並ぶ空前絶後の光景が出現する。

一九四一年一二月八日に太平洋戦争が勃発し、ドイツもアメリカに宣戦布告する。アメリカの交戦国となったドイツの膝下で、フランスにペタン親独内閣ができる。その状況のもとで一二月一二日、「ノルマンディ」はアメリカ政府に接収され、星条旗がマストに掲げられる。名前は「ラファイエット」となるが、これはアメリカ独立戦争で活躍したフランス軍人の名をとったものであった。「ラファイエット」には空母への改造が考えられたが、ノックス海軍長官の指示で軍隊輸送船に改装されることになる。このような大工事は造船所でなされるのだが、どの造船所も艦艇の仕事で手一杯であった。それで、八八番埠頭に係留されたままクレーンも足場もない場所で工事が始まる。

船内の家具、絵画および彫像などの芸術品は丁寧に取り外されていた。そして運命の二月九日、不注意に置かれていた救命胴衣入りの箱に作業員のトーチランプの火花が引火する。消火機材もなく消防署との連絡不能などの不運が重なり、炎はたちまち船内に広がってしまう。

駆けつけた消防艇一〇隻は「ノルマンディ」の左舷側にしか放水できない。火災は鎮火したが、放水された海水六〇〇〇トンはプロムナードデッキに溜まり、船は左舷にかたむく。船の傾斜一六度でとまる。海軍の技術者は「一六度の傾斜なら安全」と胸をなでおろす。しかし実相は、船のビルジキールが海底の岩に引っ掛かっていたからであった。ハドソン河に潮が満ちる頃になると、「ラファイエット」は緩やかに転覆する。船内のあらゆる物体が崩れる音は遠くの雷鳴を聞くようだった、と現場の人は語っていた。

この後には引き揚げという難工事がくる。八八番埠頭に転覆したままで上部構造が撤去され、「ラファイエット」はようやく立ち直る。NORMANDIEの船名プレートを残して「ノルマンディ」の亡霊が蘇ったように、全長三一四メートルの巨体はブルックリンへ曳航され、日本降伏の日まで放置される。一九四五年一〇月、「ラファイエット」は海軍籍から抹消され、翌年一〇月に解体が始まっていた。

あらゆる意味で「ノルマンディ」ほどの客船は空前で絶後であることを否定する人はいないであろう。三一年半の長寿を全うした「クィーン・メリー」とは対照的に、わずか四年三ヵ月の寿命しか与えられなかった「ノルマンディ」に対して、今なお愛着を抱く人は世界に多い。「佳人薄命」という言葉が軽く聞こえるほど、「ノルマンディ」には名船の重みがあった。ただ慰められるのは、船から降ろされた数々の彫刻、レリーフなどが今なおアメリカで保存されていることである（注：喫煙室エントランスの女神像「ラ・ノルマンディ」は現在フォート・ローダーデイルのヒルトン・ホテルに飾られている）。

クィーン姉妹の活躍

一九四〇年三月七日のこと、ニューヨークに全身灰色の巨船が入港し、八〇番埠頭に着岸した。のちに「グレイ・ゴーストGrey Ghost」とニックネームされる「クィーン・エリザベス」（ＱＥ）で、もともとは「クィーン・メリー」（ＱＭ）の僚船として北大西洋航路でウィークリー・サービスを行なうために建造された客船である。

一九三六年一二月、ジョン・ブラウン造船所の五五二番船として起工され、一九三八年九月、ジョージ六世のエリザベス皇后に命名されてジョン・ブラウン造船所で進水した。起工から竣工まで三年余もかかっているのは、時局の切迫によって艦艇建造が優先されていたこと、資材確保が不如意だったことが原因である。

一九三九年九月に第二次世界大戦が勃発すると、グラスゴウもドイツ遠距離爆撃機の行動範囲に入るのが必至となる。ＱＥの存在をとくに懸念していたチャーチル海相は一九三九年一一月になり、未完成のままでも早急に避難させるよう指示する。

通常なら必ず試運転を行なうが、緊急措置での出航であったから、造船所の艤装工員を乗せたまま隠密裡に出航、全速力で西に向かう。船体はキュナード塗装でなく青味がかったグレーで、窓という窓は黒く塗りつぶされていた。だから北大西洋横断中には如何なるトラブルでも起こる可能性があった。

未成状態でニューヨークへ急行する「クィーン・エリザベス」。戦火を避け、艤装工員を乗せたまま、隠密裡に大西洋を渡った

この最高機密保持のため、キュナード社は「ＱＥは最終艤装のためサウサンプトンに入渠して、四月二四日に処女航海に出港する」とさえ発表していた。果たしてサウサンプトン到着前後にドイツ機がイギリス海峡に飛来していた。

一九四〇年三月七日、ベラザノ・ナロウズ海峡にＱＥが突如姿をあらわした時、ニューヨーク市民の興奮は極に達したという。どの新聞もこのことを大きくとりあげ、ニューヨーク・タイムズは「海上での新しい冒険」と報道していた。世界一の巨船（八万三六七三トン）となるＱＥは二〇隻をこえるタグやランチに守られるようにしてハドソン河をのぼり、先着のＱＭと並んで八〇番埠頭に係留された。隣の八八番埠頭には「ノルマンディ」が停泊しており、巨船群が揃う光景はニューヨーク市民の見物の的となり、これが八ヵ月つづく。

カール・デーニッツ提督の無制限潜水艦作戦のテンポがあがり、連合軍輸送船の被害が急増する一九四〇年一一月になると、ＱＥ

「クィーン・エリザベス」の到着を報じるニューヨークの新聞記事

はニューヨークからシンガポールに急航、同地のキング・ジョージ五世ドックで輸送船になる。こうしてＱＥの生涯は軍用船として幕が切られた。シンガポールでの工事に先だち、イギリス本国では同船が政府補助を受けて建造されたことから、空母への改造案が俎上にあがるが、キュナード・ラインの強い反対で取りやめとなり、軍隊輸送船に仕あげられる。こうしてＱＥは広大なスペースを武器にして、僚船ＱＭとともに五年半ものあいだ大洋を駆けめぐることになる。

　話をここでＱＥの誕生に戻そう。ＱＭ、ＱＥともに「アクィターニア」を下敷きにしてデザインされたといわれる。海事史ではＱＥよりも姉さん格のＱＭが有名であるが、ＱＥではエンジン性能が向上（ボイラーはＱＭの二四基に対してＱＥは一二基）していたので煙突も二本になっていた。このおかげでボート・デッキと客室のスペースが増加した。スタイル面では「ノルマンディ」を意識してか、ハウス前面の形状に丸みが加わり、ＱＭにあるウエル・デッキの代わりにフラッシュ・デッキになっていたこと、デッキ上にベンチレーターが露出していなかったこと、船首の傾斜も大きかったので、全体の姿はＱＭよりもすっきりした船容に仕上がっていた。

　あるイギリスの海事研究家は、「彼女は疑いもなく最も美しい船」と讃嘆していた。この舞台裏には、キュナードの技術者が雑貨商に扮して「ノルマンディ」の乗客になって航海し、すみずみまでチェックした事実があった。この技師の報告がＱＥ計画に活かされていたのである。

一九三八年九月二六日、ＱＥはようやく誕生の日を迎える。ジョージ六世のエリザベス皇后がエリザベス王女とマーガレット王女を伴って式台にあがる。このとき皇后が行なった長い進水前スピーチで、英国民は初めてその肉声を聞くことができた。皇后が命名しようとした瞬間、あたかも「待ちきれない」というように船体が滑りだす。誰もが一瞬あっけにとられる間もなく、エリザベス皇后は素早く命名、ワインボトルは辛うじて船体に当たって砕けた。全長三一四メートルの船体がクライド河に貶かぶと、岸を埋めた二五万人のグラスゴウ市民から歓声のどよめきが挙がった。

ジョン・ブラウン造船所で進水する「クィーン・エリザベス」。クライド河岸には25万人のグラスゴウ市民がつめかけた

「クィーン・エリザベス」の進水式。エリザベス皇后が命名した

話を戦時に移す。一九四〇年九月、イタリアがエジプトに侵入すると、豪州、ニュージーランド兵の戦場派遣が必要となる。シンガポールでの入渠と改装を終えたＱＥは、ＱＭとともに豪州、ニュージーランド、インド、南アフリカなどの英連邦諸国や植民地から、アフリカ戦線や本国に将兵を繰り返し輸送する。気温の低い北大西洋の航海に適して造られており、まだエアコンもない時代だったから船上の兵士五五〇〇名は厳しい航海を余儀なくされて

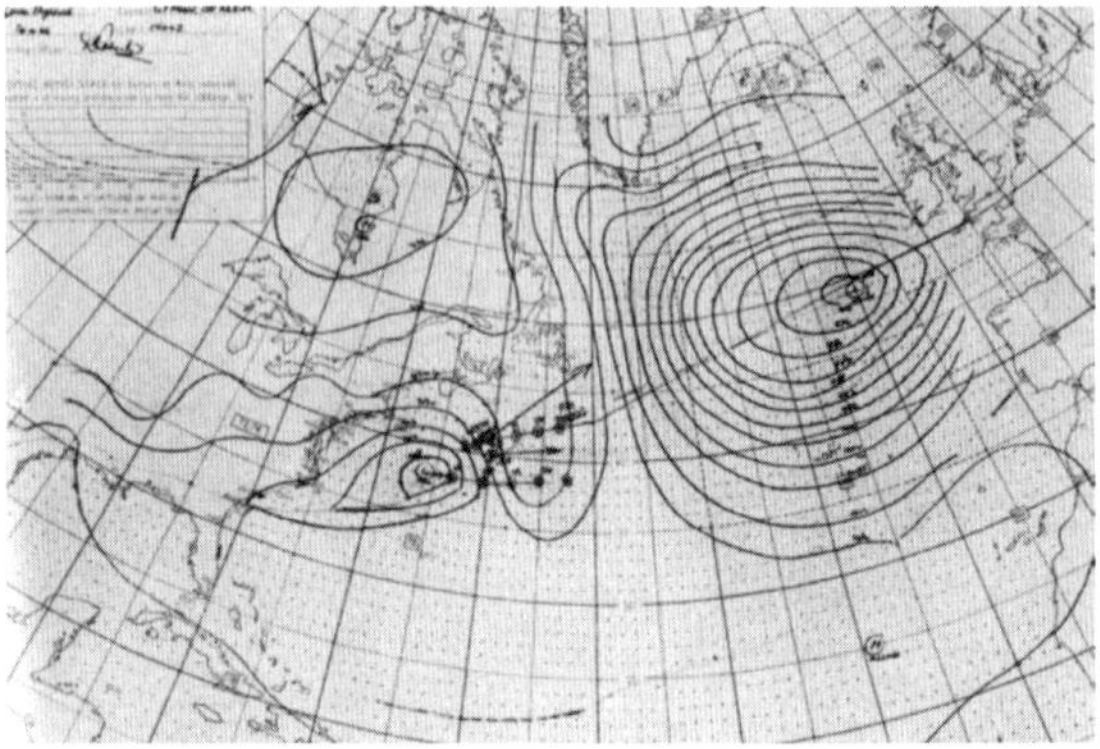

低気圧が猛威をふるう北大西洋の冬季気象図。輸送船団の厳しい航海が偲ばれる

いた。

一九四一年一二月にアメリカが参戦すると、アメリカ兵士（ＧＩ）が欧州戦線に投入されるテンポが上がる。ＱＭとＱＥはニューヨークからイギリス本国（スコットランド）へ輸送を繰りかえす。これは「ＧＩシャトル」と呼ばれていた。このときの両船には、それぞれ一万から一万五〇〇〇名のＧＩが詰め込まれており、兵士たちは二交代での食事と就寝を余儀なくされていた。

ＱＭとＱＥは船団でも航海しているが、そのときは低速船にスピードを合わせるから危険が増す。両船は他船にない高速航行ができることから、Ｕボートを振り切れるほどの高速を利して単独で疾走することが多かった。ヒトラー総統はＱＭ、ＱＥを撃沈したＵボート艦長には賞金二〇万ドルと鉄十字章を与えると宣言して、両船追跡に躍起になっていたと伝えられている。

一九四五年五月、ソ連軍が東部からドイツに侵入するが、米英側はソ連軍がエルベ河以西に進出する直前に戦争終結を実現して、戦後の東西関係を左右する歴史的役割を果たした。これには「クィーン姉妹」のアメリカ軍部隊の輸送が預かっていたといわれる。ウィンストン・チャーチルは戦後に著わした名著『第二次大戦回想録』で「もしクィーン姉妹の活躍がなければ大戦の終結は一年延びていたであろう」と語っている。ＱＭとＱＥは戦争中に北大西洋を六二往復し、約八七万名もの将兵を輸送していた。
余談ながら、日本降伏が遅れた場合、連合軍は一九四五年一一月に予定していた九州（日向灘沿岸）上陸作戦および一九四六年三月予定の関東平野（九十九里浜と相模湾）の上陸作戦用として、欧州から極東に派遣される一五〇万名の連合軍将兵を輸送する船団の主役に「クィーン姉妹」を充てていたといわれる。

おわりに、戦時中にQMが遭遇した痛ましい衝突事故に触れる。一九四二年九月二七日、QMは一万二三九名の将兵を乗せてニューヨークを出航し、単独でスコットランドへ急航していた。アイルランド沖でQMを迎えた軽巡洋艦「キュラソア」がジグザグで疾走して護衛していたとき、QMが「キ

1万名以上のアメリカ兵士を乗せてイギリスに向かう「クィーン・エリザベス」

北大西洋の激浪をついて疾走する「クィーン・メリー」。高速を利しての単独航海が多かった

ユラソア」の艦体を切り裂いた。Uボートの脅威がある洋上であったので、QMは停止することなく走り去る。「キュラソア」乗組員三三八名が死亡し、救助されたのは僅か一〇一名という悲劇に終わったものである。

軽巡「キュラソア」との衝突事故で船首を大破した「クィーン・メリー」

日本客船の運命

客船サービスの檜舞台である北大西洋と異なり、極東の一島国が近代化する過程で日本からの航路を懸命に開拓して伸張し、所有船腹が世界有数の域に達していたのが太平洋戦争直前の日本海運である。その船隊からは、北大西洋客船よりも小サイズながら、存在感のある客船の数々を輩出していた。それが、為政者の愚劣な政治指導と戦争遂行によって、全て戦火で喪失してしまった。痛惜の念をもって、なぜそのような結果になったかの一部を述べてみたい。

すでに述べたように、第一次と第二次の両欧州大戦中の大西洋では数多のドイツ潜水艦（Uボート）が英本国の西方水域と北米東岸沖やカリブ海などに展開して連合国の輸送船団を攻撃してロジスティクス網を破断していた。当然ながらこの様相は在英、在独の日本大使館の駐在武官も認識していたはずである、だが、理解しがたいことであるが、太平洋戦争を開戦覚悟の諸準備を行なう過程で、日本の指導層（帝国企画院、軍令部など）のあいだにはロジスティクス維持への具体策は軽視されていた。来攻する敵艦隊を日本近辺で撃破する、というのが、日本海軍の戦略であったといわれ、そう運べばロジスティクス問題は必須にならなかったであろう。だが実際は南方資源の獲得、太平洋の島々を拠点にして敵の補給線を切断する、という戦争遂行が、大西洋よりも倍以上ひろい太平洋でなされた。

それならば、ロジスティクスを堅持する方策を敵艦隊撃破あるいはそれ以上の重要性もって真剣に取り組まねばならなったはずである。「敵の輸送船などを攻撃するのは刀の錆だ」（某潜水艦長）とか、「ガダルカナル？　何処にあるのか？」と聞いた大本営の上層部の例が物語るように、「本当に海を知らぬ山猿がノコノコと海に出て行った」のが太平洋戦争での日本の対応の一端である、と後知恵の謗りを憚らず断言できる。

片やアメリカは、第一次世界大戦での戦訓をふまえて大量の潜水艦の建造に踏みきり、ロジスティクス破壊作戦を展開する。他方、日本海軍では潜水艦の用途を敵艦攻撃にしぼり、大型航洋型を重点的に揃えていた（もっともこの作戦もアメリカ側の対潜作戦のまえに手も足も出ぬほど制圧されて、実効があがらなかった）。

太平洋での戦いを日本側のロジスティクス面からみるとき、①日本内地→南西太平洋戦場への部隊、兵器輸送②南方（東南アジア）→日本内地への資源輸送に大別される。①の用途には陸、海軍徴用船舶が充てられ、②では船舶運営会の民間使用船となっていた。これら各種輸送船の運用には統一的な組織がなく、陸、海軍と民間がばらばらに運用したばかりでなく、陸、海軍が民需用船舶の奪いあいをしていたのが実態と伝えられている。

このような輸送船の行動線を、①日本内地→（兵員、資材）→南太平洋戦場→（空船）→東南アジア→（天然資源）→日本内地という三角運航にすれば、必要船腹が最小限で収まる理屈である。海運界では常識となっているこの手法が採り入れられることはなかった。ニミッツ太平洋艦隊司令長官も自著『太平洋海戦史』でそれを指摘している。

B-24爆撃機の投下した至近弾で沈没寸前の陸軍病院船「ぶえのすあいれす丸」

空母「冲鷹」に改造された日本郵船の豪華客船「新田丸」

空母「海鷹」となった大阪商船の南米航路用客船「あるぜんちな丸」

このような無統制状態のなか、日本客船は軍隊や民間人（南方資源開発要員）を乗せて戦火を潜るうちに撃沈されていた。一九四二年八月からガダルカナル島での戦闘が激しくなるにつれ、米潜水艦による日本輸送船の被害が月を追って増加する。客船の被害もこれに応じて着実に増えている。これら客船の終焉はどれも悲惨なものであるが、すべて採りあげる余裕がない。それに代えて特記されるもののみを紹介したい。

◎「ぶゑのすあいれす丸」（九六二五トン）

大阪商船の南米航路就航船。陸軍病院船としてラバウル、ココポから還送される傷病兵など一一二九名を乗せて帰航中の一九四三年一一月二七日、飛来したB－24爆撃機が投下した至近弾で浸水、沈没。

◎「阿波丸」（一万一二四九トン）

日本郵船の豪州航路用に計画建造された。完成後直ちに陸軍輸送船として徴用。安全航行の保証をうけてシンガポールから帰航中の一九四五年四月一日、台湾海峡で米潜水艦の攻撃をうけて沈没。

◎特設空母に改造された客船

「新田丸」＝「沖鷹」と改名、一九四三年一二月三日沈没。

「出雲丸」＝未成のまま空母「飛鷹」となり、一九四四年六月二〇日沈没。

「春日丸」＝未成のまま「大鷹」となり、一九四四年八月一八日沈没。

「八幡丸」＝「雲鷹」と改名、一九四四年九月一七日沈没

「あるぜんちな丸」＝「海鷹」と改名、一九四五年七月二五日触雷。

「橿原丸」＝未成のまま空母「隼鷹」となり、戦後まで存命。

◎生き延びた客船

遠洋航路の客船は全滅といえるほどの被害を蒙ったなかで、「氷川丸」（一万一六二二トン）と「高砂丸」（九三一五トン）だけが生き延びている。両客船は病院船に改装されて任務についていたから米潜水艦の攻撃から免れたものである。

海軍病院船「高砂丸」。戦前、大阪商船が台湾航路で運航していた。戦後は、外地残留邦人の引き揚げ輸送に従事した

戦いが終わって

第二次大戦中の沈没客船が出した犠牲者数で発表数字が二

〇〇〇名以上の独、英客船は次のとおりである（カッコ内は沈没年月日）。

「ヴィルヘルム・グストロフ」（独）九三四三名（一九四五・一・三〇）
「ゴヤ」（独）　六八〇〇名（一九四五・四・一六）
「カップ・アルコーナ」（独）五〇〇〇名（一九四五・五・三）
「ランカストリア」（英）　三〇五〇名（一九四〇・六・一七）
「ストイベン」（独）　三〇〇〇名（一九四五・二・九）

客船以外の日本輸送船が潜水艦の雷撃により沈没して生じた犠牲者（部隊、民間人、捕虜など）の例の一部だが、次のように前出のドイツ客船に劣らぬほど多数の犠牲が記録されている。

「丹後丸」（六四〇〇トン）　五七三四名（一九四四・二・二五）
「隆西丸」（四八〇五トン）　四九九九名（一九四四・一・一）
「玉津丸」（九五九〇トン）　四五四一名（一九四四・八・一九）

平時最大の海難といわれる「タイタニック」事件の犠牲者数も足もとに及ばない多数の犠牲者を出している。

第二次世界大戦では当然ながら敗戦国ドイツと日本の商船隊が壊滅しているが、ドイツ商船隊は一九三九年時点で二四六六隻（四五〇万トン）あったものが、一五六七隻（約四二〇万トン）を喪失（捕獲を含む）し、敗戦直後には八八九隻（約三〇万トン）になっており、喪失率は九四％という高さになっている。

日本商船隊の同類データでは、開戦直前の船腹量は二二二一隻（約六一九万トン＝五〇〇トン以上）で、戦時建造量その他を加えたあとの喪失数は約二五〇〇隻（約八三〇万トン）で八四％の喪失率となっている。

戦争という、国の一大事が起これば商船が協力するのはやむを得ないこととはいえ、営々として築きあげた敗戦国の船隊がかくも無残に葬られる現象は、後世から見ても言葉を失わせるほどの事実である。

第20章　ふたたび平和の海へ

クィーン姉妹の復活

夥しい数の商船を呑みこんだ海に平和がもどると、生きのびた商船は戦時色の衣装を脱ぎすてて平時のドレスを身にまとう。そして喪われた船にかわり、新しい商船が生まれる。

宗主国と植民地間を往来するものと、アメリカなどの新大陸への移住者輸送であった戦前の客船サービスは、第二次大戦後になっても変わらず続けられた。大戦前の植民地は独立を果たしており、政治的には別個になったものの、永年つづいてきた社会的、経済的な相互依存関係は残っていた。だから旧宗主国は客船サービスを復活させることができた。

戦後のアメリカ大陸への移住は、欧州大陸内の国内で醸成された社会不安により、人びとは国を捨てて新天地へ移住をしていた。また、より小規模ながら、経済的不安から南米へ新天地を求める日本人が、政府の補助政策によって移住していた。この移住は昭和三〇年代の前半まで相応の数を記録していた。これら「各種の需要」をあてにして各国は新造船を投入した。

そのなかで、北大西洋横断サービスが最大のシェアを占めていたことは、新規に投入された新造船の内容を見ても頷けるものであった。なかでもイギリスとフランスが最も精力的に船腹をそろえていたのに反し、ドイツには戦前のようなダイナミックな進出が見られなかったのは、敗戦国ゆえの事情に他ならなかった。

しかし、それらの定期客船は一九六〇年代に出現した商業航空機から徐々に旅客を奪われ、一度はクルーズに転出するものの、大衆的な設備と料金でセールスするフロリダ起点のクルーズ専用船に活躍の場をゆずり渡して消えることになる。

キュナード・ラインでは「クィーン・メリー」（ＱＭ）と、一九四〇年に誕生と同時に軍隊輸送船なった「クィーン・エリザベス」（ＱＥ）の二隻による定期航路が一九四七年からサウサンプトン〜ニューヨーク間に復活した。

八万トンを超える巨船二隻による最初のウィークリー・サービスがようやく実現できたから、これが大西洋の両岸で人気を博した。これに「アクィタ－ニア」などを合わせると、一時的であったが、一九五〇年代には一二隻のキュナード客船が北大西洋横断客の三分の一を運ぶほどになっていた。

一九六〇年代にジェット旅客機が出現するとクィーン姉妹は損失を出しはじめる。しかしキュナード幹部は「狭い空間に数時間も閉じ込められての渡航よりも、客船での航海はまだまだ魅力がある」と、事態を楽観していた。その楽観を裏付けするかのように、一九六五〜六六年の入渠時にＱＥの大改装を行う。船尾デッキにプールのあるリド・エリアを増設、全船にエアコン機能を施したばかりでなく、キャビンの改良などがなされていた。

キュナードの発表では、この改装によって、ＱＥは一九七五年まで使用される、とあった。ＱＭの引退は避けられぬものの、ＱＥは、すでに建造がはじまっていた新船（ＱＥ２）が一九六八年ころに就航したのち、暫くは新船とのペアで横断航海をつづけさせるという意図が込められていた。

ところが会社側の思惑とは裏腹に、ＱＥはクルーズに転用されても出血は止まらなかった。結局Ｑ

Ｅも、姉さん船の後を追うことになる。

ＱＭは一九六七年に引退してロングビーチ市へ売却され、浮かぶホテルと博物館となる。ＱＥは一九六八年に引退して、アメリカのポート・エヴァーグレーヅで係船される。紆余曲折のすえ一九七〇年に香港船主（Ｃ・Ｙ・トン）に売却される。そして洋上大学船への改装中に発生した火災により全損になってしまう。平時の運航期間が二四年（ＱＭ）と二三年（ＱＥ）と、ほぼ同じ年数であったが、有終の美を飾ったＱＭとは対照的に、ＱＥでは悲劇的な終焉であった。

クルーズ客船「カロニア」

第二次大戦直後の一九四八年に竣工したキュナードの「カロニア」は、独特の役割を果たした客船である。戦前に定期客船がシーズンオフにクルーズに使用された例は多いが、「カロニア」はフルタイムのクルーズ客船として出現した意味で海事史に記憶される船である。

「カロニア」にはこれまでの客船には前例のない特徴をそなえていた。以前には見られなかった太い単煙突、大型船では珍しい一本マストの外観であった。そのうえ、グリーン色の船体は四段階の濃度に分けて塗装されており、上にゆくほど淡緑色になりハウス部分は白と見まがうほど淡いグリーンになるという、凝った塗装であった。保守的なキュナード・ラインにしては大胆と思われる手法は、戦後のアメリカ・マーケットへの参入に対する意気込みを象徴していた。

「カロニア」の船内設備は従来に例をみないハイグレードであった。ツーリスト・クラスを廃した一等とキャビン・クラスのみの船室すべてにはバス、トイレ設備があるという贅沢なものであった。一般に白人はシャワーで済ませるのが普通であるが、全室にバスを取りつけたのは極めて珍しい試みであった。

第一次大戦後と同じく第二次大戦直後にはアメリカだけが繁栄を誇っており、強いドルのお蔭で世界を回る富裕層があった。だから「カロニア」はニューヨークを出航地にしていた。ニューヨークから出る地中海や北欧へのクルーズはサウサンプトンが終点となっていた。そこで下船したアメリカ人客は、キュナード客船であればどれでも一等でニューヨークへ帰航できる料金が含まれていた。

それでも客の多くは一ヵ月後に戻ってくる「カロニア」を待って帰国したという。それほどまでに「カロニア」はアメリカ人の愛着を得ていた。「百万長者のヨット」とか「ミンクとダイヤのクルーズ客船」のニックネームが付けられていたというが、筆者も横浜に寄港したこの客船からミンクコートで身を包んだ老婦人がギャングウェーを降りてくる情景に目を見張ったものである。

その彩色ゆえに「緑の女神：Green Goddess」とも呼ばれて親しまれていた「カロニア」には、クルーズ時の乗客定員六〇〇名と同数の乗組員を配乗していた。

一九五〇年代になり平均乗船数が四〇〇名に落ち込むと運航損失が出るようになる。それでも「クルーズの女王」の面目を保つため改装を施すものの、新しい定期客船がクルーズ市場に投入されるようになると維持しきれず、一九六七年に引退に追い込まれる。

その後は売却されてニューヨークに係船されていたが、解体地へ向かう途中の一九七四年八月、グアム島沖で座礁して全損となる。あたかも解体ヤードでの憂き目に会うのを嫌がるように。こうして史上最初のクルーズ客船は一九年の生涯を閉じた。

「フランス」の誕生と終焉

戦前に豪華船「ノルマンディ」を北大西洋にデビューさせて話題をつくったフレンチ・ライン（CGT）は、喪った「ノルマンディ」のかわりにドイツ客船「オイローパ」を賠償として取得した。も

ドゴール大統領の命令で誕生した「フランス」。フランス政府が船価の16%を補助して建造、1961年9月に竣工した豪華船

とブルーリボン・ホルダー客船は大改装されて「リベルテ」と改名され、戦争を生き延びた「イル・ド・フランス」とともに一九五〇年から北大西洋に復帰した。

それから一一年後にCGTは老齢の「イル・ド・フランス」にかわる新造船「フランス」（六万六三四八トン）を就航させる。一九五四年から六二年にかけて仏領アルジェリアの独立戦争がおこり、軍隊を投入して多くの犠牲者を出したのちアルジェリアがフランス領土から離れる結果となった。フランス国民の胸中にあったこの敗北感を鼓舞するため、ドゴール大統領の命令で計画されたのがこの「フランス」である。

「フランス工芸のショールーム」にふさわしい客船であるだけでなく、あわよくばブルーリボン・ホルダーとなりうる高速船を建造して、フランス国民の誇りを取りもどす、という期待のもとに計画された豪華船である。このためにフランス政府は船価の一六%を補助までして、建造が進められた。一九六〇年五月、ドゴール大統領出席のもと、大統領夫人の命名で進水、一九六一年九月に竣工する。

「フランス」は、デザイナーが明らかに「ノルマンディ」を意識したと思われるスタイルに仕上がっていたが、二本煙突は排煙を考慮した独特のデザインになっていた。インテリアも「ノルマンディ」と同じく、フランス工芸の粋を集めていた。なかでも特に注目を集めたのは一等食堂である。四〇〇名の座席があり、支柱のないフルサイズのスペースだから閉塞感がなく、天井中央には直径一六メートルものドーム型ライトが装着されていた。この場所に通ずる階段は緩やかなスロープで、ゆっくりと降りてくる盛装のレディたちをテーブルから観賞できるようになっていた。一流のコックが腕をふるって作る料理とあいまって、料理評論家をして「世界一のレストラン」と評価させたほどであった。

一九六〇年代までは戦前の「古き良き時代の大西洋航路」の名残が脈々と活きていたから当然のことであったが、「フランス」のクラス分けもその伝統をふまえて造られていた。

どの点をとっても「フランス」は往時の北大西洋横断の魅力を再現するに充分な存在感があった。しかし、大西洋横断のフライトが徐々に出現する時代であったから、その魅力は時代外れになろうとしていたのである。

「フランス」の煙突。２本の煙突は排煙を考慮して、個性的なデザインになっていた

「フランス」の１等ダイニングルーム。「世界一のレストラン」と評された

ノルウェーに売却されてクルーズ客船「ノルウェー」となった「フランス」。カリブ海クルーズで第２の人生を送った

フランス人の心意気を示すかのように、「フランス」はＱＥをしのぐ三一五・五メートルの長さをもつ「世界最長の客船」に仕上がっていた。

「フランス」の完成で「イル・ド・フランス」は日本へ解体売却され、「フランス」は「リベルテ」と組んでルアーブル～ニューヨーク間に就航する。北大西洋のハイシーズンは夏季であるが、この時季の「フランス」はつねにフルブックであり、ほかのシーズンでも七〇％の乗船率であったと伝えられている。しかし、乗船率は好成績であった反面、政府の補助によって辛うじて運航採算がとれていたといわれる。

政府補助に支えられた「フランス」の行く末は暗澹たるものであったが、その生涯に最後の輝きを見せたのは一九七二年と七三年に行なった世界一周クルーズである。

このとき、日本には来航しなかったが、さまざまな話題に包まれた。まず燃料補給の問題——北大西洋を往復できるだけの燃料タンクのスペースしかなかったから、長い航海では頻繁に補給が必要となる。たとえばリオデジャネイロではタンカーをわざわざ本国から回航するという手間をかけていた。

長期航海に慣れない乗組員の不満をやわらげるため、寄港地とパリの間に幾度もフライトを手配して帰休させていた。乗客が望むワインが船上にないと分かると、わざわざパリから空輸して取り寄せたという気風の良さも話題を呼んだ。

ジェット旅客機の出現と、燃料油価格の高騰によって採算悪化が進む。一九七四年、遂に政府補助が打ち切られるとルアーヴルでの係船に入る。

この頃、多くの客船はクルーズ市場へ新天地を求めつつあったが、喫水が深く、オープン・スペースも少ない（ツーリスト・クラスのプールは上部デッキにあったが、ドームは開閉式でなかったのも一例）構造の「フランス」を活かしうる機会は少なかった。

ところが、係船中の「フランス」に目をつけたノルウェー船主（NCL）が一八〇〇万ドルで購入、八〇〇〇万ドルかけて大改装し、一九八〇年からマイアミ起点のカリブ海クルーズにデビューさせた。

高速航行の必要はないので、四軸プロペラを二軸にして一六ノットで遊弋した。こうして「フランス」改め「ノルウェー」は二〇〇五年まで第二の人生を送ったのち、二〇〇六年に解体された。

クィーン姉妹とは別のコースであったが、それなりに恵まれた一生であった。なお本船の船首の先端はパリの海洋博物館に保存されている。

アメリカの誇りユナイテッド・ステーツ

商業目的に造られたクィーン姉妹と異なり、実質的には軍用船として計画されたうえに客船の衣をまとった、といえる船がある。北大西洋横断記録を保持する大型客船「ユナイテッド・ステーツ」（五万三三二九トン）である。

幼少から船が好きだったネイヴァル・アーキテクト（ウィリアム・F・ギブズ）の情熱と推進力を芯にして、アメリカ政府（連邦海事局と海軍）とユナイテッド・ステーツ・ラインズ（USL）が完成させた「産軍協同船」といえる客船である。

北大西洋航路の客船はすべてアメリカ市場のおかげで成りたってきたから、アメリカが近代国家の形態をそなえると、国民は「星条旗を掲げたブルーリボン・ホルダー」の出現を待望するようになる。

「ユナイテッド・ステーツ」の
設計者ウィリアム・F・ギブズ

いっぽう政府では、第二次大戦中の軍隊輸送でクィーン姉妹が示した活躍ぶりに刺激されていた。

事実、大戦中の一九四四年、ルーズベルト大統領は速力二九ノットの客船二隻をふくむ客船一一隻の建造を検討するよう指示していた。この大計画は実現しなかったものの、一九四六年三月からスーパーライナーの検討をギブズ技師が率いるギブズ＆コックス社に依頼していた。

ギブズ技師が若い頃から心に描いていた希望の実現に向かって事態が進展する。決まった新船の要目は全長三〇〇メートル、乗客定員一六五〇〜二〇〇〇名（兵員輸送時は一万四〇〇〇名）であった。そして三三ノットで航行できるために、最高速力を三五ノットと規定された。

その配船スケジュールはニューヨークとサウサンプトン（ルアーヴル、プリマス途中寄港）間を二週間サイクルで運航し、既存船「アメリカ」（二万六四五四トン、一九四〇年建造）、「ワシントン」（二万四二八九トン、一九三三年建造）とのトリオでウィークリー・サービスを行なうものだった。

「USLは世界一優秀な客船を開発、建造します。いま当社がとるべき健全かつ進取的な道は、これまでに例のない最高速、最も安全、最大の客船を建造することです。これで向こう二〇年間、北大西洋でのアメリカ海運に強い競争力をつけることになりましょう」――これはフランクリンUSL社長が建造補助を要請した手紙の末尾に見られる表現だが、これはギブズ技師が起草したと思われるほど彼の願望が込められていた。

ギブズ技師が設計した新船には従来の客船にない特徴があった。まず、船体の前後には肋骨がなく、かわりに縦通材と外板が船体強度を保つようになっていた。上部構造はすべてアルミ製であったので、船全体が比較的に軽くなっていた。このような船体に強大な出力（艦艇なみの高温高圧ボイラー）のエンジンが搭載されたので高速が可能となったのである。

安全性であるが、当時の造船界の大勢が二区画浸水・浮揚構造であり、米コースト・ガード規定は三区画方式であったにも拘わらず、四区画浸水しても浮揚可能という、空前の構造になっていた。

船内設備には不燃性が徹底され、燃えるものは厨房のまな板とラウンジのピアノだけという徹底ぶりであった。ギブス技師はピアノも金属で作れぬかと希望したが、さすがに非現実的と撤回したという。

一九四八年四月、国内の三社に入札を募り、ニューポート・ニューズ造船所が六七三五万ドルで受注した。これに海軍注文のスペックが加わり、最終的には七〇〇〇万ドルで契約された。内訳は海軍注文分が二五四〇万ドル、建造補助分が一六六〇万ドルでUSL負担額は船価の四〇％にあたる二八〇〇万ドルであった。為替変動やインフレによって無条件には比較できないが、四四六〇万ドルという船価（海軍注文スペック差引後）が途方もないものであったことは、次の有名客船の船価をみれば察しがつく。

「ノルマンディ」（一九三五年完成）二八〇〇万ドル
「クィーン・メリー」（一九三六年完成）二四〇〇万ドル
「レックス」（一九三二年完成）一五五〇万ドル

こうして新船は厳冬の一九五〇年二月に起工されるが、その四ヵ月後に朝鮮動乱が勃発したことから、軍隊輸送船としての期待が政府内で高まったのである。

新船の要目は発表されたものの、正確なエンジン出力、船体ラインズ、主機関構造や配置など、構造上のデータは竣工後も極秘扱いにされていた。某日、これらデータの一部がある商業誌に掲載された事件があり、その号はただちに全部破棄されたといわれる。

一九五一年六月二三日、造船所の建造ドックに注水がはじまり、「ユナイテッド・ステーツ」と命名されてジェームズ川に泛水する。命名式に集まった満員の観衆は、やや低いハウスのうえに屹立する巨大な二本煙突に目を見張る。全体に丸みをおびた煙突は、幅も厚みも高さも、従来の感覚では考えられぬほど偉大なものだった。これには、ギブズ技師がいだく「煙突は船の象徴」という設計理念があらわれていた。「これでアメリカが海上輸送を制覇したクリッパー時代いらいのアメリカ海運の栄光が戻ってくる」と感涙にむせんだ観衆もあったという。

公式試運転は一九五二年六月一〇日に実施されたが、このときの記録は当時発表されなかった。そ

ニューポート・ニューズ造船所建造ドックで進水する「ユナイテッド・ステーツ」

最高速で試運転中の「ユナイテッド・ステーツ」。42ノットを記録したとも伝えられている

れは一九七七年になり一部が発表されたが、それによると、最高出力二四万一七八五軸馬力で三八・三二ノットが記録されたとある。その後になってからだが、四二ノットを記録したとも伝えられた。「ユナイテッド・ステーツ」の総重量四万七三〇〇トンは「クィーン・メリー」（七万七四〇〇排水トン）の六割なのに、機関出力はQMより五割以上大きい。これを見たある評論家は「ギブズ技師がいだく高速船の原理は、軽い船体に大きな帆を張ったアメリカン・クリッパーと軌を一にするものだ」と紹介している。このように軽い船体に強大なエンジンを搭載したのに、「ノルマンディ」やQMが悩まされた船体振動が本船ではほとんど発生していないのは驚くべきことであった。

栄光の記録

一九五二年七月三日、「ユナイテッド・ステーツ」はニューヨークから処女航海の途につく。アンブローズ灯船～ビショップス・ロック間を三日一〇時間四〇分、平均速力三四・三九ノットで走破した。復航も三四・五一ノットを出してQMの横断記録を大きく更新したのである。これで、コリンズ・ラインの「アークティック」いらい一〇〇年ぶりにアメリカ客船に授与されたブルーリボン・ホルダーの栄誉がアメリカに戻ってきたのである。

「ユナイテッド・ステーツ」は僚船「アメリカ」（二万六四五四トン、一九四〇年建造）とコンビをくみ、ニューヨーク～サウサンプトン～ルアーブル間でウィークリー・サービスを行なう。ただ「ユナイテッド・ステーツ」のほうは大馬力であったので、出力を下げて三〇ノットで航行していた。

栄光の記録を樹立した「ユナイテッド・ステーツ」が一躍スポットライトを浴びている時期に、本船への補助額見なおし論が起こる。「七〇〇〇万ドルもの船をわずか二八〇〇万ドルでUSLが手に入れたのは国民の税金の無駄使いだ」という俗物的非難を始める会計検査院長にトルーマン大統領も加担して、司法長官に調査を指示するまでになる。

この過程でUSL側は「この優秀な軍隊輸送船に対してUSLが二八〇〇万ドル献金したのだ」と応酬するひと幕もあった。建造補助をめぐる論争は止まることを知らなかった。しかし言論界からは「本船がなければ海軍はいずれ本船なみの軍用船を造っていただろう。その際は海軍の予算統制のやり方からして、建造費は七〇〇〇万ドルをはるかに超えるだろうし、軍用に使用する機会は一年の半分しかないだろう」との支持論が出る。

「ユナイテッド・ステーツ」を「通勤機関」のように愛用したウィンザー公夫妻

また、第二次大戦中にクィーン姉妹でアメリカ兵士を輸送してもらうためにイギリス政府に一億ドルも支払っていたことが明るみに出るにおよび、反対論は下火になる。

国内の見苦しい論争をよそに、「ユナイテッド・ステーツ」は最初から高い人気のうちに航海を続ける。戦後復興のリーダー格で日本などの敗戦國の復興にも手を差し伸べていたアメリカの存在は輝くばかりであった。その華やかな文明と文化の所産ということで、欧州各国の元首や各界の有名人たちがしばしば利用した。

名士のなかでもウィンザー公夫妻は通勤機関のようにたびたび「ユナイテッド・ステーツ」で往復していた。夫妻のキャビンはU－87、89、91号室と、三部屋つづきのスィートと決まっており、ルイ・ヴィトンのラゲージ三〇個と愛犬をいつも携行していた。

情報通によれば、（シンプソン）夫人がUSLフランクリン会長の親戚であった関係で、一等料金

（一二〇〇ドル）を三四〇ドルの最低料金に割引きしていたが、実はバッキンガム宮殿がこれを支払っていたという。

就航の年は半年だったが、「ユナイテッド・ステーツ」は二三横断航海で三万六〇四四名の客を運び八一％の消席率を記録した。それから利用客はふえてゆき、一九五五年の平均消席率は九五％にも達していた。一九五五年七～八月二ヵ月間の片道輸送実績をクィーン姉妹と比べると次のようになっていた。

「ユナイテッド・ステーツ」一万五四〇〇名（九航海）
「クィーン・メリー」一万三八六一名（八航海）
「クィーン・エリザベス」一万五八四八名（八航海）

航海あたりの乗客数は定員の大きいクィーン姉妹の方が多いが、「ユナイテッド・ステーツ」は高速を利して姉妹よりも一航海多く運航して、総数ではQMを凌いでいる。「ユナイテッド・ステーツ」は「クィーン姉妹」ほど堅苦しくない雰囲気であったことからアメリカ人には居心地がよく、アメリカ風の食事とサービスが好評を得ていたのである。

これで「ユナイテッド・ステーツ」は順調な運航が続くと期待されたが、思わぬところで蹉跌が生じる。最初のものは一九五六年冬に起こったＩＬＡ（アメリカ東岸一帯の港湾労働者組合）ストである。これで乗客や食料品の積み下ろしが不能となる。五七年二月には曳船ストのため、タグなしの曲芸的な操船での着岸を余儀なくされた。

一九五八年一〇月に最初のジェット旅客機が北大西洋を横断したのを皮切りに、航空機は次第に客船から旅客を奪いはじめた。このような時期の六一年六月にアメリカ商船を襲った船員ストは旅行客の信頼を失わせて、「ユナイテッド・ステーツ」にも大きな打撃となる。

このような苦境を打開するため、一九六二年二月に「フランス」（六万六三四八トン、航海速力三一ノット）が就航すると、このフランス客船との協調配船をはじめた。これは両船のいずれかが決まった日にニューヨークとルアーブルを出航するものだった。しかし一九六五年七月には、本船を五七日間も停める最悪のストが起こり、九〇〇〇人以上の乗客が立ち往生する事態になる。

一九六八年、「ユナイテッド・ステーツ」は一五年の船齢に達していた。この年にはアメリカ政府がドル防衛のため外為規制を強化したので渡航客がさらに減少、「ユナイテッド・ステーツ」には政府から年一二〇〇万ドルの運航差額補助を受けても年間八〇〇万ドルもの赤字を生じていた。この年がフルに活動する最後の年になろうとは、ＵＳＬの一部の人間しか予想していなかった。

ベトナム戦争はアメリカ介入後三年目であったが、この時期の国防省では大部隊の遠距離移動に海上交通手段を使う考えを改め、新しく出現した大型輸送機による「緊急展開計画」の採用を決定していた。もはや、「ユナイテッド・ステーツ」を高速軍隊輸送船にする名分は崩れていたのである。「ユナイテッド・ステーツ」が最後の航海（第四〇〇次航海）を東航四日八時間六分（平均速力三〇・七九ノット）、西航四日一〇時間五一分（平均速力二九・六四ノット）で終えてニューヨークに帰着したのは一九六九年一一月七日であった。

かくして、アメリカ海運のシンボルであった「ユナイテッド・ステーツ」は生まれ故郷ニューポート・ニューズ対岸のノーフォークに係船された。本稿の時点ではフィラデルフィアで係船されているが、競売や盗難によって船内設備は取り外され、外観のみをとどめているのが実情らしい。

一七年の現役期間に、このスーパーライナーは二七七万二八四〇浬を走破し、定期客一〇〇万二九三六名、クルーズ客二万二七五五名を乗せていた。

設計者ウィリアム・Ｆ・ギブズはこのスーパーライナーを船名でなく「ザ・ビッグ・シップ」と呼

んでいたという。図面から起こした船が三次元のものとなり、強靭な肢体を猟犬のように大海原に疾走させるという夢を「ユナイテッド・ステーツ」で実現していた。

入出港時に「ユナイテッド・ステーツ」が見せる美しい姿態にギブズは恋しつづけていたと思われる。船が完成してから自分の寿命がつきるまで一五年のあいだ、ニューヨーク帰航日と出航日には必ず訪船し、航海中は毎日のように船長と機関長に電話を入れて船の調子を尋ねていたという。

大西洋の名花たち

戦後には戦前ほどの移住者の流れは大西洋には起こらなかったものの、移住先と母国のあいだで渡航者の往来が復活していた。これは既往移住者からの呼び寄せ移住や、移住先から母国への里還りなどが実態をなしていた。だから北欧、オランダ、イタリーの船会社が新造船を大西洋に登場させた。

興味あることだが、戦前と異なり、どの新船もスタイリッシュな客船だったことである。各国のデザイナーが新しいトレンドを採りいれてアイディアを絞ったものだが、ニューヨークに向けて就航した客船には次のようなものがあった。

◎一九五二年「アンドレア・ドリア」（二万九〇八三トン、イタリー）型二隻
◎一九五六年「ベルゲンスフィヨルド」（一万八七三九トン、ノルウェー）
◎一九五七年「グリップスホルム」（二万三一九一トン、スウェーデン）
◎一九五九年「ロッテルダム」（三万八六四五トン、オランダ）
◎一九六〇年「レオナルド・ダ・ヴィンチ」（三万三三四〇トン、イタリア）
◎一九六五年「ミケランジェロ」（四万五九一一トン、イタリア）型二隻
◎一九六六年「クングスホルム」（二万六七八トン、スウェーデン）

ノルウェー客船「ベルゲンスフィヨルド」

スウェーデン客船「グリップスホルム」

オランダ客船「ロッテルダム」

これらのなかでは、多数の移住実績に支えられてイタリア客船が積極的に船隊整備を行なっていた。さすが芸術の国だけあり、外観とインテリアともに秀逸を誇っていたが、国民性なのかあるいはマネジメントの問題なのか理解できないが、乗組員の要求がこじれて船がストで停船する例がよく見られていた。

「アンドレア・ドリア」は戦後はじめて北大西洋に就航した本格的イタリア客船であるが、不慮の海難によって三年の生涯を閉じている。乗客一一三四名をのせてジェノヴァからニューヨークに向かって航行中の一九五六年七月二五日、ナンタケット灯台南方で濃霧のなかを東航中のスウェーデン客船「ストックホルム」（一万二六四四トン、一九四八年建造）と衝突、沈没したものである。このとき、

「イル・ド・フランス」など商船五隻が現場に急行して救助にあたったので犠牲者は五二名にとどまった。諸般の事情でこの事件は示談で終結したが、航海で消費した燃料と清水のため多数のタンクが空になり、復元力が不足状態になっていたのに拘わらず、バラスト・タンクへ海水を張るのを怠っていた。このために、二区画に浸水しても沈まないはずの「アンドレア・ドリア」が破口一ヵ所だけで沈没したことが判明した。

ジェノヴァ港に憩う「ミケランジェロ」(右)と「ラファエロ」。イタリア客船の外観とインテリアは秀逸だった

これら客船は既述のようにジェット旅客機の進出で定期航海から退いたのち、クルーズに生きる道を求めるが、これも短命に終わってしまう。数少ない例外は定期航路に一〇年、クルーズで三一年間の長寿を全うしたのち、ロッテルダム港で永久保存された「ロッテルダム」である。レンブラントの国が産んだとおり、外観は極めて優雅で、インテリアはオランダ芸術の粋を凝らしたものであった。

前出の「ユナイテッド・ステーツ」より一年早く大西洋に登場したアメリカ客船がある。アメリカン・エクスポート・ラインズ（ＡＥＬ）の「インディペンデンス」、「コンスティテューション」（ともに二万三〇〇〇トン）の姉妹船である。

大戦直後にはニューヨークに来航できるイタリア客船は少なく、旅客スペースが不足していた。これに対応するため、ＡＥＬが戦前から持っていた地中海とニューヨーク間

濃霧の米東岸ナンタケット島沖で「ストックホルム」と衝突、沈没寸前の「アンドレア・ドリア」

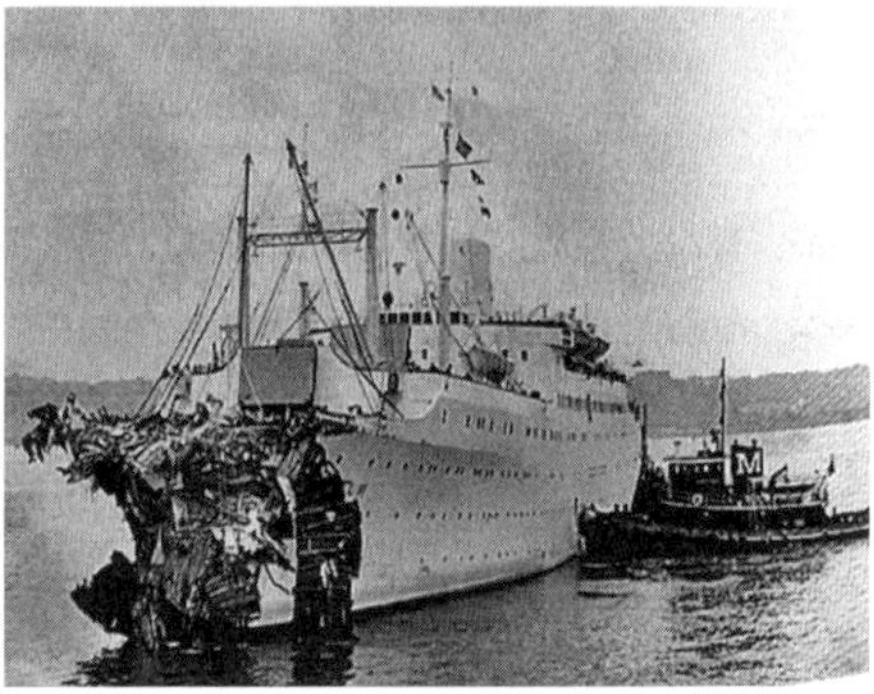

「アンドレア・ドリア」と衝突後、ニューヨークに帰着したスウェーデン客船「ストックホルム」

の航路に計画されたのがこの姉妹船といわれる。ところが、「インディペンデンス」進水直後に、そして「コンスティテューション」が船台上にあるときに朝鮮動乱が勃発する。東西対立で緊張が続いていたことが、この姉妹に特別の使命が与えられる。有事には直ちに軍隊輸送船に変身できる優秀な船の必要性である。それは、四八時間以内に八五〇〇名以上の兵員を搭載可能な輸送船になりうる構造になっていた。当然ながら政府からの建造補助がなされていたはずであるが、詳細は明らかでない。

軍隊輸送時のことを考慮してか、最高速力二六ノット、航海速力二三ノットという高速船であった。また二基の蒸気タービンは完全に隔離された機関室にあった。これは雷撃からの被害を最小にするために採られた措置であった。その後、原子力を利用して蒸気タービンを駆動させる計画も検討されたとの報道があったが実現には至らなかった。

「コンスティテューション」が世界の耳目を集めた「事件」がある。一九五六年四月、ハリウッド女優グレース・ケリーがモナコ国王に輿入れするとき、この客船がモナコ沖まで、花嫁と同行する五〇〇余名の乗客（すべてAELの招待）を運んだことである。モナコ沖に臨時寄港して停泊する「コンスティテューション」にレーニエ三世が自家用ヨットで花嫁を迎えるシーンは世界中に報道された。両船も一九六〇年代になると成績不振となり、一九六九年に係船される。その後は他社の手に移りハワイ諸島クルーズに使用されたがまもなく生涯を閉じている。

イタリア・ジェノヴァ港のアメリカ客船「インディペンデンス」(左) と「コンスティテューション」

その後のキュナード・ラインとQE2

ＱＥ2の名前で親しまれたキュナード・ラインの「クィーン・エリザベス2」は二〇〇八年に引退してアラブ首長国連邦に売却され、執筆時点ではドバイに係船されている。「クィーン・メリー」程でないにせよ、難産だったこの船を「名船」と呼ぶに躊躇する人はいないだろう。

どの会社でも営業の主軸をどこに置くかは非常に重要な問題である。とくにキュナード・ラインのように北大西洋で一〇〇年以上にわたり旅客輸送を行ってきた会社にとっては、使用船の性格を変える決断は容易にできるものでない。

「クィーン・メリー」が一九六七年に引退したあと、「クィーン・エリザベス」とのコンビで新船を投入する計画は早くから持ちあがっていた。七万五〇〇〇トン、二二七〇名の乗客を乗せて三〇ノットで北大西洋を横断する客船二隻で、政府融資の手筈も整いつつあった。

このときキュナード社役員会のなかでは、昔からの手法＝三等級にわかれた定期客船主義をとる保守的な役員と、時代の変化に対応する

ジョン・ブラウン造船所の跡地に残るハマーヘッド・クレーン。多くの客船建造に使われた

クルーズ客船にも使用できる新船を模索する若年層役員のあいだで意見が対立していた。そのうち、渡航客数の減少が続いてこの計画は白紙に戻される。

これにともない、とりあえず一隻のみの新造で進められる。こうして一九六四年一一月、仮称Q4の新船がジョン・ブラウン造船所に発注される。Q4は一九六五年七月に起工され、一九六七年九月に進水の運びとなる。こうしているうちにも大西洋の渡航者数は減少が続き、北大西洋航路の採算は悪化の一途を辿っていた。

キュナードの歴史に残る大決断であるが、このような事態が進行する一九六八年、会社は空前の船隊整理を断行する。それは在来客船四隻――「カリンシァ」クラス二隻、「カロニア」のほか、延命改装から二年しか経っていない「クィーン・エリザベス」さえも売却してしまう。これで残るのはクルーズ客船に改装された「カーマニア」と「フランコニァ」だけになっていた。

なお、この年には造船業も不振の極となり、政府指導でクライド河畔の造船所が統合され、アッパー・クライド・シップビルダーズ（UCS）となる。一九世紀からキュナード客船を手がけてきたジョン・ブラウン造船所もこれに吸収されていた。UCS誕生により、造船所設備の縮小、ひいては工員整理を伴った。労組は職場の自主管理要求をかかげて大規模なストに突入するも、サッチャー首相の強硬スタンスによって終息する。このUCSも三年しか続かず、一九七一年に解散してしまう。

これで世界に誇った英国造船業はほとんど絶えてしまう。QMやQEなどの巨船を産みだした名門ジョン・ブラウン造船所の跡地は更地になっており、造船業の墓標のように、ハマーヘッド・クレーン一基が孤立しているだけである。

Ｑ４の命名経緯に触れよう。史上初めての出来事であるが、元首が命名する新船の船名がどうなるかは様々な憶測が飛び交った。いわく、「クィーン・ヴィクトリア」、「クィーン・オブ・ブリテン」など一〇指に近い候補名があったものの、キュナードでは新船にＱＥの名前を継がせることにしていた。一九六八年末のＱＥ引退を見越していたからである。キュナード会長はバッキンガム宮殿に伺候してエリザベス女王（二世）に命名を依頼、女王は快く承諾した。

商船の命名では会社側が（船名を記載した）封筒を準備しておき、命名直前にクリッスナーに手交することになっている。秋の陽光がまぶしい一九六七年九月二〇日、命名台上の女王に封筒が渡されたところ、「それは要りませんよ」と女王は封筒を受けとらず、マイクロフォンに向かってはっきりと命名する。

ＱＥ２進水式に出席するエリザベス女王夫妻とジョン・ブラウン造船所会長（右）

「この船を『クィーン・エリザベス二世』と命名します（I name this ship Queen Elizabeth the second.）。この船とそれで航海する人々に神の加護がありますように」。

この瞬間、クライド河対岸に蝟集した数千の観衆から歓呼の声が起こったのは言うまでもない。しかしキュナード会長がショックを受けていたのは間違いない。というのは封筒のなかにあった名前は「クィーン・エリザベス（Queen Elizabeth）」であったから。

歴史からも分かるように、イングランドとスコットラン

QE2の設計者ダン・ウォレス(右)。キュナード社のネイヴァル・アーキテクト

ドの間では長い確執の歴史があった。だから現在でも、イングランドはスコットランドに気を遣っている。

この新船はスコットランドで生まれるものだから、女王の名前の選択には相応の配慮が必要であった。というのは、スコットランド人にとっては「エリザベス」といえば飽くまでも「エリザベス一世」（一五五三〜一六〇三）のことで二世はないからである。

ところが女王が「二世」と命名してしまったから、キュナード側はQueen Elizabeth Ⅱ（ローマ字のⅡは常に元首に使われる）でなく、Queen Elizabeth 2というアラビア数字にしたものである。こうして新船はＱＥ2の通称となったから、これが《エリザベス二世》や《第二クィーン・エリザベス》ともとれるようなっている。

なお、二〇〇三年に竣工した「クィーン・メリー2」（一四万八五二八トン）でも女王がクリッスナーになっているが、その時は「I christen this ship Queen Mary Two」と命名しているから、これは「第二クィーン・メリー」みたいなものである。

ＱＥ2の外観は従来の北大西洋客船のそれから非常に飛躍したものであった。資料によるとキュナード社ネイヴァル・アーキテクトのダン・ウォレスと造船所の技術役員ジョン・スタークが形づくりをした、となっている。こうして形成された外観をもとに、デザイナーのジェームス・ガーナーとデニス・レノンが船の形態美とバランスづくりを行なったとある。

これら技師のもとで作業するデザイン・チームは英本国と連邦諸国から集められていた。まず船首付近は一九六一年の北大西洋に登場していた「フランス」のイメージを下敷きにしたと考えられるが、単煙突とのバランスを考えたように、デザイン・マインドのある太めのレーダーマストが屹立することで、船全体のイメージが形づくられていた。

煙突は在来のキュナード・レッドでなくレーダーマストに合わせて白色のカバーで覆われ、その基部には整流効果を考えた斜路（ウィンドスクープ）があり、その部分にキュナード・レッドが塗られていた。だから、ＱＥ２を見た人には、在来の定期客船のイメージから脱したハンサムなスタイルが再生キュナードの象徴のように映っていた。

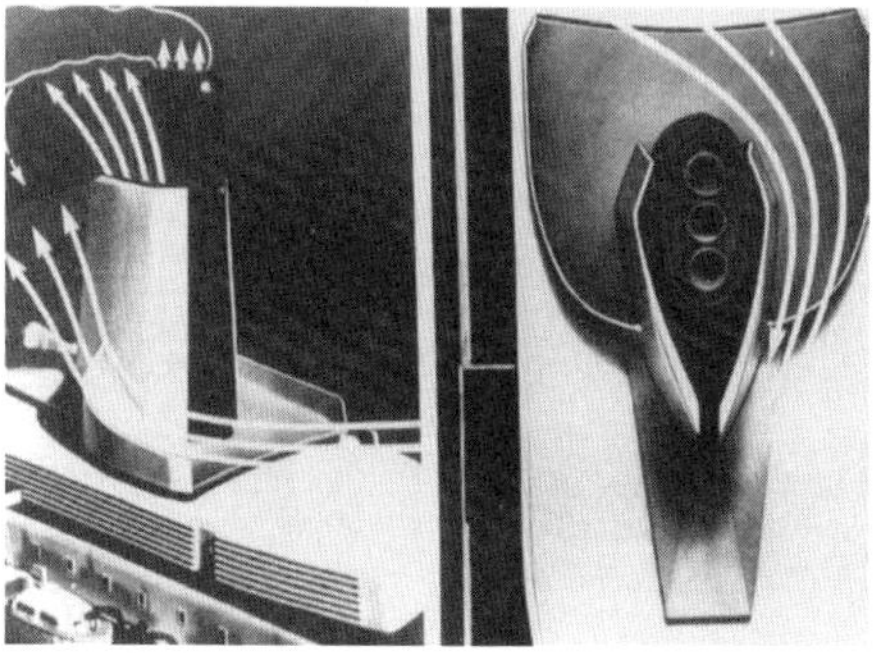
QE２煙突の風洞実験図。煙突はキュナード・レッドではなく、白色のカバーで覆われている

こうして竣工したＱＥ２は、一九六九年から始まる定期航海に先だち、一九六八年一二月から試験航海が始まる。造船所員家族や関係者を乗せてカナリー諸島までクルーズをするものだった。ところがこのドレスリハーサルが一挙に暗転してしまう。

機関室から異常な振動が生じたのである。右舷のタービン歯車に致命的な折損が発見される。フルスピードなどはおぼつかない。予約で一杯だった北大西洋横断の処女航海はキャンセルに追い込まれるという不面目な結果になる。当然ながらキュナードはＱＥ２の受け取りを拒否する。

結局、四ヵ月近く費やして修理が完了したのが一九六九年四月。これでＱＥ２は雨降りしきる五月二日、晴れて処女航海の途につくが、気の抜けたタイミングで、はなはだ意気のあがらない鹿島立ちとなってしまう。

しかし、ニューヨークでは大歓迎が待っていた。入港するQE2を眼にしたニューヨーク子は斬新なスタイルに驚異の目を見張る。いささか面目を欠いたQE2の処女航海であったが、母港サウサンプトンに帰航したときには大きな栄誉が待っていた。それは英国産業デザイン協会からのデザイン賞であった。

その後の一九七四年四月のこと、カリブ海クルーズ中にボイラー・トラブルが発生、一六三四名の乗客を他の船へ移したのち、タグに曳かれて修理地に帰着するという事件も起こしている。これのトラブルで厄が落ちたかのように、QE2は定期航海とクルーズに活躍するうちに、QE2の生涯に不滅の輝きを添える任務が到来する。

一九八二年三月に発生したフォークランド紛争である。二ヵ月にわたる紛争にイギリス軍隊が派遣され、この任務に客船が徴用される。そのなかにQE2もあり、ほかにP&Oの「キャンベラ」(四万一九一五トン)とBI社の「ウガンダ」(一万四四三〇トン)もあった。

このとき、地中海クルーズの最中であったQE2は直ちにクルーズ中断し、サウサンプトンで輸送船への改装が始まる。リド・デッキと船首デッキを鋼板で覆ってヘリ・デッキに改装、兵員三〇〇〇名を乗せてサウス・ジョージア島へ赴く。三ヵ月後、幸いにも無傷でサウサンプトンに帰航したとき、エリザベス皇太后が王室ヨット「ブリタニア」で出迎え、労をねぎらっていた。

オイルショックが世界を駆け巡っていた一九七七年、QE2に乗船したときにチーフ・オフィサーこう言っていた。「この船の死命を制するのは石油価格だ」と。

その間にも石油価格が高騰をつづけるうちに一九八五年を迎える。高い人気を保つQE2を引退させるには時期尚早であった。船齢一六年にしかならぬQE2に大手術を施すことをキュナードは決断する。まだ好調裡に稼働する蒸気タービンを取りはずしてディーゼルに換装するものであった。
造船業が衰退の極にあったイギリスでは、そのような大工事を請け負う業者はない。ドイツの造船所（ロイド・ヴェルフト社）が引受けることになり、一九八五年秋に契約、一年後に工事が始まる。QE2の心臓となったのはMAN＝B&Wディーゼルで、八五％出力で二八・五ノットが出せる条件になっていた。工事期間六ヵ月、ディーゼル・エレクトリック機関を装備したQE2は三三・八ノットの最高速力を記録した。この大工事の結果、スタイリッシュな煙突は消えて、キュナード・レッドが塗られた男性的な太い煙突の姿に変貌していた。問題の燃料消費であるが、タービン時代は一日六〇〇トンも焚いていたのが二七〇トンに激減していた。

フォークランド紛争時、兵員3000名を乗せ、サウス・ジョージア島沖に赴いたQE 2

フォークランド紛争から帰還したQE 2を迎える王室ヨット「ブリタニア」

スクリューも取りかえられ、六翼プロペラは斜め型の五翼のものになっていた。蛇足ながら、外されたマンガンブロンズ製プロペラはゴルフクラブ二五〇〇セットに再生したという。
SS（steam ship）でなくMS（motor ship）となったQE2は、以後二一年間、夏季は大西洋横断、その他の季節には世界一周クルーズなどのクルーズで活躍を続けたのち、二〇〇八年に引退したことは前に述べたとおりである。

その間にキュナード・ラインは「クィーン・メリー2」を二〇〇三年に、「クィーン・ヴィクトリア」（九万四九トン）を二〇〇七年に新造、さらにQE2引退後の二〇一〇年には「クィーン・エリザベス」（九万二四〇〇トン）をクルーズ界に送りだしている。

この執筆当時、三隻を運航するキュナード・ラインは、二七〇余年にわたるキュナードの伝統という遺産を表に出してクルーズを行なっている。

今のキュナード・ラインの経営内容は不明だが、この会社が一九九八年にアメリカ資本のカーニバル・グループの傘下に入ったあとに、現在の船隊が揃ったことから推して、世界最大のクルーズ船隊をグループの力に拠っていることは間違いない。

欧州から極東、大洋州への客船

英、仏両国から旧植民地への航路は、それら植民地が独立したあとも社会的、経済的の結びつきは途絶しておらず、戦後になっても客船を含む定期航路が継続されていた。とくにイギリスにとって、豪州、ニュージランドは植民地から連邦の地位に格上げされた地域であることから、その連帯の強さは変わっていない。

イギリス本国～豪州間にはP&Oラインとオリエント・ライン（一九六五年にP&Oに吸収される）によって客船サービスが行なわれてきた。第二次大戦で日本の商船隊が壊滅し、戦時補償が打ち切られた後の悲惨なスタートを切ったのとは対照的に、イギリス商船隊は被害が少なく、しかも国家補償が充分になされたので早い復帰が可能であった。

豪州サービスでは両社とも一九四七年には戦火を潜った在来客船を就航させていた。その翌年から五四年までには新旧の客船数隻（P&O六隻、オリエント五隻）が定期サービスを行なうようになっていた。この項では一九六〇年に建造された大型客船二隻について述べたい。

P&Oは豪州航路で最大の客船となる客船「キャンベラ」（四万五二七〇トン、ターボ電気推進）をハーランド&ウルフ社（H&W）に発注、一九六〇年に竣工させた。「キャンベラ」は従来の客船デザインから大きく飛躍したモダンなスタイルに造りあげられていた。大胆な曲面で構成されたデッキ・ハウス、救命艇の懸架位置をプロムナード・デッキまで下げて重心低下を図っていたこと、ツイン・ポスト型の煙突などのユニークな外観が注目された。またエンジン・ルームを船尾に置いたため上部デッキ中央に広いリド・エリアが可能となっていた。技術的には、細身の船型ゆえにスペース制限のある船尾にエンジン類を納めるため、比較的軽いボイラーをモーターの上のデッキに置くという苦肉の策をとっていた。

ネイヴァル・アーキテクトとデザイナーのチームが外形デザインを手がけたが、かつてピリー卿のもとで数々のスタイリッシュな客船を産んできたH&Wの伝統が息づいているように思われる。

インテリア・デザインは有名なデザイナー（ヒュー・カッソン）が総括したが、女性デザイナー（バーバラ・オークニー女史）が各等のインテリアを手がけたので、何となく優しいムードの室内となっていた。

定期船に旅客が減少するにつれ、「キャンベラ」も一九七三年から世界一周や欧州水域でのクルーズに使用される。既述のとおり、一九八二年のフォークランド紛争では徴用されて、戦地への兵員輸送に使用された。一九九七年に解体されるまで客船のなかでは三六年間の長寿を記録している。

P&Oよりも一〇余年遅れて、豪州への配船を始めたのがオリエント・ラインである。P&Oが豪州や極東を終点にしていたのに対して、オリエント・ラインでは豪州を中間寄港地にして北米西岸

（サンフランシスコ、ロサンゼルス）を経由して本国に帰航するルートが複数あった。それらは、英本国（サウサンプトンかロンドン）～スエズ運河～豪州～北米西岸折返し、英本国～極東（香港、日本）～北米西岸～豪州～スエズ運河～英本国、英本国～スエズ運河～豪州～北米西岸～パナマ運河～英本国などであった。

第二次大戦中に輸送船として戦火を潜ってきた客船を一九四七年から豪州線に復帰させ、四八年から新造船を投入して航路経営を進めていた。

オリエント・ラインは創業時から客船だけで経営してきたという特異な経歴を残しているが、一九三〇年代から使用船はすべてヴィッカース・アームストロング社で建造されていた。軍艦建造で世界に名が知られており、戦艦「三笠」もこの造船所で産まれている。

「オリアーナ」は一九五七年頃から計画が始まっていたが、その主眼は在来船よりも少ない隻数の大型高速船をそろえて運航の効率化とコストダウンを図るものであったという。

ヴィッカース造船所でこの当時に製作可能なタービン・エンジンは一軸四万馬力であった。これをベースにした四万トン、二軸、航海速力二七・五ノットで航海できる船に策定された。一九五四年建造の「オーソヴァ」（二万八七九〇トン）を下敷きにしてデザインされ、軍艦なみのファインな船型（肥瘦係数〇・五九）で造られていたので、試運転では三〇・六四ノットを記録している。

構造面で特筆されるのは上部構造にアルミニウムが多用されていたことである。アルミニウム構造は一九五二年に竣工した「ユナイテッド・ステーツ」で採用されたことで知られる。「オリアーナ」では一〇四〇トンものアルミニウムが使われていた。この結果、一等客室があたかも後から増設されたようなスタイリングになった。二本煙突の後部のものはエアコン排気用の筒である。

一九六〇年一〇月、サウサンプトンからの処女航海は豪州を経由して北米西岸まで行き折返すものだった。「オリアーナ」は駿足により、一二一日でこの航海を完了していた。なお船名「オリアーナ」はエリザベス一世の愛称からとったと伝えられている。

「オリアーナ」が就航する豪州航路に「キャンベラ」が一九六一年に登場すると、オリエント・ラインとP&Oで経営提携の話がすすむうち、一九六四年からオリエント・ラインのコーン・カラー（玉蜀黍色）の船体は、P&Oの純白にかわってしまう。そして一九六五年、P&Oに合併されて八七年の豪州サービスの歴史が閉じる。

P&Oクルーズ客船となった「オリアーナ」はそれから二一年間、各水域でクルーズを行ったのち、一九八六年日本へ売却され、別府で係留される。バイヤーはこの湯の町で「ホテル・オリアーナ」を企画したが、地元の旅館業組合の反対で実現せず「浮かぶ博物館」となった。その後は一九九五年に中国へ売られ、上海に係留→大連で係船されていたが二〇〇五年に解体された。

太平洋の客船

日、英、米の客船が妍を競った戦前の時代が終わると、太平洋はアメリカ勢力の独占状態になる。旅客の流れが一変したので、CPLは北大西洋航路への復帰だけを目指し、イギリス本国〜カナダ東岸線に新造船と在来客船「エンプレス・オブ・スコットランド」（もとの「エンプレス・オブ・ジャパン」）を就航させていた。

日本海運は太平洋戦争で壊滅状態となり、暫くは占領軍から外航配船が許可されていなかった。

第二次世界大戦中に数多のアメリカ将兵を太平洋や欧州の戦場へ輸送したイギリス客船の活躍なしては勝利できなかったことを実感したアメリカ政府は、戦争の終盤になって兵員輸送を目的とする標準型客船の建造に踏みきる。これらは、一万八〇〇〇トンの蒸気タービン搭載船（P2S2型、一九四三〜四四年建造）が一一隻とターボ電気推進船（P2SE2型、一九四四〜四五年建造）が八隻、一万二〇〇〇トンのターボ電気推進船（T＝AP型、一九五〇〜五一年建造）三隻であった。

これらは第二次大戦には間に合わなかったが、朝鮮戦争中に米軍部隊の輸送に使用され、またベトナム戦争に参加する韓国軍部隊を現地に輸送していた。その後に建造が続いていたもののうち、P2SE2型二隻をアメリカン・プレジデント・ラインズ（APL）が引受け、客船仕様に完成して太平洋に登場させた。

こうして一九四七年からAPLの太平洋サービスが復活することになる。就航船は「プレジデント・クリーブランド」と「プレジデント・ウィルソン」（共に一万五〇〇〇トン）で、二隻で年間一六便のサービスであった。

乗客定員は同名の先代よりも少ない七七八名であったが、両船が訪日したとき、敗戦で混乱の極にあった日本人の眼に痛いほどの刺激を与えた。

一九五二年二月、エリザベス二世即位で、時の皇太子殿下（今上天皇）が参列するとき、太平洋区間は「プレジデント・ウィルソン」に乗船して日本国内で話題となった。

日本の客船であるが、海軍が病院船に徴用してくれたおかげで、「氷川丸」と「高砂丸」が戦禍を免れていた。両船は南方の島々にとり残された日本軍将兵の復員輸送とシベリアから抑留軍人、満州からの引揚邦人の輸送に活躍して当時の紙面を賑わした。

このうち「氷川丸」は一九五三年になりシアトル航路に復帰が決まり、改装ののち乗客定員二クラス、二七六名の客船として復帰する。同船としては一二年ぶりの定期航路であり、多数のフルブライト留学生を運んだので「アメリカ留学船」と異名を付けられたと伝えられる。

太平洋横断でも航空路の開設で渡航船客数の減少が始まる。日本郵船は「氷川丸」の老朽化と船客の減少に直面して、一九六〇年八月の航海を最終便に引退させたのち、一九六一年から横浜港に係留されている。

「氷川丸」は八年の現役期間のあいだの四六航海で輸送した乗客数は東航八六九九人（一航海平均一八九人）、西航七〇九三人（一航海平均一五四人）となっている。

APLの両船はそれぞれ一九七三年に引退し、香港の船主（C・Y・トン）に売却された。「プレジデント・クリーブランド」は「オリエンタル・プレジデント」、「プレジデント・ウィルソン」は「オリエンタル・エンプレス」と改名されてAPLの航路を引継いで就航していたが、前者は一九七四年に、後者は一九八四年に解体されている。これで太平洋を往来する定期客船は完全に姿を消してしまった。

戦後、横浜を出航する「氷川丸」

おわりに

瀬戸内の潮風に吹かれて育ったせいか、《船》は私の興味と愛情の対象になり、それが今日まで続いている。内外の海事史を通観すると、不思議な共通点がわかる。船会社を興し、また船を創りあげた人びとは、船が好きでたまらない人たちであったことである。そのような人びとが織りなした《船》と、それが歴史の流れのなかに残した足跡を、私の知るかぎり紹介したつもりである。

一隻、一隻をみると、建造を決断した人、設計に携わったアーキテクト、建造工事に日夜を費やした造船所の人、船に乗り組み、家族よりも其の場に慣れ親しんだ人、船会社の収入源となる貨客セールスに熱意を惜しまなかった現場店の人＝そしてこれら人びとの気持を託されて、黙々と七洋の浪を蹴たてた船＝こういう要素の総和が国富の増大をもたらし、国民の生活を支えてきた。

瀬戸内の群小船主が民主的に協議して興したのが大阪商船㈱である。そのファンネルマークに惚れて入社、半世紀を送った私にも、これら先達の意思とロマンを継いでいると自負できるほど、海運の仕事は魅力に富んだものであった。

書類や事務機械を通してのみ船と付き合ったのでなく、営業面が長かったおかげで、打ち合わせで訪船するたびに、海水を浴びた跡が生々しい船腹を撫でて、遠路からの帰航を労ったものである。ちょうど調教師が、レースを終えた競走馬の首筋を撫でるような気持であった。この思いは㈱商船三井を退職して、九州急行フェリー㈱の舵取りを任された一〇年間、尽瘁して貨物フェリー二隻を産みだした体験にも繋がっている。

海運がなければ一日たりとも生存できない四面環海の日本であるが、住む人たちの関心は決して高いとは言えない。願わくは本書に接した若人が、日本がそのお蔭で生存できる海運への理解と共感を深めることを期待するものである。

本書は（財）日本旅客船協会の「旅客船」に連載された原稿を推敲、加筆したものであるが、このたび一冊の本にして頂いた潮書房光人新社各位とくに坂梨誠司氏に心から感謝申しあげる次第である。

二〇一八年　秋

野間　恒

参考・引用文献

『日本郵船七十年史』　日本郵船　日本郵船

『風濤の日々』　商船三井　商船三井

『日の丸船隊史話』　山高五郎　至誠堂

『日本の客船１９４６－１９９３』　海人社　海人社

『日本の客船１８６８－１９４５』　海人社　海人社

『日本客船の黄金時代１９３０－41』　海人社　海人社

『日本海運発達史』　浅原丈平　潮流社

『日本海運とともに』　有吉義弥　日本海事広報協会

『世界の艦船・７３６号寄稿文』　阿部安雄　海人社

『随筆・船』　和辻春樹　ＮＴＴ出版

『商船三井船隊史１８８４－２００９』　野間　恒　自家刊行

『商船が語る太平洋戦争』　野間　恒　自家刊行

『蒸気船の世紀』　杉浦昭典　ＮＴＴ出版

『豪華客船の文化史』　野間　恒　ＮＴＴ出版

『豪華客船の悲劇』　竹野弘之　成山堂書店

『客船の時代を拓いた男たち』　野間　恒　成山堂書店

『北太平洋定期客船史』　三浦昭男　海人社

『川崎重工業社史』　川崎重工業　川崎重工業

『海事大辞典』　逆井安治　成山堂書店

『大阪商船八十年史』　大阪商船　大阪商船

『大阪商船五十年史』　大阪商船　大阪商船

『往年の定期客船たち』　海人社　海人社

『英国海運の衰退』ロナルド・ホープ 近藤記念海事財団

『アジア太平洋戦争』吉田裕 岩波新書

『六十四年の歩み』東洋汽船 東洋汽船

『船にみる日本人移民史』　山田廸生　中公新書

『豪華客船の悲劇』　竹野弘之　海文堂出版

"Rex & Conte di Savoia" Braynard, Frank O. American Merchant Marine Foundation

"REX, Ship of Ships" Eliseo, Maurizio Tormena

"RMS Queen Elizabeth" Walker, Colin Oxford Publishing

"The Allied Convoy Systems" Harding, Stephen Vanwell Publishing

"The Big Ship" Braynard, Frank O. The Mariner's Museum

"The Britishn India Steam Navigation Co." Laxton, W.A. World Ship Society

"The Cape Run" Mitchell, W.H.

"The Story of P. & O." Howarth, David Weidenfeld & Nicolson

"These Splended Ships" Divine, David Frederick Muller

"Trans Atlantic Liners" Miller, William H. Carmania Press
"TRANSATLANTICI" Eliseo, Maurizio Tormena
"Union Castle Line" Newall, Peter Carmania Press
"Victorian snd Edwardian Merchant Steamships" Greenhill and Giffard B. T. Batsford
"Wartime Disasters at Sea" Williams, David Patrick Stephens
"Webster's Biographocal Dictionary" G. & C.Merriam Co. G. C. Merriam
"Webster's Geographical Dictionary" G. & C.Merriam Co. G. C. Merriam
"White Star" Anderson, Roy Stephensons & Sons
"20th Century Pasenger Ships of the P.& O" McCart, Neil Patrick Stephens
"Albert Ballin" Huldermann, Bernhard Cassell
"Bermen und Europa" Kludas, Arnold Koehler
"Collision Course" Moscow, Alvin G. P' Putnam's Sons
"Das Blaue Band des Nordatlantiks" Kludas, Arnold Koehler Verlagsgesellschaft
"Die Seeschiffe des Norddeutschen Lloyd" Kludas, Arnold Bechtermunz Verlag
"Emigrant Ship to Luxuary Liners" Ploeman, Peter New SW University Press
"Emigrant Ships" Cooke, Anthony Carmania Press
"Famous American Ships" Braynard, Frank O. American Merchant Marine Foundation
"Famous British Liners" Cooke, Anthony Carmania Press
"Famous Liners of the Past" Dunn, Laurence Adlard Coles
"Fifty Famous Liners Vol. 1-3" Braynard, Frank O. Patrick Stephens
"Flagships of the Line" Watson, Milton Patrick Stephens
"Going Dutch" Miller, William H. Carmania Press
"Great Passenger Ships of the World" Kludas, Arnold Patrick Stephens
"Historic P. & O.-Orient Liners" Rentell, Philip Kingfisher Publications
"Hundred Year of the P.& O. 1837-1937" Cable, Boyd Ivor Nicholson & Watson
"Liners & Cruise Ships" Cooke, Anthony Carmania Press
"Liners in Battledress" Williams, David Vanwell Publishing
"Liners of the GoldenAge" Miller, William H. Dover Publications

"Lives of Liners" Braynard, Frank O. Cornell Maritime Press
"Lloyd's Maritime Atlas" Mason, K.R. The Corp. of Lloyd's
"Mailships of the Union-Castle Line" Harris, C. J. Fernwood Press
"Majesty at Sea" Flayhart III, William Patrick Stephens
"Merchant Fleets in Profile Vol.1-13" Haws, Duncan Patrick Stephens
"Merchant Ships of a Bygone Era" Miller, William H. Carmania Press
"Normandie" Maxtone-Graham, John W. W˙ Norton
"Normandie, Her Life and Times" Ardman, Harvey Flanklin Watts
"NORMANDIE, Queen of the Seas" Foucart, Buruno Vendome Press
"North Atlantic Seaway" Bonsor, N.P.R. Stephensons & Sons
"North Star to Southern Cross" Maber, John Stephensons & Sons
"Ocean Liners" Braynard, Frank O. American Merchant Marine Foundation
"Orient Line" Newall, Peter Amadeus Press
"P. & O., A Fleet History" O'Donoghue, Kevin World Ship Society
"Pacific Empresses" Turner, Robert Sono Nis Press
"Passenger Liners from Germany" Hansen, Clas
"Passenger Liners of the Western Ocean" Gibbs, C. R. Staples Press
"Passenger Ships of the World, Past & Present" Smith, Eugene George H. Dean Co.
"Pride of the North Atlantic" Hutchings, David Waterfront
"Queen Elizabeth at War" Konings, Chris Patrick Stephens

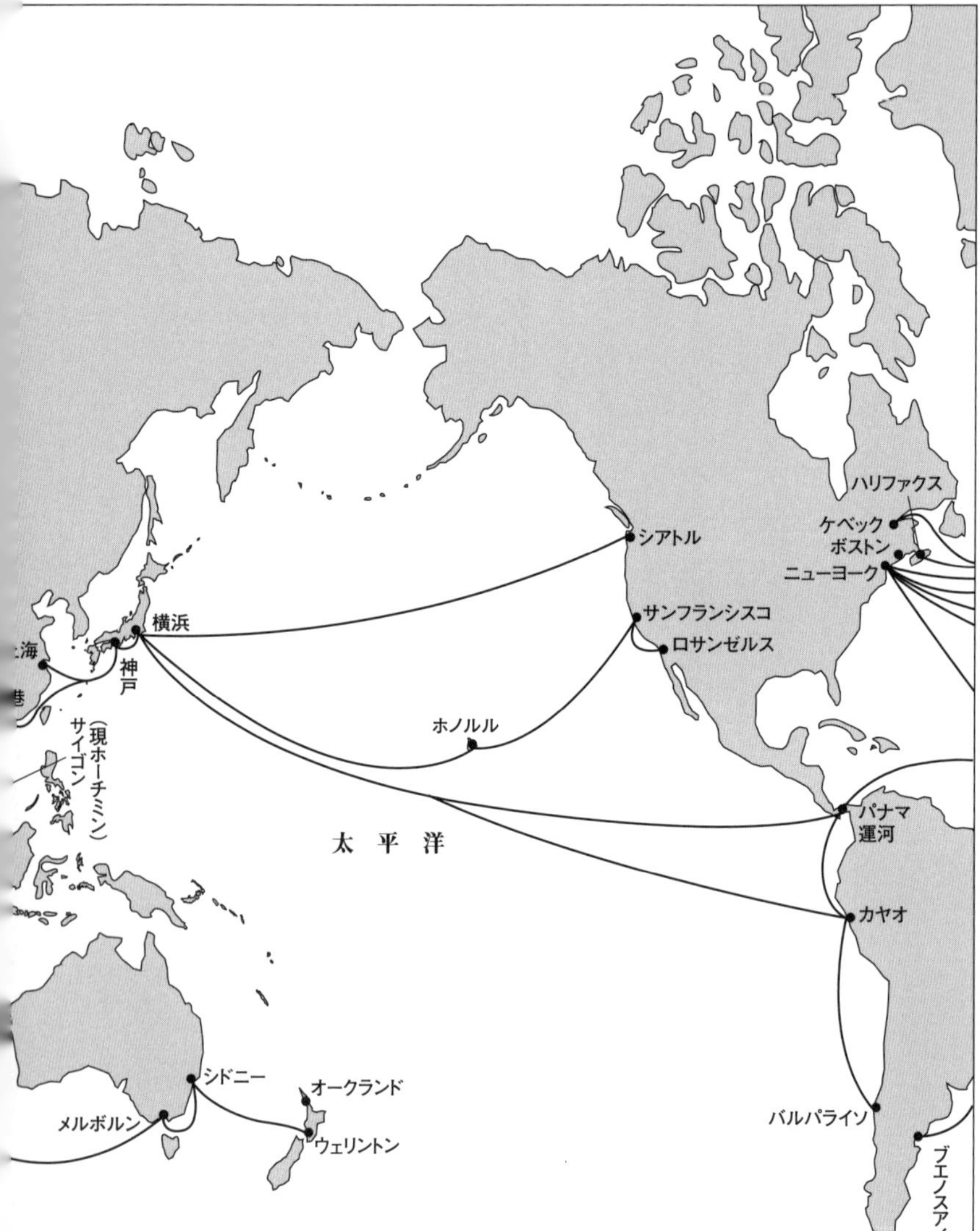
ハリファクス
ケベック
ボストン
ニューヨーク
シアトル
サンフランシスコ
ロサンゼルス
横浜
上海
神戸
港
(現ホーチミン)
サイゴン
ホノルル
パナマ
運河
太 平 洋
カヤオ
シドニー
オークランド
メルボルン
ウェリントン
バルパライソ
ブエノスアイレス

——作成・野間 恒

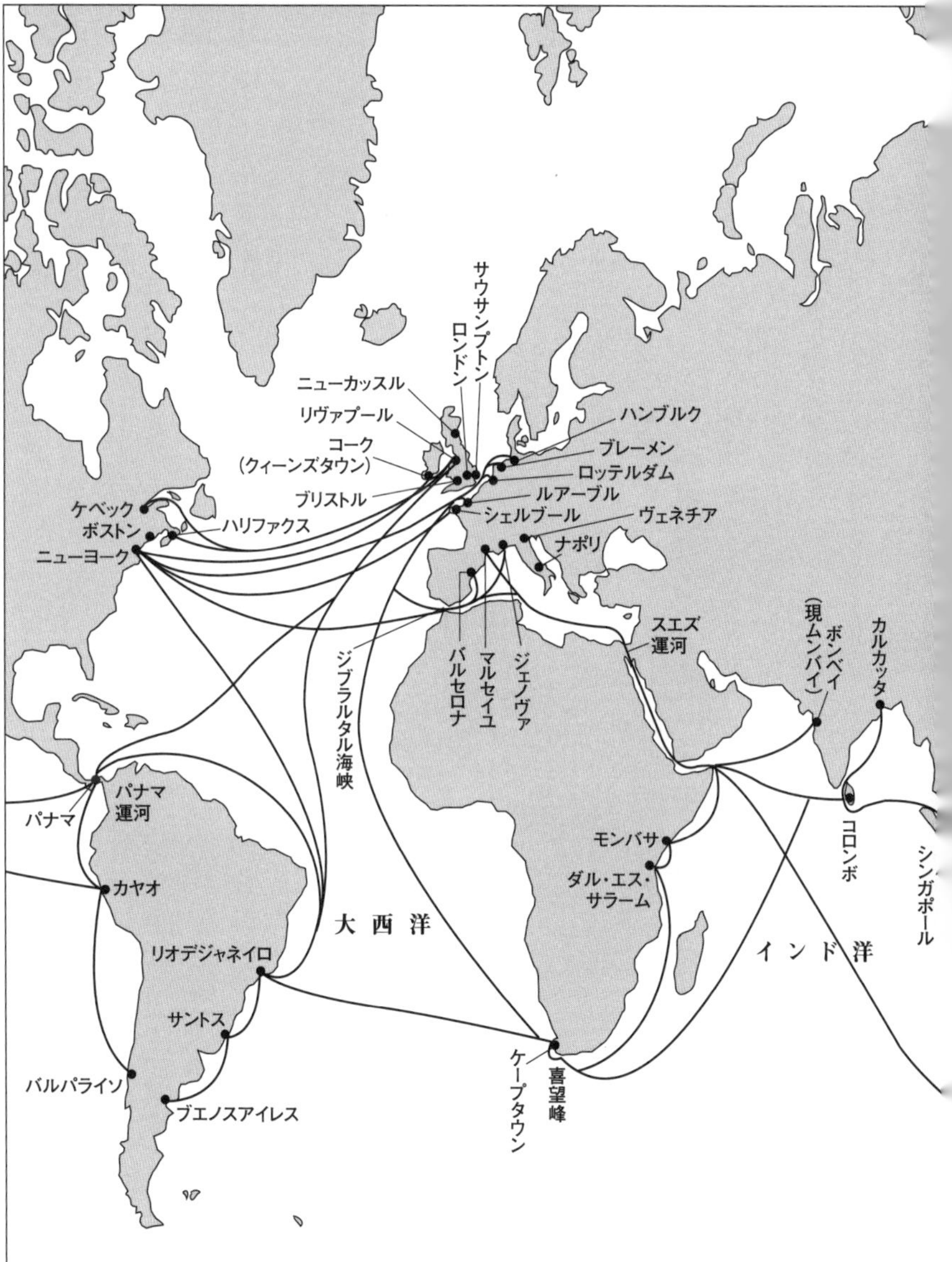

世界の外航定期客船航路図

公試運転中の「ノルマンディ」

客船の世界史

世界をつないだ外航客船クロニクル

2018年11月4日　第1刷発行

著　者　野間　恒

発行者　皆川豪志

発行所　株式会社　潮書房光人新社

〒100-8077
東京都千代田区大手町1-7-2
電話番号／03-6281-9891（代）
http://www.kojinsha.co.jp

装　幀　天野昌樹

印刷製本　サンケイ総合印刷株式会社

定価はカバーに表示してあります。
乱丁、落丁のものはお取り替え致します。本文は中性紙を使用

ISBN978-4-7698-1665-2 C0095